Z-KAI

ハイスコア！

共通テスト攻略

数学Ⅰ・A

改訂第２版

Ｚ会編集部 編

HIGH SCORE

はじめに

共通テストは，大学入学を志願する多くの受験生にとって最初の関門といえる存在である。教科書を中心とする基礎的な学習に基づく思考力・判断力・表現力を判定する試験であるが，教科書の内容を復習するだけでは高得点をとることはできない。共通テストの背景にある大学入試改革において，各教科で育成を目指す資質・能力を理解した上で対策をしていくことが必要である。

数学では，「事象を数理的に捉え，数学の問題を見いだし，問題を自立的，協働的に解決することができる」ことが求められている。そのためには，基本事項を確実に押さえておくことはもちろんであるが，「日常生活や社会の事象を数理的に捉え，数学的に処理して問題を解決する力」や「数学の事象について統合的・発展的に考え，問題を解決する力」が必要になる。

本書は，これまでに実施された共通テストだけでなく，共通テストに先駆けて実施された試行調査やそれらに基づくオリジナル問題の演習を通じて，このような真の学力を身につけることを目的としている。

そのため，基本から確実に学習していけるよう分野別の章構成としている。各章は，最初に「例題」を解き進めながら，「基本事項の確認」によって知識・技能を習得し，「解答・解説」や「POINT」によって思考力・判断力の土台となる力を身につけていく流れで構成している。そして，次に「演習問題」を通じて思考力・判断力を高めていく流れで構成している。

また，ひと通り学習したあとの総仕上げとして取り組める模擬試験１回分を掲載している。本書を十分活用して，共通テストでのハイスコアをぜひとも獲得してほしい。

Z会編集部

目次

共通テスト 数学Ⅰ・Ａの“ハイスコア獲得法”

基本事項の習得が第一歩

共通テストで問われるのは，決して難しい事柄ではない。教科書の内容をしっかり理解して活用できるようになっていれば解ける問題がほとんどである。しかし，公式や定理を覚えているだけでは得点できないことに注意してほしい。公式や定理は，数学において「知識・技能」にあたるものであるが，公式や定理の導出過程やもとになる考え方をしっかり身につけたうえで，活用できるようにしておかなければならない。公式や定理の導出過程を振り返るなどして考察を進めていったり，公式や定理のもとになる概念を広げたり深めたりすることで課題を解決していくような問題も共通テストでは出題される。

本書の「例題」で紹介している「基本事項の確認」で，重要な公式や定理を確認し，「解答・解説」でそれらの活用の仕方をしっかり確認しておいてほしい。

思考力・判断力を高めていく

課題を解決していくような問題を解き進めるためには，「課題は何か」「その課題を解決するためにはどんな方法があるか」「いくつかある方法のうち，最適なものは何か」などを考える必要があり，そのための思考力・判断力が必要不可欠である。これらは一朝一夕で身につけられるものではなく，様々な問題演習を通じて高められるものである。とはいえ，いたずらに多くの問題を解けばよいわけではなく，課題解決の筋道をしっかり身につけられる問題に多く取り組む必要がある。

本書の「例題」と「演習問題」では，思考力・判断力を高めていくために必要な問題を優先して取り上げているので，「解答・解説」や「POINT」も確認しながら，しっかり取り組んでおいてほしい。

苦手分野を作らないこと

共通テストでは，さまざまな分野からまんべんなく出題される。したがって，数学Ⅰの「数と式」，「2次関数」，「図形と計量」，「データの分析」の全分野について，苦手な分野があってはならない。また，数学Ａの「場合の数と確率」「図形の性質」の分野についても同様である。

本書の「例題」「演習問題」と「模擬試験」では，これまでの共通テストで出題されていた内容はもちろん，これからの共通テストで出題されると思われる内容も扱っているのでしっかり取り組んでおいてほしい。

本書の構成と利用法

本書は分野ごとの章と１回分の模擬テストで構成しているので，苦手な分野や学校で習っている分野を扱っている章から優先して取り組んでもよい。分野ごとの章は以下のような構成としている。

①例題

例題は，「共通テストの過去問題」，「共通テストの試行調査問題」，「共通テストの過去問題や試行調査をもとに作成したオリジナル問題」である。まずは，時間は気にせず，例題を自力で解いてみてほしい。はじめは最後まで解けなくてもよい。解けるところまで取り組んだら「解答・解説」を確認しよう。正答に至るまでの解法は１通りとは限らないので，「解答・解説」と違う解き方をしているところがあれば，「解答・解説」や「POINT」を参考にしながら，自分の解き方と何が違うのかをしっかりと確認して，「解答・解説」の解き方も身につけるようにしよう。共通テストでは，１つの問題に対する複数の解法を比較・検証することを題材とした問題が出題されることもあるため，自分の解法で解けるだけでなく，いろいろな解法について理解を深めておくことが大切である。

苦手意識がある人は，「基本事項の確認」で分野ごとの基本的な定理や公式などを最初に確認するのもよいだろう。定理や公式はただ覚えるだけでなく，活用できることが重要であるため，ここで扱っている定理や公式は例題でどのように使われているかも確認しておこう。

また，「POINT」では，「解答・解説」の補足や共通テストならではの傾向と対策について説明している。問題文中にで示した部分は，共通テストらしさを象徴する箇所であり，「POINT」のと対応しているので，しっかり確認しておいてほしい。

②演習問題

演習問題は，例題で学習した解法や考え方がしっかり身についているかを確認するためのオリジナル問題である。何も見ないで最後まで解けるようになることが目標ではあるが，途中でわからなくなってしまったら，いきなり「解答・解説」を見るのではなく，まずは例題を確認しよう。すぐに「解答・解説」に頼るのではなく，なるべく自力で考えることで，思考力・判断力を高めていくことが可能になる。例題と同じように，自分の解き方と「解答・解説」の解き方の違いを確認しながら，演習問題の「解答・解説」の解法もしっかり身につけることが大切である。

③模擬試験

模擬試験は，実際の共通テストを想定した構成にしている。ここでは，70分という時間配分を意識して取り組んでみてほしい。このような試験を70分で解ききることが最終的な目標になる。

時間配分の感覚は，このような模擬試験形式の問題に多く取り組むことで身につけられるものである。時間配分に不安がある場合は，模擬試験形式の問題集にも取り組んでみてほしい。

共通テスト本番で“ハイスコア”獲得！

第1章　数と式

例題 1　2022年度本試

実数 a, b, c が

$$a+b+c=1 \quad \cdots\cdots ①$$

および

$$a^2+b^2+c^2=13 \quad \cdots\cdots ②$$

を満たしているとする。

（1）$(a+b+c)^2$ を展開した式において，①と②を用いると

$$ab+bc+ca=\boxed{\text{アイ}}$$

であることがわかる。よって

$$(a-b)^2+(b-c)^2+(c-a)^2=\boxed{\text{ウエ}}$$

である。

（2）$a-b=2\sqrt{5}$ の場合に，$(a-b)(b-c)(c-a)$ の値を求めてみよう。

$b-c=x$, $c-a=y$ とおくと

$$x+y=\boxed{\text{オカ}}\sqrt{5}$$

である。また，（1）の計算から

$$x^2+y^2=\boxed{\text{キク}}$$

が成り立つ。

これらより

$$(a-b)(b-c)(c-a)=\boxed{\text{ケ}}\sqrt{5}$$

である。

基本事項の確認

対称式

整式の中のどの 2 文字を交換しても，交換前と同じ式になるとき，その式を**対称式**という。2 つの文字 a, b の対称式は，基本対称式 $a+b$, ab を用いて表せる。また，3 つの文字 a, b, c の対称式は，基本対称式 $a+b+c$, $ab+bc+ca$, abc を用いて表せる。

以下の式は，対称式の計算でよく用いられる。

$$a^2+b^2=(a+b)^2-2ab$$

$$a^2+b^2+c^2=(a+b+c)^2-2(ab+bc+ca)$$

解答・解説

$a+b+c=1$ ……………………… ①

$a^2+b^2+c^2=13$ ……………………… ②

（1）$(a+b+c)^2$を展開すると

$$(a+b+c)^2=a^2+b^2+c^2+2(ab+bc+ca)$$

①，②を代入して

$$1^2=13+2(ab+bc+ca)$$

よって

$$\boldsymbol{ab+bc+ca=-6}$$ ◀◀答

これと②より

$$\boldsymbol{(a-b)^2+(b-c)^2+(c-a)^2}$$
$$=2(a^2+b^2+c^2)-2(ab+bc+ca)$$
$$=2\cdot13-2\cdot(-6)=38$$ ◀◀答

展開して，値がわかっている式が出現するように整理する。

（2）$b-c=x$，$c-a=y$ より

$$x+y=(b-c)+(c-a)=-(a-b)$$

$a-b=2\sqrt{5}$ より

$$\boldsymbol{x+y=-2\sqrt{5}}$$ ◀◀答

$(a-b)^2+(b-c)^2+(c-a)^2=38$ より

$$(2\sqrt{5})^2+x^2+y^2=38$$

（1）で導いた式を活用する。

よって

$$\boldsymbol{x^2+y^2=18}$$ ◀◀答

また

$$(a-b)(b-c)(c-a)=2\sqrt{5}\cdot x\cdot y$$

ここで，$x^2+y^2=(x+y)^2-2xy$ より

$$18=(-2\sqrt{5})^2-2xy$$
$$xy=1$$

よって

$$\boldsymbol{(a-b)(b-c)(c-a)}=2\sqrt{5}\cdot1=2\sqrt{5}$$

◀◀答

POINT

誘導に乗る

本問の(2)では，3つの未知数a，b，cがみたす式として

$$a+b+c=1,\ a^2+b^2+c^2=13,\ a-b=2\sqrt{5}$$

の3つが与えられている。そこで，これらから1文字ずつ消去していくことでa，b，cを求める，という方針で解くこともできるが，途中の計算はやや複雑であり，試験時間が短く，手際よく処理することが求められる共通テストにおいては，適切な解法とはいえない。

整式の中のどの2文字を交換しても，交換前と符号だけが変わった式になるとき，その式を**交代式**という。本問で値を求めた式は交代式である。このことに着目し，$b-c=x$，$c-a=y$と置き換えることで，対称式の値を求める問題に帰着させている。共通テストにおいては，どのように置き換えて考えるとよいかが問題文中で指定されることが多いが，置き換えによってその後の計算がどのような点で簡単になったかを振り返っておくと，共通テストに限らず，各大学の個別試験にも活かせるだろう。

なお，(2)の条件をみたすa，b，cの値は$a=1+\sqrt{5}$，$b=1-\sqrt{5}$，$c=-1$または$a=-\dfrac{1}{3}+\sqrt{5}$，$b=-\dfrac{1}{3}-\sqrt{5}$，$c=\dfrac{5}{3}$である。

例題 2　2021年度本試第1日程

c を正の整数とする。x の2次方程式

$$2x^2+(4c-3)x+2c^2-c-11=0 \quad \cdots\cdots ①$$

について考える。

(1)　$c=1$ のとき，①の左辺を因数分解すると

$$\left(\boxed{ア}\,x+\boxed{イ}\right)\left(x-\boxed{ウ}\right)$$

であるから，①の解は

$$x=-\frac{\boxed{イ}}{\boxed{ア}},\ \boxed{ウ}$$

である。

(2)　$c=2$ のとき，①の解は

$$x=\frac{-\boxed{エ}\pm\sqrt{\boxed{オカ}}}{\boxed{キ}}$$

であり，大きい方の解を α とすると

$$\frac{5}{\alpha}=\frac{\boxed{ク}+\sqrt{\boxed{ケコ}}}{\boxed{サ}}$$

である。また，$m<\dfrac{5}{\alpha}<m+1$ を満たす整数 m は $\boxed{シ}$ である。

(3)　太郎さんと花子さんは，①の解について考察している。

太郎：①の解は c の値によって，ともに有理数である場合もあれば，ともに無理数である場合もあるね。c がどのような値のときに，解は有理数になるのかな。

花子：2次方程式の解の公式の根号の中に着目すればいいんじゃないかな。

①の解が異なる二つの有理数であるような正の整数 c の個数は $\boxed{ス}$ 個である。

基本事項の確認

■ 分母の有理化

a, b を正の数とするとき

$$\frac{1}{\sqrt{a}}=\frac{\sqrt{a}}{\sqrt{a}\times\sqrt{a}}=\frac{\sqrt{a}}{a}$$

$$\frac{1}{\sqrt{a}\pm\sqrt{b}}=\frac{\sqrt{a}\mp\sqrt{b}}{(\sqrt{a}\pm\sqrt{b})(\sqrt{a}\mp\sqrt{b})}=\frac{\sqrt{a}\mp\sqrt{b}}{a-b}$$ （複号同順）

■ 2次方程式の解の公式

2次方程式 $ax^2+bx+c=0$ (a, b, c は実数, $a\neq 0$)の解は

$$x=\frac{-b\pm\sqrt{b^2-4ac}}{2a}$$

とくに, $b=2b'$ のときの解, すなわち2次方程式 $ax^2+2b'x+c=0$ の解は

$$x=\frac{-b'\pm\sqrt{b'^2-ac}}{a}$$

解答・解説

$$2x^2+(4c-3)x+2c^2-c-11=0 \quad \cdots\cdots ①$$

（1）$c=1$ のとき，①の左辺を因数分解すると

$$2x^2+(4\cdot1-3)x+2\cdot1^2-1-11$$
$$=2x^2+x-10=\boldsymbol{(2x+5)(x-2)}$$ 答

よって，①の解は

$$x=-\frac{5}{2},\ 2$$

（2）$c=2$ のとき，①は

$$2x^2+(4\cdot2-3)x+2\cdot2^2-2-11=0$$
$$2x^2+5x-5=0$$

よって，①の解は，解の公式より

$$\boldsymbol{x}=\frac{-5\pm\sqrt{5^2-4\cdot2\cdot(-5)}}{2\cdot2}$$
$$=\boldsymbol{\frac{-5\pm\sqrt{65}}{4}}$$ 答

これより，大きい方の解は

$$\alpha=\frac{\sqrt{65}-5}{4}$$

よって

$$\boldsymbol{\frac{5}{\alpha}}=5\cdot\frac{4}{\sqrt{65}-5}=\frac{20(\sqrt{65}+5)}{(\sqrt{65}-5)(\sqrt{65}+5)}$$
$$=\boldsymbol{\frac{5+\sqrt{65}}{2}}$$ 答

$(\sqrt{65}-5)(\sqrt{65}+5)$
$=65-25$
$=40$

ここで，$8<\sqrt{65}<9$ の各辺に5を加えて2で割ると

$\sqrt{64}<\sqrt{65}<\sqrt{81}$ より。

$$\frac{8+5}{2}<\frac{\sqrt{65}+5}{2}<\frac{9+5}{2}$$

よって

$$(6<)\,6.5<\frac{5}{\alpha}=\frac{5+\sqrt{65}}{2}<7$$

したがって，$m<\dfrac{5}{\alpha}<m+1$ を満たす整数 m は **6** である。答

（3）①の解は，解の公式より

$$x=\frac{-(4c-3)\pm\sqrt{(4c-3)^2-4\cdot2(2c^2-c-11)}}{2\cdot2}$$

$$=\frac{-4c+3\pm\sqrt{-16c+97}}{4}$$

ここで，$D=-16c+97$ とおくと，①の解が異なる二つの有理数であるのは，D が正の平方数となるときである。$D>0$ のとき

$$-16c+97>0$$

よって

$$c<\frac{97}{16}=6+\frac{1}{16}$$

c は正の整数なので，①の解が異なる二つの実数となるのは

$$c=1,\ 2,\ 3,\ 4,\ 5,\ 6$$

である。この c の値それぞれに対して

$$D=81,\ 65,\ 49,\ 33,\ 17,\ 1$$

であるから，①の解が異なる二つの有理数であるような正の整数 c は，1，3，6の **3** 個である。◀◀答

有理数は実数なので，まずは，①の解が実数であるための条件を考える。

条件をみたす c の候補が6個に絞り込まれたので，D を計算して平方数になるか調べればよい。ここでは，81，49，1が平方数である。

✔ POINT

❗ 具体的な値による実験を通して，新たな問いを見出す

本問では，（1）で $c=1$ のとき，（2）で $c=2$ のときの①の解について考えている。それらの考察をもとに，（3）では「c がどのような値のときに，解は有理数になるのか」という新たな問いを見出し，考える，という点が，本問に見られる共通テストらしさである。

なお，解が異なる2つの有理数であるような正の整数 c の個数は，花子さんが言うとおり，2次方程式の解の公式の根号の中$(-16c+97)$に着目し

$-16c+97$ が平方数となる c

を考察することで求めることができる。ここでは，c がある程度大きな値のとき $-16c+97$ は負になることにも着目し，まず，解が異なる2つの「実数」であるような正の整数 c を求めた。このように，解の候補を絞り込むという考え方も重要である。

例題 3 オリジナル問題

x の 2 次方程式 $2x^2+4x+1=0$ の解は

$$x=\frac{\boxed{アイ}\pm\sqrt{\boxed{ウ}}}{\boxed{エ}}$$

である。以後，$\alpha=\dfrac{\boxed{アイ}+\sqrt{\boxed{ウ}}}{\boxed{エ}}$ とする。

この α の値について，整数 p，q，r（ただし，$p\neq0$）を変化させたときの $p\alpha^2+q\alpha+r$ の値を考えよう。

（1） $p=4$，$q=3$，$r=2$ のとき，$p\alpha^2+q\alpha+r=\boxed{オカ}\,\alpha$ と表せる。

（2） $p\alpha^2+q\alpha+r$ の値が α の整数倍となるような p，q，r の条件は

$p=\boxed{キ}\,r$，q は $\boxed{ク}$

である。$\boxed{ク}$ に当てはまるものを，次の⓪～③のうちから一つ選べ。

⓪ 偶数　① 奇数　② 素数　③ 任意の整数

（3） $p\alpha^2+q\alpha+r$ の値が整数となるような p，q，r の組合せとして適当なものを，次の⓪～⑤のうちから二つ選べ。ただし，解答の順序は問わない。

$\boxed{ケ}$，$\boxed{コ}$

	p	q	r
⓪	1	1	1
①	1	2	1
②	2	3	2
③	2	4	1
④	3	5	1
⑤	4	8	2

基本事項の確認

■ 方程式の解

$x=a$ が方程式 $f(x)=0$ の解であるとき，$f(a)=0$ が成り立つ。

解答・解説

$2x^2+4x+1=0$ を解くと

$$\boldsymbol{x}=\frac{-2\pm\sqrt{2}}{2}$$ ◀◀答

よって

$$\alpha=\frac{-2+\sqrt{2}}{2}$$

（1） α は $2x^2+4x+1=0$ の解であるから

$$2\alpha^2+4\alpha+1=0 \quad \cdots\cdots ①$$

をみたす。よって

$$\boldsymbol{4\alpha^2+3\alpha+2}=2(-4\alpha-1)+3\alpha+2$$

$$=-8\alpha-2+3\alpha+2$$

$$=\boldsymbol{-5\alpha}$$ ◀◀答

と表せる。

$2\alpha^2=-4\alpha-1$

（2） ①の両辺を $\frac{1}{2}p$ 倍して

$$p\alpha^2+2p\alpha+\frac{1}{2}p=0$$

であるから

①を利用できるように変形する。

$$p\alpha^2+q\alpha+r=\left(-2p\alpha-\frac{1}{2}p\right)+q\alpha+r$$

$$=(-2p+q)\alpha-\frac{1}{2}p+r \quad \cdots\cdots ②$$

$p\alpha^2=-2p\alpha-\frac{1}{2}p$

これが α の整数倍となる条件は

$$-\frac{1}{2}p+r=0$$

より

②の定数項が 0 となるとき。

$$\boldsymbol{p=2r}$$ ◀◀答

また，q は任意の整数（⓪）である。◀◀答

②の α の係数が整数となるとき。

（3）p，q，r は整数であり，α は無理数であるから，$p\alpha^2+q\alpha+r$ の値が整数となる条件は，②より

$-2p+q=0$ かつ p が偶数

である。

したがって，$p\alpha^2+q\alpha+r$ の値が整数となるような p，q，r の組は⓷，⓹である。◀◀答

②の α の係数が0となり，かつ，定数項が整数となるとき。

POINT

■ 方程式の解

解答で $p\alpha^2+q\alpha+r$ の値について考える際に，$f(x)=2x^2+4x+1$ に対し，$f(\alpha)=0$ が成り立つことを利用して，値を代入する式を簡単にした。これにより，α^2 の値を具体的に計算せずに済んでいる。

例題 4　2021年度本試第2日程

a, b を定数とするとき，x についての不等式

$$|ax-b-7|<3 \quad \cdots\cdots\cdots\cdots ①$$

を考える。

（1）　$a=-3$, $b=-2$ とする。①を満たす整数全体の集合を P とする。この集合 P を，要素を書き並べて表すと

$$P=\{\,\boxed{アイ},\ \boxed{ウエ}\,\}$$

となる。ただし，$\boxed{アイ}$，$\boxed{ウエ}$ の解答の順序は問わない。

（2）　$a=\dfrac{1}{\sqrt{2}}$ とする。

（i）　$b=1$ のとき，①を満たす整数は全部で $\boxed{オ}$ 個である。

（ii）　①を満たす整数が全部で $\left(\boxed{オ}+1\right)$ 個であるような正の整数 b のうち，最小のものは $\boxed{カ}$ である。

基本事項の確認

■ **絶対値**

実数 A の絶対値は

$$|A|=\begin{cases}A & (A\geqq 0)\\ -A & (A<0)\end{cases}$$

解答・解説

$|ax-b-7|<3$ ……………………… ①

（1）$a=-3$，$b=-2$ のとき，①は

$|-3x-(-2)-7|<3$

$-8<3x<-2$

$-3<-3x-5<3$

よって

$-\dfrac{8}{3}<x<-\dfrac{2}{3}$

これを満たす整数は -2，-1 である。

$-\dfrac{8}{3}=-2-\dfrac{2}{3}$

したがって，①を満たす整数全体の集合 P は

$\boldsymbol{P=\{-2,\ -1\}}$ ◀◀答

（2）$a=\dfrac{1}{\sqrt{2}}$ のとき，①は

$\left|\dfrac{1}{\sqrt{2}}x-b-7\right|<3$

$b+4<\dfrac{1}{\sqrt{2}}x<b+10$

$-3<\dfrac{1}{\sqrt{2}}x-b-7<3$

よって

$\sqrt{2}(b+4)<x<\sqrt{2}(b+10)$ …… ②

（i） $b=1$ のとき，②は

$5\sqrt{2}<x<11\sqrt{2}$

各辺は正であるから，各辺を2乗して

$50<x^2<242$

この範囲に含まれる正の整数 x は

$x=8$，9，10，…，15

の8個である。

よって，①を満たす整数は全部で8個である。

（ii） ①を満たす整数が全部で $(8+1)$ 個，つまり，9個であるような最小の正の整数 b を求める。

- $b=1$ のとき，（i）より不適。
- $b=2$ のとき，②より

$6\sqrt{2}<x<12\sqrt{2}$

$b=1$ のとき，$b=2$ のとき，…と b が小さい順に調べる方針。

各辺は正であるから，各辺を 2 乗して

$72 < x^2 < 288$

この範囲に含まれる正の整数 x は

$x = 9,\ 10,\ 11,\ \cdots,\ 16$

の 8 個である。よって，不適。

- $b=3$ のとき，②より

$7\sqrt{2} < x < 13\sqrt{2}$

各辺は正であるから，各辺を 2 乗して

$98 < x^2 < 338$

この範囲に含まれる正の整数 x は

$x = 10,\ 11,\ 12,\ \cdots,\ 18$

の 9 個である。

よって，①を満たす整数が全部で 9 個であるような最小の正の整数 b は **3** である。◀◀答

✓ POINT

❗ 不等式の解の特徴をつかむ

本問の(2)は，(i)で $b=1$ のときに①をみたす整数の個数が 8 個であることを求め，(ii)で①をみたす整数の個数が 9 個となる整数 b のうち最小のものを求める，という流れである。このように，問題が進むにつれてより一般的な考察が求められるのは，共通テストの特徴の1つである。

さて，(2)における①の解の上限 $\sqrt{2}(b+10)$ と下限 $\sqrt{2}(b+4)$ の差はつねに $6\sqrt{2}=8.485\cdots$ である。よって，①をみたす整数の個数は 8 個または 9 個であり，①をみたす整数の個数が 9 個であるのは

$\sqrt{2}(b+4)$ の小数部分が $1-0.485\cdots(=9-6\sqrt{2})$ よりも大きいこと

であるとわかる。

このことを押さえておくと，$b=2,\ 3,\ \cdots$ と順に調べる際にも

$6\sqrt{2}=8.485\cdots,\ 7\sqrt{2}=9.899\cdots$

のように，下限 $\sqrt{2}(b+4)$ の値の近似値だけで答えることができる。

例題 5 オリジナル問題

a を定数とする。x についての連立不等式

$$\begin{cases} 3(x+a)+2>2(ax+1)+6a \\ 2(2ax+5a)+2a \geqq 5(x+a) \end{cases} \quad \cdots\cdots\cdots\cdots\cdots\cdots\cdots\cdots\cdots\cdots\cdots ①$$

について，次の問いに答えよ。

(1) $a=\dfrac{13}{12}$ のとき，①を満たす最小の整数 x は $x=$ ア である。

(2) 下の カ ， キ には，次の⓪，①のうちから当てはまるものを一つずつ選べ。ただし，同じものを選んでもよい。

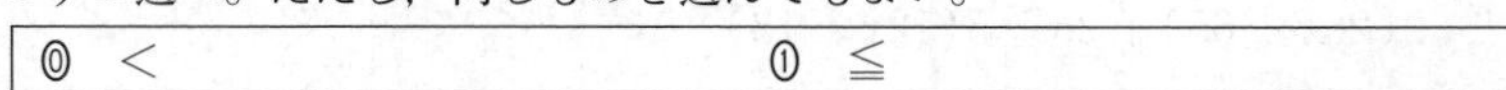

⓪ $<$　　　① $\leqq$

$x=$ ア が①を満たすような定数 a のとり得る値の範囲は

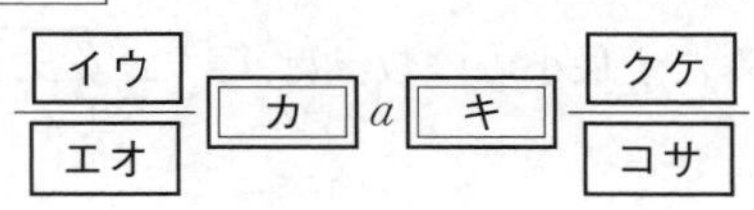

$\dfrac{\text{イウ}}{\text{エオ}}$ カ a キ $\dfrac{\text{クケ}}{\text{コサ}}$

である。

(3) a の値が (2) の範囲にあるとき，①を満たすような整数 x のうち，最大のものは $x=$ シス である。

基本事項の確認

■ 不等式の性質

$A<B$ かつ $C>0$ のとき

$CA<CB$, $\dfrac{A}{C}<\dfrac{B}{C}$

$A<B$ かつ $C<0$ のとき

$CA>CB$, $\dfrac{A}{C}>\dfrac{B}{C}$

$3(x+a)+2>2(ax+1)+6a$ ………… ②

$2(2ax+5a)+2a\geqq 5(x+a)$ …………… ③

とする。

(1) $a=\dfrac{13}{12}$ のとき，②は

$3(12x+13)+24>2(13x+12)+78$

より

$x>\dfrac{39}{10}$

③は

$2(26x+65)+26\geqq 5(12x+13)$

より

$x\leqq\dfrac{91}{8}$

不等号の向きが変わる。

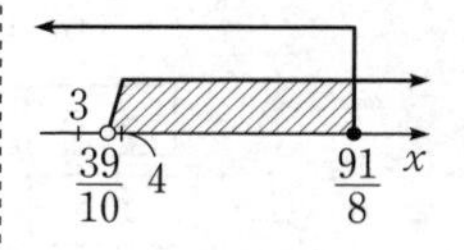

$3<\dfrac{39}{10}<4$ であるから，①をみたす最小の整数 x は

$\boldsymbol{x=4}$ 答

(2) $x=4$ が①をみたすとき，②より

連立不等式①に $x=4$ を代入すると成り立つ。

$3(4+a)+2>2(4a+1)+6a$

$a<\dfrac{12}{11}$

③より

$2(8a+5a)+2a\geqq 5(4+a)$

$a\geqq\dfrac{20}{23}$

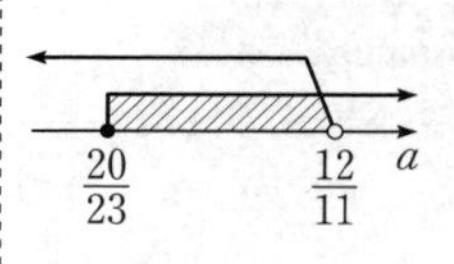

よって

$\boldsymbol{\dfrac{20}{23}\leqq a<\dfrac{12}{11}}$ （①，⓪） 答

(3) 以下，$\dfrac{20}{23}\leqq a<\dfrac{12}{11}$ のときについて考える。

②について，x の不等式として解くと

$(3-2a)x>3a$ より $x>\dfrac{3a}{3-2a}$ 　　$3-2a>0$

③について，同様に

$(4a-5)x\geqq -7a$ より $x\leqq -\dfrac{7a}{4a-5}$ 　　$4a-5<0$

ここで

$-\dfrac{7a}{4a-5}-\dfrac{3a}{3-2a}=\dfrac{2a(a-3)}{(4a-5)(3-2a)}>0$ 　　$a-3<0$

より，連立不等式①の解は

$$\frac{3a}{3-2a}<x\leqq-\frac{7a}{4a-5}$$

さて

$$\frac{3a}{3-2a}=\frac{-\frac{3}{2}(3-2a)+\frac{9}{2}}{3-2a}$$

$$=-\frac{3}{2}+\frac{9}{2(3-2a)}$$

$$-\frac{7a}{4a-5}=-\frac{\frac{7}{4}(4a-5)+\frac{35}{4}}{4a-5}$$

$$=-\frac{7}{4}-\frac{35}{4(4a-5)}$$

より，$\frac{20}{23}\leqq a<\frac{12}{11}$ において，$y=\frac{3a}{3-2a}$，$y=-\frac{7a}{4a-5}$ は増加関数であり

$$\frac{60}{29}\leqq\frac{3a}{3-2a}<4,\ 4\leqq-\frac{7a}{4a-5}<12$$

$\frac{3a}{3-2a}$，$-\frac{7a}{4a-5}$ に $a=\frac{20}{23}$, $a=\frac{12}{11}$ をそれぞれ代入する。

したがって，$\frac{20}{23}\leqq a<\frac{12}{11}$ のとき，①をみたすような最大の整数 x は $\boldsymbol{x=11}$ である。 ◀◀答

POINT

■ 数直線の利用

複数の不等式について解の共通部分を求める際や，不等式の整数解について考える際には，数直線を利用すると処理しやすい。本問のように，ある整数が不等式の解に含まれる条件を求める場合，解答に示したような数直線をかくと，不等式の解の両端の値がそれぞれどのような範囲にあればよいかがすぐにわかる。

演習問題

演習1 （解答は２ページ）

（解答は２ページ）

（１）ある日，太郎さんのクラスでは，数学の授業で先生から次のような宿題が出された。

> 宿題１　x の２次方程式 $8x^2+4x-3=0$ の実数解のうち，小さい方を α とする。このとき，α^3 の値を求めなさい。

太郎さんは，この問題に対して次のように解答した。

太郎さんの解答

$$\alpha=\frac{\boxed{アイ}-\sqrt{\boxed{ウ}}}{\boxed{エ}} \quad \cdots\cdots(*)$$

①

である。

$$\alpha^2=\frac{\boxed{オカ}}{\boxed{キ}}\alpha+\frac{\boxed{ク}}{\boxed{ケ}}$$

②

であることを利用すると

$$\alpha^3=\frac{\boxed{コ}}{\boxed{サ}}\alpha-\frac{\boxed{シ}}{\boxed{スセ}}$$

③

よって，（＊）より

$$\alpha^3=\frac{\boxed{ソタチ}-\boxed{ツ}\sqrt{\boxed{テ}}}{\boxed{トナ}}$$

（2）次の日，別の宿題が出された。

> 宿題2　x の2次方程式 $8x^2+4x-3=0$ の実数解のうち，大きい方を α とする。このとき，α^3 の値を求めなさい。

太郎さんは，宿題1と宿題2の方程式が同じであることに気づき，**太郎さんの解答**の一部を修正することで宿題2を解くことを考えた。このとき，①～③のうち修正が必要な式は［ニ］であり，宿題2の答えは

$$\alpha^3=\frac{\boxed{ヌネノ}+\boxed{ハ}\sqrt{\boxed{ヒ}}}{\boxed{フヘ}}$$

である。［ニ］に当てはまるものを，次の⓪～⑥のうちから一つ選べ。

⓪　①のみ	①　②のみ	②　③のみ	③　①と②
④　①と③	⑤　②と③	⑥　①，②，③のすべて	

演習2 (解答は3ページ)

aを正の定数とする。xについての不等式

$$4a < x \leqq 7a \quad \cdots\cdots\cdots\cdots ①$$

について，次の問いに答えよ。

（1）$x=3$が①を満たすような定数aのとり得る値の範囲は

$$\frac{\boxed{\text{ア}}}{\boxed{\text{イ}}} \leqq a < \frac{\boxed{\text{ウ}}}{\boxed{\text{エ}}}$$

である。

（2）①を満たす整数xが$x=3$のみであるような定数aのとり得る値の範囲は

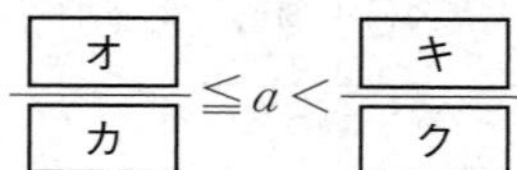

$$\frac{\boxed{\text{オ}}}{\boxed{\text{カ}}} \leqq a < \frac{\boxed{\text{キ}}}{\boxed{\text{ク}}}$$

である。

（3）①を満たす整数xがただ一つとなるとき，その整数xとして考えられるもののうち最小のものは $\boxed{\text{ケ}}$ であり，最大のものは $\boxed{\text{コ}}$ である。

演習3 （解答は4ページ）

縦 6 cm，横 10 cm の長方形のタイル S と，縦 6 cm，横 15 cm の長方形のタイル T がある。これらのタイルを使って，長方形の壁面を敷き詰めるための条件を考えたい。ただし，タイルは隙間なく格子状に並べて敷き詰め，縦横を回転させて使うことはないものとする。

（1）壁面の縦が 60 cm，横が n cm のときを考える。n が偶数であることは，この壁面がタイル S で敷き詰め可能であるための［ア］。また，n が奇数であることは，この壁面がタイル T で敷き詰め可能であるための［イ］。

［ア］，［イ］に当てはまるものを，次の⓪～③のうちから一つずつ選べ。ただし，同じものを選んでもよい。

⓪ 必要十分条件である
① 必要条件であるが，十分条件でない
② 十分条件であるが，必要条件でない
③ 必要条件でも十分条件でもない

（2）壁面の縦と横がともに n cm のときを考える。集合 A，B，C を

$A=\{n \mid n$ は 2 で割り切れる自然数$\}$
$B=\{n \mid n$ は 3 で割り切れる自然数$\}$
$C=\{n \mid n$ は 5 で割り切れる自然数$\}$

とする。また，集合 A，B，C の補集合をそれぞれ $\overline{A}$，$\overline{B}$，$\overline{C}$ で表す。

（i）この壁面がタイル S で敷き詰め可能であるための必要十分条件は，$n\in$［ウ］である。また，この壁面がタイル S，タイル T のどちらでも敷き詰め可能**ではない**ための必要十分条件は，$n\in$［エ］である。

［ウ］，［エ］に当てはまるものを，次の⓪～⑦のうちから一つずつ選べ。ただし，同じものを選んでもよい。

⓪ $A\cap B$	① $A\cap C$	② $B\cap C$	③ $A\cap B\cap C$
④ $A\cap B\cap\overline{C}$	⑤ $A\cap\overline{B}\cap C$	⑥ $\overline{A}\cap B\cap C$	⑦ $\overline{A\cap B\cap C}$

(ii) 壁面の縦が m cm，横が n cm のときを考える。この壁面がタイルSで敷き詰め可能であるための必要十分条件は，$m \in$ [オ] かつ $n \in$ [カ] である。また，この壁面がタイルSでは敷き詰め可能ではないが，タイルTでは敷き詰め可能であるための必要十分条件は，$m \in$ [キ] かつ $n \in$ [ク] である。

[オ] 〜 [ク] に当てはまるものを，次の⓪〜⑦のうちから一つずつ選べ。ただし，同じものを繰り返し選んでもよい。

⓪ $A \cap B$	① $A \cap C$	② $B \cap C$	③ $A \cap B \cap C$
④ $A \cap B \cap \overline{C}$	⑤ $A \cap \overline{B} \cap C$	⑥ $\overline{A} \cap B \cap C$	⑦ $\overline{A \cap B \cap C}$

演習4 (解答は6ページ)

ある日，太郎さんと花子さんのクラスでは，数学の授業で先生から次のような宿題が出された。

宿題

三つの実数 a，b，c について，$\alpha=a+b$，$\beta=b+c$，$\gamma=c+a$とする。このとき，命題「a，b，c のうち少なくとも一つが有理数ならば，α，β，γ のうち無理数の個数は1ではない」が真であることを証明しなさい。

放課後，太郎さんと花子さんは出された宿題について会話をした。二人の会話を読んで，下の問いに答えよ。

太郎：a，b，cのうち無理数であるものの個数をmとし，α，β，γのうち無理数であるものの個数をnとして考えてみよう。
まず，$m=0$であることは，$n=0$であるための［ア］といえるね。

花子：$m=1$のときはどうかな。aが無理数でbとcが有理数だとすると，αとγは無理数でβは有理数だね。つまり$n=2$になるよ。

太郎：$m=1$であることは，$n=2$であるための［イ］といえるね。

(1) ［ア］，［イ］に当てはまるものを，次の⓪～③のうちから一つずつ選べ。ただし，同じものを選んでもよい。

⓪ 必要十分条件である
① 必要条件であるが，十分条件でない
② 十分条件であるが，必要条件でない
③ 必要条件でも十分条件でもない

花子：$m=2$ のとき，例えば，$a=\sqrt{2}$，$b=\sqrt{2}$，$c=1$ とすると，α，β，γ はすべて無理数だね。

太郎：ということは，命題「$m=2 \Longrightarrow n=3$」は真であるといえるね。

花子：(a) その命題には反例が存在するよ。

（2）下線部 (a) について，命題「$m=2 \Longrightarrow n=3$」が偽であることを示すための反例となる a，b，c の組を，次の⓪～⑤のうちから一つ選べ。［ウ］

⓪ $a=\sqrt{2}$，$b=\sqrt{2}$，$c=3$　　① $a=\sqrt{2}$，$b=-\sqrt{2}$，$c=3$

② $a=\sqrt{2}$，$b=\sqrt{3}$，$c=3$　　③ $a=\sqrt{2}$，$b=-\sqrt{3}$，$c=3$

④ $a=\sqrt{2}$，$b=\sqrt{2}$，$c=\sqrt{3}$　　⑤ $a=\sqrt{2}$，$b=-\sqrt{2}$，$c=\sqrt{3}$

太郎：m について場合分けして考えた結果を合わせると，宿題の命題は真であることが証明できそうだよ。でも，もっと簡単に証明できないかな？

花子：命題「α，β，γ のうち無理数の個数が1ならば，［エ］」が真であることを示してもいいね。

（3）［エ］に当てはまるものを，次の⓪～③のうちから一つ選べ。

⓪ a，b，c のうち少なくとも一つが有理数である

① a，b，c のうち少なくとも一つが無理数である

② a，b，c はすべて有理数である

③ a，b，c はすべて無理数である

第2章　2次関数

例題1 オリジナル問題

関数 $f(x)=-ax^2+b(x+1)$ について，$y=f(x)$ のグラフをコンピュータのグラフ表示ソフトを用いて表示させる。

このソフトでは，a，b の値を入力すると，その値に応じたグラフが表示される。さらに，それぞれの□の下にある•を左に動かすと値が減少し，右に動かすと値が増加するようになっており，値の変化に応じて関数のグラフが画面上で変化する仕組みになっている。

最初に，$a=b=1$ とすると，図1のように x 軸と $x\geqq 0$ と $x<0$ の部分で交わる，上に凸の放物線が表示された。

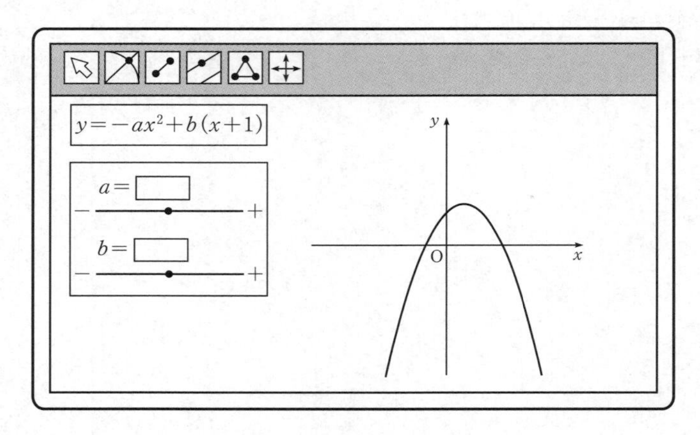

図1

このとき，次の問いに答えよ。

(1) $a=b=2$ のとき，方程式 $f(x)=0$ の解について正しく述べたものを，次の⓪～⑤のうちから一つ選ぶと， ア である。

ア の解答群

⓪ $x\geqq 0$ の範囲に異なる二つの解をもつ。
① $x<0$ の範囲に異なる二つの解をもつ。
② $x\geqq 0$ と $x<0$ の範囲に一つずつ解をもつ。
③ $x\geqq 0$ の範囲に重解をもつ。
④ $x<0$ の範囲に重解をもつ。
⑤ 実数解をもたない。

（2）次に，b の値を $b=2$ のまま変えずに a の値を $a<2$ の範囲で変化させた。
このとき，方程式 $f(x)=0$ の解について正しく述べたものを，次の⓪～⑤のうちから二つ選ぶと，［イ］，［ウ］である。

［イ］，［ウ］の解答群（解答の順序は問わない。）

⓪ $x \geqq 0$ の範囲に異なる二つの解をもつことはない。
① $x<0$ の範囲に異なる二つの解をもつことはない。
② $x \geqq 0$ と $x<0$ の範囲に一つずつ解をもつことはない。
③ $x \geqq 0$ の範囲にただ一つの解をもつことはない。
④ $x<0$ の範囲にただ一つの解をもつことはない。
⑤ つねに実数解をもつ。

（3）a，b の値を $a=b=2$ に戻したあと，a の値を $a=2$ のまま変えずに，b の値を変化させた。
方程式 $f(x)=0$ が $x \geqq 0$ と $x<0$ の範囲に一つずつ解をもつとき，b のとり得る値の範囲は b［エ］［オ］である。
［エ］については，当てはまるものを，次の⓪～③のうちから一つ選べ。

⓪ $>$	① $\geqq$	② $<$	③ $\leqq$

基本事項の確認

■ **2次関数のグラフ**

2次関数 $y=ax^2+bx+c\ (a \neq 0)$ の右辺を平方完成すると

$$y=a(x-p)^2+q$$

の形になり

$$p=-\frac{b}{2a},\quad q=-\frac{b^2-4ac}{4a}$$

この2次関数のグラフは，$(p,\ q)$ を頂点とする放物線で，$a>0$ のとき下に凸，$a<0$ のとき上に凸である。

解答・解説

（1） $a=b=2$ のとき

$$f(x)=-2x^2+2(x+1)$$
$$=2\{-x^2+(x+1)\}$$

であるから，$a=b=2$ のときの $f(x)=0$ の解は，

$a=b=1$ のときの $f(x)=0$ の解と一致する。よって，$f(x)=0$ は $x \geqq 0$ と $x<0$ の範囲に一つずつ解をもつ。(②) ◀◀答

$a=b=1$ のとき
$f(x)$
$=-x^2+(x+1)$
である。

(**2**) $b=2$ のとき

$$f(x)=-ax^2+2(x+1)$$
$$=-ax^2+2x+2$$

より，$y=f(x)$ のグラフは a の値によらず点 $(0,\ 2)$ を通る。

放物線 $y=f(x)$ と y 軸の交点の y 座標は $f(x)$ の定数項。

$a>0$ のとき，$y=f(x)$ のグラフは点 $(0,\ 2)$ を通り上に凸の放物線であるから，方程式 $f(x)=0$ は a の値によらず $x \geqq 0$ と $x<0$ の範囲に一つずつ解をもつ。

$a=0$ のとき，$f(x)=2x+2$ となり，方程式 $f(x)=0$ は $x<0$ の範囲にただ一つの解をもつ。

$x=-1$

$a<0$ のとき，$y=f(x)$ のグラフは下に凸の放物線で

$$-ax^2+2x+2=-a\left(x-\frac{1}{a}\right)^2+\frac{1}{a}+2$$

より，頂点の座標は

$$\left(\frac{1}{a},\ \frac{1}{a}+2\right)$$

$\frac{1}{a}<0$ より，頂点の x 座標はつねに負である。また，頂点の y 座標は 2 より小さい任意の値をとるから，点 $(0,\ 2)$ を通ることを合わせると，方程式 $f(x)=0$ は

- $x<0$ の範囲に異なる二つの解をもつ
- $x<0$ の範囲にただ一つの解をもつ
- 実数解をもたない

の 3 つの場合がある。

以上より，方程式 $f(x)=0$ の解について正しく述べたものは，⓪，③ である。◀◀答

（3）$a=2$ のとき

$$f(x)=-2x^2+b(x+1)=-2x^2+bx+b$$

方程式 $f(x)=0$ が $x=0$ を解にもつとき

$$f(0)=0 \quad より \quad b=0$$

このとき，$f(x)=-2x^2$ より，$x=0$ 以外の解をもたない。

$y=f(x)$ のグラフは上に凸の放物線であるから，方程式 $f(x)=0$ が $x>0$ と $x<0$ の範囲に一つずつ解をもつのは

$$f(0)>0 \quad より \quad b>0$$

以上より，b のとり得る値の範囲は

$b>0$（⓪） 答

POINT

係数の変化にともなう方程式の解の変化

本問では，まず（1）で $a=b=2$ のとき方程式 $f(x)=0$ がどのような解をもつかを考え，（2），（3）では，a，b の値を変化させたとき，方程式 $f(x)=0$ の解がどのような範囲にあるかを考えている。

共通テストにおいては，このように

具体的な値において考察　→　一般的な条件において考察

という手順で考えていく問題が見られる。普段の学習から「条件のうち，この値を変化させると，問題の状況はどのように変わるだろうか」と考えてみることが，共通テストへの対策にもなる。

■ 2次方程式の解の存在範囲

2次方程式 $f(x)=0$ がある範囲に解をもつための条件を求めるとき，押さえるべきポイントは，$y=f(x)$ のグラフについて

① 頂点の y 座標，もしくは，$f(x)=0$ の判別式の符号

② 軸の位置

③ 端点の y 座標の符号

の3つである。本問の（3）では，$f(x)=0$ が $x \geqq 0$ と $x<0$ の範囲に1つずつ解をもつ条件を求めるために，③で $x=0$ のときの y 座標，つまり，グラフと y 軸の交点の y 座標の符号を考えた。

例題 2　2022年度本試

p，q を実数とする。

花子さんと太郎さんは，次の二つの２次方程式について考えている。

$$x^2+px+q=0 \quad \cdots\cdots ①$$

$$x^2+qx+p=0 \quad \cdots\cdots ②$$

①または②を満たす実数 x の個数を n とおく。

（1）$p=4$，$q=-4$ のとき，$n=$ [ア] である。

　また，$p=1$，$q=-2$ のとき，$n=$ [イ] である。

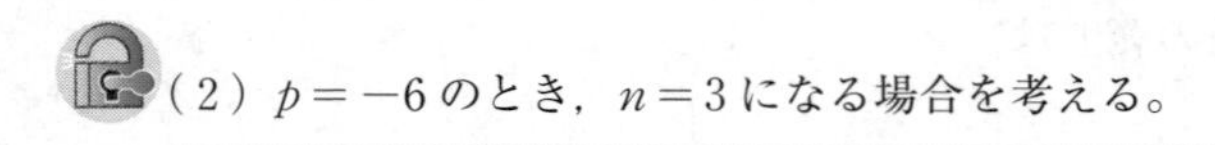

（2）$p=-6$ のとき，$n=3$ になる場合を考える。

花子：例えば，①と②をともに満たす実数 x があるときは $n=3$ になりそうだね。

太郎：それを α としたら，$\alpha^2-6\alpha+q=0$ と $\alpha^2+q\alpha-6=0$ が成り立つよ。

花子：なるほど。それならば，α^2 を消去すれば，α の値が求められそうだね。

太郎：確かに α の値が求まるけど，実際に $n=3$ となっているかどうかの確認が必要だね。

花子：これ以外にも $n=3$ となる場合がありそうだね。

$n=3$ となる q の値は

$q=$ [ウ]，[エ]

である。ただし，[ウ] $<$ [エ] とする。

（3）花子さんと太郎さんは，グラフ表示ソフトを用いて，①，②の左辺を y とおいた２次関数 $y=x^2+px+q$ と $y=x^2+qx+p$ のグラフの動きを考えている。

$p=-6$ に固定したまま，q の値だけを変化させる。

$y=x^2-6x+q$ ……………………………………… ③

$y=x^2+qx-6$ ……………………………………… ④

の二つのグラフについて，$q=1$ のときのグラフを点線で，q の値を1から増加させたときのグラフを実線でそれぞれ表す。このとき，③のグラフの移動の様子を示すと オ となり，④のグラフの移動の様子を示すと カ となる。

オ ， カ については，最も適当なものを，次の⓪～⑦のうちから一つずつ選べ。ただし，同じものを繰り返し選んでもよい。なお，x 軸と y 軸は省略しているが，x 軸は右方向，y 軸は上方向がそれぞれ正の方向である。

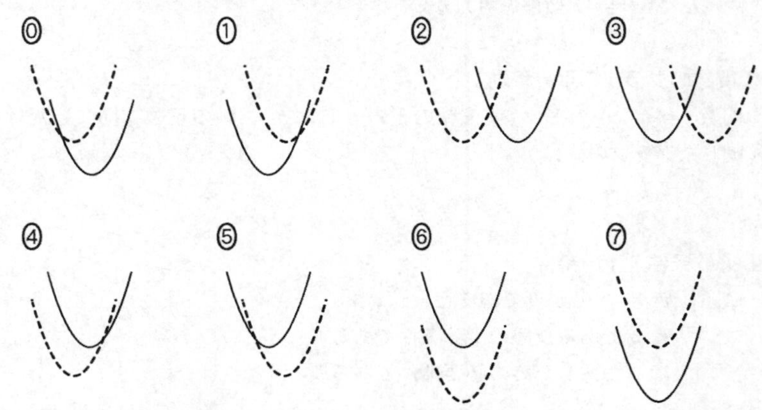

（4） ウ $<q<$ エ とする。全体集合 U を実数全体の集合とし，U の部分集合 A，B を

$A=\{x\,|\,x^2-6x+q<0\}$

$B=\{x\,|\,x^2+qx-6<0\}$

とする。U の部分集合 X に対し，X の補集合を $\overline{X}$ と表す。このとき，次のことが成り立つ。

・$x \in A$ は，$x \in B$ であるための キ 。

・$x \in B$ は，$x \in \overline{A}$ であるための ク 。

キ ， ク の解答群(同じものを繰り返し選んでもよい。)

⓪ 必要条件であるが，十分条件ではない
① 十分条件であるが，必要条件ではない
② 必要十分条件である
③ 必要条件でも十分条件でもない

基本事項の確認

■ 判別式と実数解の個数

2次方程式 $ax^2+bx+c=0\,(a \neq 0)$ の判別式

$$D=b^2-4ac$$

について

$D>0 \Longleftrightarrow$ 異なる2つの実数解をもつ

$D=0 \Longleftrightarrow$ ただ1つの実数解(重解)をもつ

$D<0 \Longleftrightarrow$ 実数解をもたない

■ 関数のグラフの平行移動

関数 $y=f(x)$ のグラフを x 軸の正の方向に p，y 軸の正の方向に q だけ平行移動したグラフの式は

$$y=f(x-p)+q$$

■ 必要条件・十分条件

命題「$p \Longrightarrow q$」が真であるとき

「p は q であるための十分条件である」

「q は p であるための必要条件である」

という。

解答・解説

$x^2+px+q=0$ ……………………………… ①

$x^2+qx+p=0$ ……………………………… ②

（1）$p=4$，$q=-4$ のとき，① を解くと

$x^2+4x-4=0$ より $x=-2\pm2\sqrt{2}$

②を解くと

$x^2-4x+4=0$ より $x=2$

$(x-2)^2=0$

よって，①または②をみたす実数 x の個数 n は

$\boldsymbol{n=3}$ ◀◀答

$x=-2\pm2\sqrt{2}$，2 の 3 個。

また，$p=1$，$q=-2$ のとき，①を解くと

$x^2+x-2=0$ より $x=-2$，1

$(x+2)(x-1)=0$

②を解くと

$x^2-2x+1=0$ より $x=1$

$(x-1)^2=0$

よって，①または②をみたす実数 x の個数 n は

$\boldsymbol{n=2}$ ◀◀答

$x=-2$，1 の 2 個。

（2）$p=-6$ のとき，①，②はそれぞれ

$x^2-6x+q=0$ ……………………………… ①′

$x^2+qx-6=0$ ……………………………… ②′

となる。①′，②′ をみたす実数 x があるとき，その実数を α とすると

$\alpha^2-6\alpha+q=0$ ……………………………… ①″

$\alpha^2+q\alpha-6=0$ ……………………………… ②″

②″－①″ より

$q\alpha+6\alpha-6-q=0$

$(q+6)\alpha-(q+6)=0$

$(\alpha-1)(q+6)=0$

したがって

$\alpha=1$ または $q=-6$

（i）$\alpha=1$ のとき，①″ より

$1^2-6\cdot1+q=0$

$q=5$

$q=5$ のとき，①′ を解くと

$x^2-6x+5=0$ より $x=1$，5

$(x-1)(x-5)=0$

②′を解くと

$$x^2+5x-6=0 \quad \text{より} \quad x=-6,\ 1$$

$(x+6)(x-1)=0$

となり，確かに共通解 $\alpha=1$ をもち，①または②をみたす実数 x の個数 n は $n=3$ となる。

(ⅱ) $q=-6$ のとき，①′と②′は一致し，①または②をみたす実数 x の個数 n は $n \leqq 2$ となるため不適。

(ⅰ)，(ⅱ)より，$n=3$ となる q の値の1つは $q=5$ である。

これ以外で $n=3$ となるのは，(1)のように，①′，②′の一方が重解をもち，もう一方がこの重解と異なる二つの実数解をもつときである。

①′，②′の判別式をそれぞれ D_1，D_2 とすると

$$\frac{D_1}{4}=(-3)^2-q=9-q$$

$$D_2=q^2-4\cdot(-6)=q^2+24>0$$

したがって，D_2 はつねに $D_2>0$ であるから，②′は q の値に関わらず，異なる二つの実数解をもつ。

①′が重解をもつとき

$$9-q=0$$

$$q=9$$

$q=9$ のとき，①′を解くと

$$x^2-6x+9=0 \quad \text{より} \quad x=3$$

$(x-3)^2=0$

②′を解くと

$$x^2+9x-6=0$$

$$x=\frac{-9\pm\sqrt{105}}{2}$$

となり，確かに①または②をみたす実数 x の個数 n は $n=3$ になる。

よって，$n=3$ となる q の値は

$\boldsymbol{q=5,\ 9}$ ◀◀答

（3）　$y=x^2-6x+q$ ………………………… ③
　　　$y=x^2+qx-6$ ………………………… ④

③は，$y=(x-3)^2+q-9$ より，軸が直線 $x=3$，頂点が点 $(3,\ q-9)$ で下に凸の放物線である。

したがって，q の値を1から増加させると，頂点の y 座標のみが増加する。

よって，③のグラフは y 軸の正の方向へ平行移動するから，⑥である。◀◀答

④は，$y=\left(x+\dfrac{q}{2}\right)^2-\dfrac{q^2}{4}-6$ より，軸が直線 $x=-\dfrac{q}{2}$，頂点が点 $\left(-\dfrac{q}{2},\ -\dfrac{q^2}{4}-6\right)$ で下に凸の放物線である。

したがって，q の値を1から増加させると，頂点の x 座標と y 座標はともに減少する。

よって，放物線は x 軸の負の方向，かつ y 軸の負の方向へ平行移動するから，① である。◀◀答

（4）$5<q<9$ とする。③と④それぞれについて，$y<0$ となる x の値の範囲が，集合 A，B である。

$q=5$ のとき，（2）より

　　③と x 軸の共有点の x 座標は $x=1,\ 5$

　　④と x 軸の共有点の x 座標は $x=-6,\ 1$

$q=9$ のとき，（2）より

　　③と x 軸の共有点の x 座標は $x=3$

　　④と x 軸の共有点の x 座標は $x=\dfrac{-9\pm\sqrt{105}}{2}$

（3）より，q の値が増加するとグラフは次の図のように平行移動する（点線は $q=5$ のとき）。

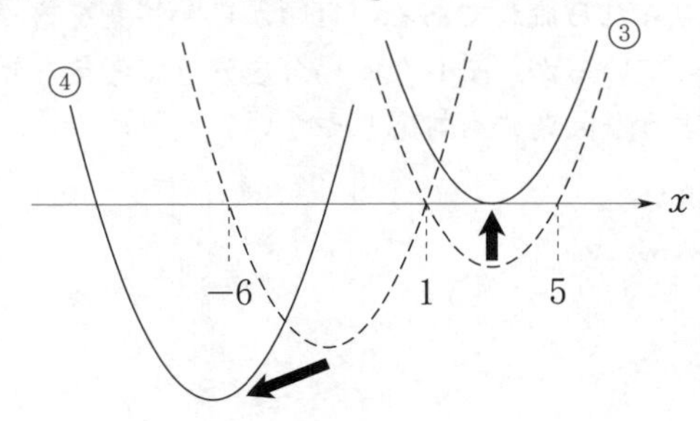

よって，次の図のように，集合 A と B は共通部分をもたない。

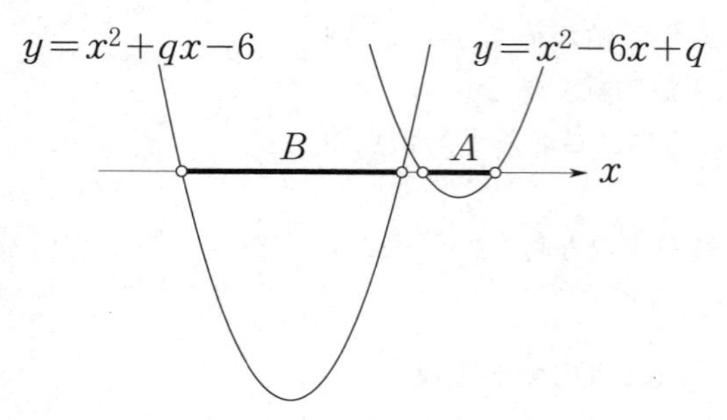

ゆえに

$x \in A \Longrightarrow x \in B$ は偽

$x \in B \Longrightarrow x \in A$ は偽

となるので，$x \in A$ は，$x \in B$ であるための必要条件でも十分条件でもない。(③)　◀◀答

また

$x \in B \Longrightarrow x \in \overline{A}$ は真

$x \in \overline{A} \Longrightarrow x \in B$ は偽

より，$x \in B$ は，$x \in \overline{A}$ であるための十分条件であるが，必要条件ではない。(⓪)　◀◀答

POINT

❗ 条件の逆を考える

本問の（2）では

「①，②をともにみたす実数 x があるならば $n=3$ となりうる」

と考えたあと，$n=3$ となる場合がほかにもあるかを考えている。

このように，ある問題について考察を進めたあと，その逆を考えるというのは，共通テストにおいてよく見られる流れである。日頃から，答案を書く際に，式変形や論理展開が同値になっているか，モレなく場合を分けて考えられているかを意識していると，このような問題にも対応しやすい。

例題３　2017年度試行調査

○○高校の生徒会では，文化祭でＴシャツを販売し，その利益をボランティア団体に寄付する企画を考えている。生徒会執行部では，できるだけ利益が多くなる価格を決定するために，次のような手順で考えることにした。

価格決定の手順

（ｉ）アンケート調査の実施

200人の生徒に，「Ｔシャツ１枚の価格がいくらまでであればＴシャツを購入してもよいと思うか」について尋ね，500円，1000円，1500円，2000円の四つの金額から一つを選んでもらう。

（ii）業者の選定

無地のＴシャツ代とプリント代を合わせた「製作費用」が最も安い業者を選ぶ。

（iii）Ｔシャツ１枚の価格の決定

価格は「製作費用」と「見込まれる販売数」をもとに決めるが，販売時に釣り銭の処理で手間取らないよう50の倍数の金額とする。

下の表１は，アンケート調査の結果である。生徒会執行部では，例えば，価格が1000円のときには1500円や2000円と回答した生徒も１枚購入すると考えて，それぞれの価格に対し，その価格以上の金額を回答した生徒の人数を「累積人数」として表示した。

表１

Ｔシャツ１枚の価格(円)	人数(人)	累積人数(人)
2000	50	50
1500	43	93
1000	61	154
500	46	200

このとき，次の問いに答えよ。

（1）売上額は

（売上額）＝（Tシャツ1枚の価格）×（販売数）

と表せるので，生徒会執行部では，アンケートに回答した200人の生徒について，調査結果をもとに，表1にない価格の場合についても販売数を予測することにした。そのために，Tシャツ1枚の価格をx円，このときの販売数をy枚とし，xとyの関係を調べることにした。

表1のTシャツ1枚の価格と［ア］の値の組を$(x,\ y)$として座標平面上に表すと，その4点が直線に沿って分布しているように見えたので，この直線を，Tシャツ1枚の価格xと販売数yの関係を表すグラフとみなすことにした。

このとき，yはxの［イ］であるので，売上額を$S(x)$とおくと，$S(x)$はxの［ウ］である。このように考えると，表1にない価格の場合についても売上額を予測することができる。

［ア］，［イ］，［ウ］に入るものとして最も適当なものを，次の⓪～⑥のうちから一つずつ選べ。ただし，同じものを繰り返し選んでもよい。

⓪ 人数	① 累積人数	② 製作費用	③ 比例
④ 反比例	⑤ 1次関数	⑥ 2次関数	

生徒会執行部が（1）で考えた直線は，表1を用いて座標平面上にとった4点のうちxの値が最小の点と最大の点を通る直線である。この直線を用いて，次の問いに答えよ。

（2）売上額$S(x)$が最大になるxの値を求めよ。［エオカキ］

（3）Tシャツ1枚当たりの「製作費用」が400円の業者に120枚を依頼することにしたとき，利益が最大になるTシャツ1枚の価格を求めよ。

［クケコサ］円

基本事項の確認

■ 2次関数の最大値・最小値

$y=a(x-p)^2+q$について，定義域が実数全体の場合は

$a>0$のとき：最大値なし，最小値$q(x=p)$

$a<0$のとき：最大値$q(x=p)$，最小値なし

解答・解説

（1） 表1において，価格が1000円のときには1500円や2000円と回答した生徒も1枚購入すると考えるから，販売数yに相当するのは累積人数(⓪)である。答

Tシャツ1枚の価格と累積人数の値の組を(x, y)として座標平面上に表すと，その4点が直線に沿って分布しているように見えたことから，yはxの1次関数(⑤)である。答

売上額を$S(x)$とおくと，$S(x)=xy$であるから，$S(x)$はxの2次関数(⑥)である。答

（2） 表1を用いて座標平面上にとった4点のうち，xの値が最小の点の座標は$(500, 200)$，xの値が最大の点の座標は$(2000, 50)$である。

この2点を通る直線の傾きは

$$\frac{50-200}{2000-500}=-\frac{150}{1500}=-\frac{1}{10}$$

であるから，y切片をbとして$y=-\frac{1}{10}x+b$とおける。

点(x_1, y_1)を通り傾きがmの直線の方程式

$$y-y_1=m(x-x_1)$$

を利用してもよい。

$x=500$のとき$y=200$であるから

$$200=-\frac{1}{10}\cdot 500+b$$

より

$$b=250$$

よって，$y=-\frac{1}{10}x+250$であり

$$S(x)=-\frac{1}{10}x^2+250x$$

$$=-\frac{1}{10}(x-1250)^2+\frac{1}{10}\cdot 1250^2$$

$S(x)=xy$

したがって，$S(x)$が最大になるxの値は$\boldsymbol{x=1250}$である。答

（3） Tシャツ1枚の価格xについての条件は

$$0\leqq -\frac{1}{10}x+250\leqq 120$$

販売数は最大で120枚である。

よって

$$1300 \leqq x \leqq 2500 \quad \cdots\cdots\cdots\cdots\text{①}$$

Tシャツ1枚当たりの「製作費用」が400円の業者に120枚を依頼することにしたとき，製作にかかる費用の合計は，販売数によらず一定である。つまり，利益を最大にするためには，Tシャツ1枚の価格として，製作した120枚すべてを販売できるような価格の最大値を設定すればよい。

xが①の範囲の値をとるとき，（2）より，$S(x)$は $x=1300$ のとき最大値をとる。

1300は50の倍数であるから，価格を1300円とすると，**価格決定の手順**の（iii）に適する。よって，利益が最大になるTシャツ1枚の価格は**1300円**である。

◀◀答

製作にかかる費用の合計は

400×120（円）

であり，利益は

$S(x)-400\times120$（円）

である。

POINT

❗ 価格と利益の関係を考える

本問では，文化祭でTシャツを販売する際の価格決定の手順が題材となっている。共通テストでよく見られる，身近な問題を数学を用いて解決するものである。

利益が最大となる価格を設定することが目標であるが，そのために，利益がどのような式で計算されるかを確認し，いくつかの仮定(たとえば「アンケート調査の結果を座標平面上にまとめたとき，点が1つの直線上にあるとする」といった仮定)のもとで考えている。

このような問題においては，状況を正確に読み取り，正しく式に表していくことが重要である。必要に応じて，自分で文字を設定しながら考えていくとよい。

■ 2次関数の定義域と最大値・最小値

売上額$S(x)$はTシャツ1枚の価格xの2次関数である。

（2）では，$S(x)$を平方完成することで，$S(x)$が最大となるxの値を求めた。一方，（3）では，Tシャツの製作枚数が決定しているから，安すぎる価格設定をするとTシャツが不足する。(実際，（2）で求めたTシャツ1枚の価格1250円で販売すると，Tシャツは125枚売れるから，5枚不足する。)

最大値・最小値を求める際には，このようにxのとり得る値の範囲(定義域)をつねに意識しよう。

例題 4 2021年度本試第1日程

陸上競技の短距離100m走では，100mを走るのにかかる時間(以下，タイムと呼ぶ)は，1歩あたりの進む距離(以下，ストライドと呼ぶ)と1秒あたりの歩数(以下，ピッチと呼ぶ)に関係がある。ストライドとピッチはそれぞれ以下の式で与えられる。

$$\text{ストライド}(\mathrm{m}/\text{歩}) = \frac{100(\mathrm{m})}{100\mathrm{m}\text{を走るのにかかった歩数}(\text{歩})}$$

$$\text{ピッチ}(\text{歩}/\text{秒}) = \frac{100\mathrm{m}\text{を走るのにかかった歩数}(\text{歩})}{\text{タイム}(\text{秒})}$$

ただし，100mを走るのにかかった歩数は，最後の1歩がゴールラインをまたぐこともあるので，小数で表される。以下，単位は必要のない限り省略する。

例えば，タイムが10.81で，そのときの歩数が48.5であったとき，ストライドは$\frac{100}{48.5}$より約2.06，ピッチは$\frac{48.5}{10.81}$より約4.49である。

(1) ストライドをx，ピッチをzとおく。ピッチは1秒あたりの歩数，ストライドは1歩あたりの進む距離なので，1秒あたりの進む距離すなわち平均速度は，xとzを用いて［ア］(m/秒)と表される。

これより，タイムと，ストライド，ピッチとの関係は

$$\text{タイム} = \frac{100}{\boxed{\text{ア}}} \quad \cdots\cdots ①$$

と表されるので，［ア］が最大になるときにタイムが最もよくなる。ただし，タイムがよくなるとは，タイムの値が小さくなることである。

［ア］の解答群

⓪ $x+z$	① $z-x$	② xz
③ $\frac{x+z}{2}$	④ $\frac{z-x}{2}$	⑤ $\frac{xz}{2}$

（2）男子短距離100m走の選手である太郎さんは，①に着目して，タイムが最もよくなるストライドとピッチを考えることにした。

次の表は，太郎さんが練習で100mを3回走ったときのストライドとピッチのデータである。

	1回目	2回目	3回目
ストライド	2.05	2.10	2.15
ピッチ	4.70	4.60	4.50

また，ストライドとピッチにはそれぞれ限界がある。太郎さんの場合，ストライドの最大値は2.40，ピッチの最大値は4.80である。

太郎さんは，上の表から，ストライドが0.05大きくなるとピッチが0.1小さくなるという関係があると考えて，ピッチがストライドの1次関数として表されると仮定した。このとき，ピッチzはストライドxを用いて

$$z = \boxed{イウ}\,x + \frac{\boxed{エオ}}{5} \quad \cdots\cdots\cdots\cdots ②$$

と表される。

②が太郎さんのストライドの最大値2.40とピッチの最大値4.80まで成り立つと仮定すると，xの値の範囲は次のようになる。

$$\boxed{カ}.\boxed{キク} \leqq x \leqq 2.40$$

$y = \boxed{ア}$とおく。②を$y = \boxed{ア}$に代入することにより，yをxの関数として表すことができる。太郎さんのタイムが最もよくなるストライドとピッチを求めるためには，$\boxed{カ}.\boxed{キク} \leqq x \leqq 2.40$の範囲で$y$の値を最大にする$x$の値を見つければよい。このとき，$y$の値が最大になるのは$x = \boxed{ケ}.\boxed{コサ}$のときである。

よって，太郎さんのタイムが最もよくなるのは，ストライドが$\boxed{ケ}.\boxed{コサ}$のときであり，このとき，ピッチは$\boxed{シ}.\boxed{スセ}$である。また，このときの太郎さんのタイムは，①により$\boxed{ソ}$である。

$\boxed{ソ}$については，最も適当なものを，次の⓪～⑤のうちから一つ選べ。

⓪ 9.68	① 9.97	② 10.09
③ 10.33	④ 10.42	⑤ 10.55

解答・解説

（**1**）1秒あたりの進む距離，すなわち平均速度は

(1歩あたりの進む距離)×(1秒あたりの歩数)

＝(ストライド)×(ピッチ)

＝$\boldsymbol{xz}$ **(m/秒)** (⓪) ◀◀答

よって

$$(\text{タイム})=\frac{100}{xz}(\text{秒})$$

（**2**）ストライド x が0.05大きくなるごとに，ピッチ z は0.1ずつ小さくなっているから，z は x の1次関数と考えられる。

この1次関数のグラフの傾きは

$$-\frac{0.1}{0.05}$$

となる。

よって，$x=2.10$ のとき，$z=4.60$ であるから

$$z=-\frac{0.1}{0.05}(x-2.10)+4.60$$

$$=-2(x-2.10)+4.60$$

$$=-2x+8.80$$

$$=\boldsymbol{-2x+\frac{44}{5}}$$ ◀◀答 ……………………… ②

ピッチ z の最大値が4.80より

$$z\leqq 4.80$$

②より

$$-2x+8.8\leqq 4.80$$

ここでは，小数表示された式を使う方がラク。

よって

$$x\geqq 2.00$$

ストライド x の最大値が2.40より

$$x\leqq 2.40$$

であるから

$$\boldsymbol{2.00\leqq x\leqq 2.40}$$ ◀◀答

ここで，$y=xz$ とおくと，②より

$$y=x\left(-2x+\frac{44}{5}\right)=-2x^2+\frac{44}{5}x$$

$$=-2\left(x-\frac{11}{5}\right)^2+\frac{242}{25}$$

である。

よって

$$2.00 < \frac{11}{5} = 2.20 < 2.40$$

より，y は $\boldsymbol{x=2.20}$ のとき，最大値 $\frac{242}{25}$ をとる。◀◀答

このとき，ピッチ z は②より

$$z = -2\cdot\frac{11}{5} + \frac{44}{5} = \frac{22}{5}$$

$$= \mathbf{4.40}$$ ◀◀答

また，このときのタイムは

$$\frac{100}{xz} = \frac{100}{y} = \frac{100}{\frac{242}{25}} = \frac{1250}{121}$$

$$\fallingdotseq \mathbf{10.33}$$ (③) ◀◀答

POINT

❗ 単位に着目して考える

例題3と同様，身近な問題を数学を用いて解決するタイプの問題であるが，本問は，題意を読み取って正しく式に表していくのがやや難しい。このような場合には，各変数の単位に着目すると考えやすい。

ストライド x，ピッチ z の単位はそれぞれ「m / 歩」，「歩 / 秒」であり，速度(秒速)の単位は「m / 秒」であることに着目すると

(m / 歩) × (歩 / 秒) = (m / 秒)

より，平均速度の式の形は xz の定数倍であると考えられる。

例題 5　2022年度追試

a を $5<a<10$ を満たす実数とする。長方形ABCDを考え，$\mathrm{AB}=\mathrm{CD}=5$，$\mathrm{BC}=\mathrm{DA}=a$ とする。

次のようにして，長方形ABCDの辺上に4点P，Q，R，Sをとり，内部に点Tをとることを考える。

辺AB上に点Bと異なる点Pをとる。辺BC上に点Qを $\angle\mathrm{BPQ}$ が 45° になるようにとる。Qを通り，直線PQと垂直に交わる直線を ℓ とする。ℓ が頂点C，D以外の点で辺CDと交わるとき，ℓ と辺CDの交点をRとする。

点Rを通り ℓ と垂直に交わる直線を m とする。m と辺ADとの交点をSとする。点Sを通り m と垂直に交わる直線を n とする。n と直線PQとの交点をTとする。

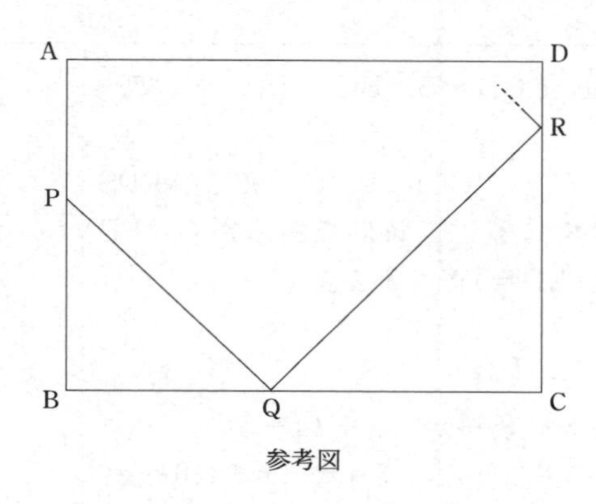

参考図

（1）$a=6$ のとき，ℓ が頂点C，D以外の点で辺CDと交わるときのAPの値の範囲は $0\leqq\mathrm{AP}<$ [ア] である。このとき，四角形QRSTの面積の最大値は $\dfrac{\boxed{イウ}}{\boxed{エ}}$ である。

$a=8$ のとき，四角形QRSTの面積の最大値は [オカ] である。

（2）$5<a<10$ とする。ℓ が頂点C，D以外の点で辺CDと交わるときのAPの値の範囲は

$$0\leqq\mathrm{AP}<\boxed{キク}-a \quad \cdots\cdots ①$$

である。

点Pが①を満たす範囲を動くとする。四角形QRSTの面積の最大値が

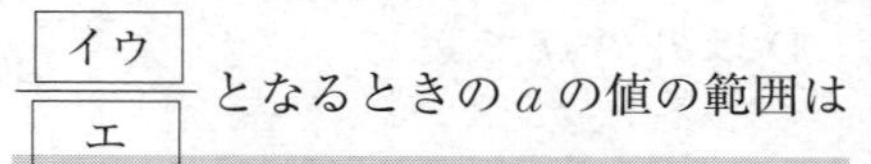
$\dfrac{\boxed{イウ}}{\boxed{エ}}$ となるときの a の値の範囲は

$$5 < a \leqq \frac{\boxed{ケコ}}{\boxed{サ}}$$

である。

a が $\dfrac{\boxed{ケコ}}{\boxed{サ}} < a < 10$ を満たすとき，Pが①を満たす範囲を動いたときの四角形QRSTの面積の最大値は

$$\boxed{シス}\,a^2 + \boxed{セソ}\,a - \boxed{タチツ}$$

である。

解答・解説

$5 < a < 10$，$AB = CD = 5$，$BC = DA = a$ で，$AP = x$ とおく

$\triangle PBQ$ は $\angle B = 90°$，$\triangle QCR$ は $\angle C = 90°$，$\triangle RDS$ は $\angle D = 90°$ の直角二等辺三角形であるから，$PB = BQ$，$QC = CR$，$RD = DS$ である。

したがって

$$PB = BQ = 5 - x$$
$$QC = CR = a - (5 - x) = x + (a - 5)$$
$$RD = DS = 5 - \{x + (a - 5)\} = -x + (10 - a)$$

より

$$QR = \sqrt{2}\,QC = \sqrt{2}\,\{x + (a - 5)\}$$
$$RS = \sqrt{2}\,RD = \sqrt{2}\,\{-x + (10 - a)\}$$

直角二等辺三角形の辺の比は

$1:1:\sqrt{2}$

である。

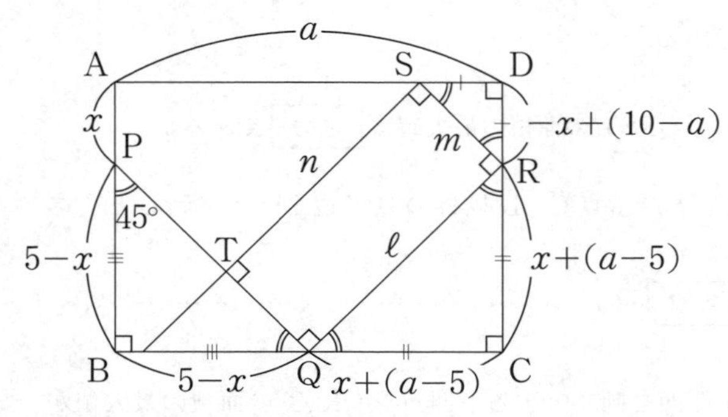

（1）$a = 6$ のとき，ℓ が頂点C，D以外の点で辺CDと交わるのは

$5>\mathrm{AP}\geqq 0$ かつ $\mathrm{CR}>0$ かつ $\mathrm{DR}>0$

$5>x\geqq 0$ かつ $x+1>0$ かつ $-x+4>0$

$5>x\geqq 0$ かつ $x>-1$ かつ $x<4$

したがって

$0\leqq \mathrm{AP}<4$ ◀◀答

直前の3つの不等式より
$0\leqq x<4$

四角形QRSTの面積を S とすると，

$\mathrm{QR}=\sqrt{2}(x+1)$，$\mathrm{RS}=\sqrt{2}(-x+4)$ より

$$\begin{aligned}S&=\mathrm{QR}\cdot\mathrm{RS}\\&=\sqrt{2}(x+1)\cdot\sqrt{2}(-x+4)\\&=-2(x^2-3x-4)\\&=-2\left(x-\frac{3}{2}\right)^2+\frac{25}{2}\end{aligned}$$

$0\leqq x<4$ より，S は $x=\mathrm{AP}=\dfrac{3}{2}$ のとき，**最大値 $\dfrac{25}{2}$** をとる。◀◀答

頂点の x 座標が，x の定義域 $0\leqq x<4$ に含まれるケースである。

$a=8$ のとき，同様に ℓ が頂点C，D以外の点で辺CDと交わるのは

$5>\mathrm{AP}\geqq 0$ かつ $\mathrm{CR}>0$ かつ $\mathrm{DR}>0$

$0\leqq x<5$ かつ $x+3>0$ かつ $-x+2>0$

$0\leqq x<5$ かつ $x>-3$ かつ $x<2$

したがって

$0\leqq x<2$

$\mathrm{QR}=\sqrt{2}(x+3)$，$\mathrm{RS}=\sqrt{2}(-x+2)$ より

$$\begin{aligned}S&=\mathrm{QR}\cdot\mathrm{RS}\\&=\sqrt{2}(x+3)\cdot\sqrt{2}(-x+2)\\&=-2(x^2+x-6)\\&=-2\left(x+\frac{1}{2}\right)^2+\frac{25}{2}\end{aligned}$$

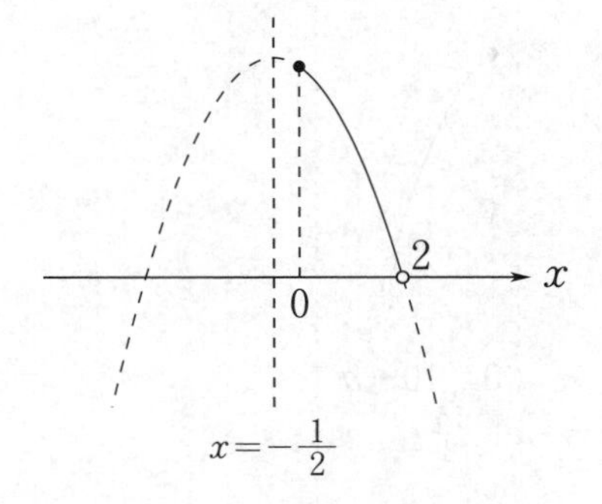

となるから，$0 \leqq x < 2$ より，S は $x = \mathrm{AP} = 0$ のとき，**最大値12をとる。** ◀◀答

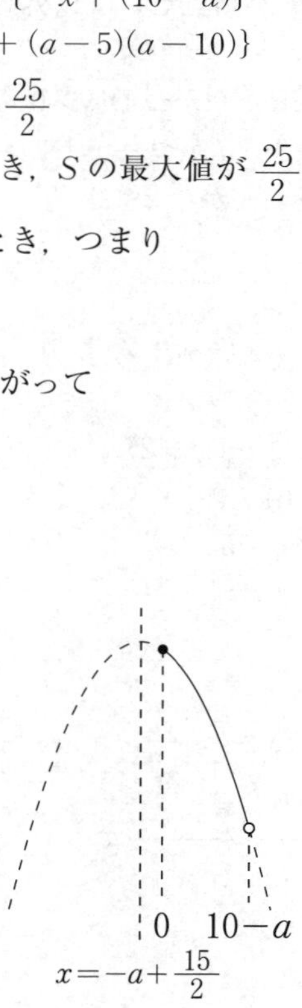

頂点の x 座標が，x の定義域 $0 \leqq x < 2$ に含まれないケースである。

（2）$5 < a < 10$ とする。ℓ が頂点C，D以外の点で辺CDと交わるのは，（1）と同様に

$$5 > \mathrm{AP} \geqq 0 \text{ かつ } \mathrm{CR} > 0 \text{ かつ } \mathrm{DR} > 0$$

となるときだから

$$0 \leqq x < 5 \text{ かつ } x + (a-5) > 0 \text{ かつ } -x + (10-a) > 0$$

したがって

$$0 \leqq x < 5 \text{ かつ } x > 5-a \text{ かつ } x < 10-a$$

$5 < a < 10$ より，$5-a < 0$，$10-a > 0$ であるから

$$\mathbf{0 \leqq AP < 10 - a} \quad \text{◀◀答} \quad \cdots\cdots ①$$

$0 \leqq x < 10 - a$

ここで，四角形QRSTの面積 S は

$$\begin{aligned} S &= \mathrm{QR} \cdot \mathrm{RS} \\ &= \sqrt{2}\{x + (a-5)\} \cdot \sqrt{2}\{-x + (10-a)\} \\ &= -2\{x^2 + (2a-15)x + (a-5)(a-10)\} \\ &= -2\left(x + \frac{2a-15}{2}\right)^2 + \frac{25}{2} \end{aligned}$$

点Pが①をみたす範囲を動くとき，S の最大値が $\dfrac{25}{2}$ になるのは，$x = -\dfrac{2a-15}{2}$ のとき，つまり

$$\mathrm{AP} = -a + \frac{15}{2}$$

が①に含まれるときである。したがって

頂点の x 座標と x（AP）の定義域に着目する。

$$0 \leqq -a + \frac{15}{2} < 10 - a$$

$-a + \dfrac{15}{2} < 10 - a$ はつねに成り立つ。

ここで，$0 \leqq -a + \dfrac{15}{2}$ より

$$a \leqq \frac{15}{2}$$

よって，$5 < a < 10$ より

$$\mathbf{5 < a \leqq \frac{15}{2}} \quad \text{◀◀答}$$

$\dfrac{15}{2} < a < 10$ のとき，S は $x = 0$ で最大値をとるから

$$\begin{aligned} S &= -2(a-5)(a-10) \\ &= \mathbf{-2a^2 + 30a - 100} \end{aligned}$$

◀◀答

問題を一般化して考える

共通テストでは，問題を一般化して考えることがよく行われる。本問の場合，(1) では $a=6$，8 のように a が具体的な値のときの四角形 QRST の面積の最大値について考察したのに対し，(2) では，一般の a において四角形 QRST の面積の最大値を考えている。

ここでのポイントは，それぞれの a の値において，最大値をとる x の値が，頂点の x 座標なのか，定義域の端の値なのかを捉えることであった。

演習問題

演習1 (解答は7ページ)

aを定数とし，2次関数$y=-x^2-2(2a-7)x-4a^2+22a-13$のグラフを$C$とする。

aの値を変化させたときのCの動きや，Cの位置について調べよう。

(1) $a=0$のとき，Cの頂点の座標は(［ア］, ［イウ］)である。

$a=0$からaの値を大きくしていくと，Cの頂点のy座標は［エ］。

［エ］の解答群

⓪ つねに増加する
① つねに減少する
② つねに一定である
③ あるaの値まではつねに増加し，それ以降はつねに減少する
④ あるaの値まではつねに減少し，それ以降はつねに増加する

(2) 2次関数$y=-x^2+30x+5$のグラフをC'とする。CとC'が同じ直線を軸にもつのは，$a=$［オカ］のときである。

$a=$［オカ］とする。CはC'をy軸の［キ］の方向に平行移動したものであり，CとC'は［ク］。また，Cとx軸は，［ケ］。

［キ］の解答群

⓪ 正	① 負

［ク］の解答群

⓪ 二つの共有点をもつ	① ただ一つの共有点をもつ
② 共有点をもたない	

ケ の解答群

⓪ $x>0$ の部分では二つの共有点をもち，$x\leqq 0$ の部分では共有点をもたない
① $x>0$ の部分では一つの共有点をもち，$x\leqq 0$ の部分では共有点をもたない
② $x>0$ の部分と $x\leqq 0$ の部分で一つずつの共有点をもつ
③ $x>0$ の部分では共有点をもたず，$x\leqq 0$ の部分では二つの共有点をもつ
④ $x>0$ の部分では共有点をもたず，$x\leqq 0$ の部分では一つの共有点をもつ
⑤ 共有点をもたない

（3）C が x 軸と接するのは，$a=$ コ のときである。

また，C が x 軸の $x>0$ の部分と異なる2点で交わるのは

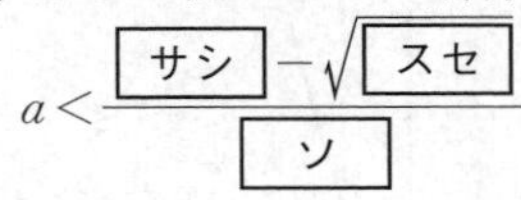

$$a<\frac{\boxed{サシ}-\sqrt{\boxed{スセ}}}{\boxed{ソ}}$$

のときである。

演習2 (解答は8ページ)

数学の授業で，2次関数 $y=ax^2+bx+c$ についてコンピュータのグラフ表示ソフトを用いて考察している。

このソフトでは，図1の画面上の A ， B ， C にそれぞれ定数 a，b，c の値を入力すると，その値に応じたグラフが表示される。さらに，A ， B ， C それぞれの下にある • を左に動かすと係数の値が減少し，右に動かすと係数の値が増加するようになっており，値の変化に応じて2次関数のグラフが座標平面上を動く仕組みになっている。

はじめに，$a=b=c=1$ とすると，図1の画面のようなグラフが表示された。

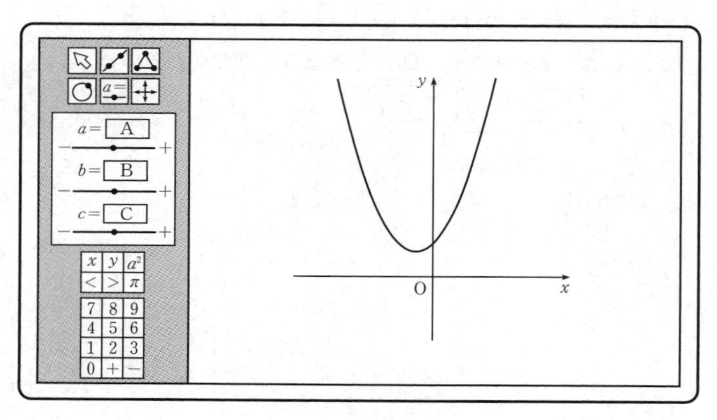

図1

また，座標平面は x 軸，y 軸によって四つの部分に分けられる。これらの各部分を「象限」といい，右の図のように，それぞれを「第1象限」「第2象限」「第3象限」「第4象限」という。ただし，座標軸上の点は，どの象限にも属さないものとする。

第2象限	第1象限
$x<0$	$x>0$
$y>0$	$y>0$
第3象限	第4象限
$x<0$	$x>0$
$y<0$	$y<0$

このとき，次の問いに答えよ。

（1）a, b の値を $a=b=1$ のまま変えずに，c の値だけを変化させた。このとき，第2象限以外にグラフの頂点が通る部分は，［ア］である。

［ア］の解答群

⓪ x 軸，第3象限
① y 軸，第1象限
② x 軸，第3象限，y 軸，第4象限
③ y 軸，第1象限，x 軸，第4象限
④ x 軸，y 軸およびすべての象限

（2）次に，c の値を $c=1$ のまま変えずに，a, b の値を $a=b\neq 0$ を満たしながら変化させた。すると，a, b の値によらず，グラフは二つの定点を通ることがわかった。この二つの定点の座標は（［イウ］，［エ］），（［オ］，［カ］）である。また，このとき第2象限以外にグラフの頂点が通る部分は，［キ］である。

［キ］の解答群

⓪ x 軸，第3象限
① y 軸，第1象限
② x 軸，第3象限，y 軸，第4象限
③ y 軸，第1象限，x 軸，第4象限
④ x 軸，y 軸およびすべての象限

（3）最後に，$a=b=5$, $c=1$ のときのグラフと，$a=b=-5$, $c=1$ のときのグラフを重ねて表示させた。

このとき表示される二つのグラフについて正しく述べたものを，次の⓪～④のうちから二つ選ぶと，［ク］，［ケ］である。

［ク］，［ケ］の解答群(解答の順序は問わない。)

⓪ x 軸に関して対称である。
① y 軸に関して対称である。
② 異なる二つの共有点をもつ。
③ x 軸上の点で交わる。
④ y 軸上の点で交わる。

演習3 （解答は9ページ）

2次関数 $f(x)=ax^2+bx+c$ について，$y=f(x)$ のグラフをコンピュータのグラフ表示ソフトを用いて表示させる。

このソフトでは，a，b，c の値を入力すると，その値に応じたグラフが表示される。さらに，それぞれの□の下にある•を左に動かすと値が減少し，右に動かすと値が増加するようになっており，値の変化に応じて2次関数のグラフが画面上で変化する仕組みになっている。ただし，$a=0$ とすることはできない。

最初に，a，b，c をある値に定めたところ，図1のように，x 軸の正の部分と2点で交わる，下に凸の放物線が表示された。

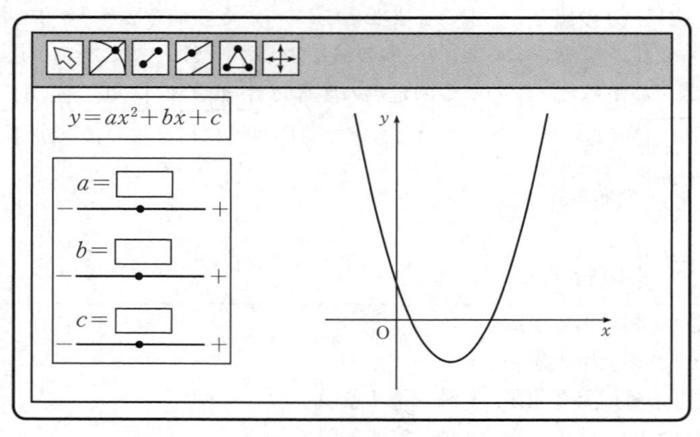

図1

（1）図1の放物線を表示させる a，b，c の値から，a，b の値は変化させず，c の値だけを変化させる。このときの2次方程式 $f(x)=0$ の解について正しく述べたものは，次の⓪～②のうち **ア** である。

ア の解答群

⓪ c の値を図1の状態から大きくすると，正の解と負の解を一つずつもつことがある。

① c の値を図1の状態から小さくすると，正の解と負の解を一つずつもつことがある。

② c の値をどのように変化させても，正の解と負の解を一つずつもつことはない。

（2）図1の放物線を表示させる a，b，c の値から，b，c の値は変化させず，a の値だけを変化させる。このときの2次方程式 $f(x)=0$ の解について正しく述べたものは，次の⓪～②のうち［イ］である。

［イ］の解答群

⓪ a の値を図1の状態から大きくすると，正の解と負の解を一つずつもつことがある。
① a の値を図1の状態から小さくすると，正の解と負の解を一つずつもつことがある。
② a の値をどのように変化させても，正の解と負の解を一つずつもつことはない。

（3）図1の放物線を表示させる a，b，c の値から，a，c の値は変化させず，b の値だけを変化させる。このときの2次方程式 $f(x)=0$ の解について正しく述べたものは，次の⓪～②のうち［ウ］である。

［ウ］の解答群

⓪ b の値を図1の状態から大きくすると，正の解と負の解を一つずつもつことがある。
① b の値を図1の状態から小さくすると，正の解と負の解を一つずつもつことがある。
② b の値をどのように変化させても，正の解と負の解を一つずつもつことはない。

（4）2次方程式 $f(x)=0$ が正の解と負の解を一つずつもつような a，b，c の条件は［エ］である。

［エ］の解答群

⓪ $ab>0$	① $ab<0$	② $bc>0$	③ $bc<0$
④ $ca>0$	⑤ $ca<0$	⑥ $abc>0$	⑦ $abc<0$

演習4（解答は10ページ）

周の長さが $2a$ である長方形の面積について，長方形の横の長さを x として考えよう。

（1）$a=20$ のとき，長方形の面積は $-x^2+\boxed{アイ}\,x$ であるから，面積が最大になるときの横の長さは $x=\boxed{ウエ}$ である。

また，面積が 16 以上になる x の値の範囲は

$$\boxed{オカ}-\boxed{キ}\sqrt{\boxed{クケ}} \leqq x \leqq \boxed{オカ}+\boxed{キ}\sqrt{\boxed{クケ}}$$

である。

（2）$a>5$ とする。長方形の横の長さが縦の長さよりも 5 以上長いとき，x のとり得る値の範囲は $\dfrac{a+\boxed{コ}}{\boxed{サ}} \leqq x < a$ であり，長方形の面積の最大値は $\dfrac{\boxed{シ}}{\boxed{ス}}\left(a^{\boxed{セ}}-\boxed{ソタ}\right)$ である。

（3）$a>10$ とし，長方形の横の長さが縦の長さよりも 10 以上長いときを考える。長方形の面積の最大値が 24 となるのは，$a=\boxed{チツ}$ のときである。

演習5 (解答は13ページ)

体重(kg)を身長(m)の2乗で割った値をBMIといい，肥満度を表す値の一つとして用いられる。

下の表1は，ある調査において，40～60歳の男性について，BMIの値と大きな病気にかかるリスクの関係を調べたものである。大きな病気にかかるリスクは，BMIの値が24の人を100とした相対値で表している。

表1

BMIの値	大きな病気にかかるリスク
18	226
20	157
22	133
24	100
26	114
28	138

このとき，次の問いに答えよ。

（1）表1のBMIの値と大きな病気にかかるリスクの組を$(x,\ y)$として座標平面上に表すと，その6点が放物線に沿って分布しているように見えたので，表1を用いて座標平面上にとった6点のうちxの値が18，24，28の点を通る放物線を，BMIの値xと大きな病気にかかるリスクyの関係を表すグラフとみなすことにした。

放物線の式を求める計算を簡単にするために，放物線が通る点のうち，xの値が24の点が原点にくるように平行移動して考えることにした。

このとき，xの値が18の点は（ アイ ， ウエオ ）に，xの値が28の点は（ カ ， キク ）にそれぞれ移動する。

よって，移動後の放物線は，$y=\dfrac{\boxed{ケコ}}{\boxed{サシ}}x^2-\dfrac{\boxed{スセ}}{\boxed{ソタ}}x$である。

（2）この調査において，大きな病気にかかるリスクが最も低いBMIの値を求めよ。解答は，小数第2位を四捨五入して小数第1位まで答えよ。

チツ . テ

【MEMO】

第3章　図形と計量

例題 1　2017年度試行調査・改

以下の問題では，△ABC に対して，∠A，∠B，∠C の大きさをそれぞれ A，B，C で表すものとする。

ある日，太郎さんと花子さんのクラスでは，数学の授業で先生から次のような宿題が出された。

> **宿題**　△ABC において $A=60^\circ$ であるとする。このとき，
> $X=4\cos^2 B+4\sin^2 C-4\sqrt{3}\cos B\sin C$
> の値について調べなさい。

放課後，太郎さんと花子さんは出された宿題について会話をした。二人の会話を読んで，下の問いに答えよ。

> 太郎：A は 60° だけど，B も C も分からないから，方針が立たないよ。
> 花子：まずは，具体的に一つ例を作って考えてみようよ。もし $B=90^\circ$ であるとすると，$\cos B=$ ア ，$\sin C=$ イ だね。だから，この場合の X の値を計算すると 1 になるね。

（1） ア ， イ に当てはまるものを，次の⓪〜⑧のうちから一つずつ選べ。ただし，同じものを選んでもよい。

⓪ 0	① 1	② -1	③ $\frac{1}{2}$	④ $\frac{\sqrt{2}}{2}$
⑤ $\frac{\sqrt{3}}{2}$	⑥ $-\frac{1}{2}$	⑦ $-\frac{\sqrt{2}}{2}$	⑧ $-\frac{\sqrt{3}}{2}$	

> 太郎：$B=13^\circ$ にしてみよう。数学の教科書に三角比の表があるから，それを見ると，$\cos B=0.9744$ で，$\sin C$ は……あれっ？　表には 0° から 90° までの三角比の値しか載っていないから分からないね。
> 花子：そういうときは， ウ という関係を利用したらいいよ。この関係を使うと，教科書の三角比の表から $\sin C=$ エ だと分かるよ。
> 太郎：じゃあ，この場合の X の値を電卓を使って計算してみよう。$\sqrt{3}$ は 1.732 として計算すると……あれっ？　ぴったりにはならなかったけど，小数第 4 位を四捨五入すると，X は 1.000 になったよ！ (a)これで，$A=60^\circ$，$B=13^\circ$ のときに $X=1$ になることが証明できたことになるね。さらに，(b)「$A=60^\circ$ ならば $X=1$」という命題が真であると証明できたね。
> 花子：本当にそうなのかな？

（2）［ウ］，［エ］に当てはまる最も適当なものを，次の各解答群のうちから一つずつ選べ。

［ウ］の解答群：

⓪	$\sin(90^\circ-\theta)=\sin\theta$	①	$\sin(90^\circ-\theta)=-\sin\theta$
②	$\sin(90^\circ-\theta)=\cos\theta$	③	$\sin(90^\circ-\theta)=-\cos\theta$
④	$\sin(180^\circ-\theta)=\sin\theta$	⑤	$\sin(180^\circ-\theta)=-\sin\theta$
⑥	$\sin(180^\circ-\theta)=\cos\theta$	⑦	$\sin(180^\circ-\theta)=-\cos\theta$

［エ］の解答群：

⓪ -3.2709　① -0.9563　② 0.9563　③ 3.2709

（3）太郎さんが言った下線部(a)，(b)について，その正誤の組合せとして正しいものを，次の⓪～③のうちから一つ選べ。［オ］

⓪ 下線部(a)，(b)ともに正しい。
① 下線部(a)は正しいが，(b)は誤りである。
② 下線部(a)は誤りであるが，(b)は正しい。
③ 下線部(a)，(b)ともに誤りである。

花子：$A=60^\circ$ ならば $X=1$ となるかどうかを，数式を使って考えてみようよ。△ABC の外接円の半径を R とするね。すると，$A=60^\circ$ だから，$\mathrm{BC}=\sqrt{［カ］}R$ になるね。

太郎：AB＝［キ］，AC＝［ク］になるよ。

（4）［カ］に当てはまる数を答えよ。また，［キ］，［ク］に当てはまるものを，次の⓪～⑦のうちから一つずつ選べ。ただし，同じものを選んでもよい。

⓪	$R\sin B$	①	$2R\sin B$	②	$R\cos B$	③	$2R\cos B$
④	$R\sin C$	⑤	$2R\sin C$	⑥	$R\cos C$	⑦	$2R\cos C$

花子：まず，B が鋭角の場合を考えてみたよ。

＜花子さんのノート＞

点 C から直線 AB に垂線 CH を引くと

$\mathrm{AH}=\underline{\mathrm{AC}\cos 60^\circ}$ ①

$\mathrm{BH}=\underline{\mathrm{BC}\cos B}$ ②

である。AB を AH，BH を用いて表すと

$\mathrm{AB}=\underline{\mathrm{AH}+\mathrm{BH}}$ ③

であるから

$\mathrm{AB}=$ ［ケ］ $\sin B+$ ［コ］ $\cos B$ ④

が得られる。

太郎：さっき，$\mathrm{AB}=$ ［キ］ と求めたから，④の式とあわせると，$X=1$ となることが証明できたよ。

花子：B が直角のときは，すでに $X=1$ となることを計算したね。

(c)B が鈍角のときは，証明を少し変えれば，やはり $X=1$ であることが示せるね。

(5) ［ケ］，［コ］ に当てはまるものを，次の⓪～⑧のうちから一つずつ選べ。ただし，同じものを選んでもよい。

⓪ $\frac{1}{2}R$	① $\frac{\sqrt{2}}{2}R$	② $\frac{\sqrt{3}}{2}R$	③ R	④ $\sqrt{2}R$
⑤ $\sqrt{3}R$	⑥ $2R$	⑦ $2\sqrt{2}R$	⑧ $2\sqrt{3}R$	

(6) 下線部(c)について，B が鈍角のときには下線部①～③の式のうち修正が必要なものがある。修正が必要な番号をすべて正しく挙げたものを，次の⓪～⑥のうちから一つ選べ。［サ］

⓪ ①	① ②	② ③	③ ①，②
④ ①，③	⑤ ②，③	⑥ ①，②，③	

花子：今まではずっと $A=60^\circ$ の場合を考えてきたんだけど，$A=120^\circ$ で $B=30^\circ$ の場合を考えてみたよ。$\sin B$ と $\cos C$ の値を求めて，X の値を計算したら，この場合にも 1 になったんだよね。

太郎：わっ，本当だ。計算してみたら X の値は 1 になるね。

（7）△ABC について，次の条件 p，q を考える。

p：$A=60^\circ$

q：$4\cos^2 B+4\sin^2 C-4\sqrt{3}\cos B\sin C=1$

これまでの太郎さんと花子さんが行った考察をもとに，正しいと判断できるものを，次の⓪～③のうちから一つ選べ。 シ

⓪ p は q であるための必要十分条件である。
① p は q であるための必要条件であるが，十分条件でない。
② p は q であるための十分条件であるが，必要条件でない。
③ p は q であるための必要条件でも十分条件でもない。

基本事項の確認

■ **180° − θ の三角比**

$\sin(180^\circ-\theta)=\sin\theta$，$\cos(180^\circ-\theta)=-\cos\theta$，

$\tan(180^\circ-\theta)=-\tan\theta$

■ **正弦定理**

△ABC において，BC $=a$，CA $=b$，AB $=c$，外接円の半径を R とすると

$$\frac{a}{\sin A}=\frac{b}{\sin B}=\frac{c}{\sin C}=2R$$

解答・解説

(1) $A=60^\circ$ より，$B=90^\circ$ のとき $C=30^\circ$ である。よって

$$\cos B=0\ (⓪),\quad \sin C=\frac{1}{2}\ (③)$$ ◀◀答

である。

三角形の内角の和は180°である。

このとき

X
$=4\cdot0^2+4\cdot\left(\frac{1}{2}\right)^2-4\sqrt{3}\cdot0\cdot\frac{1}{2}$
$=1$

(2) $B=13^\circ$ のとき，$C=120^\circ-B=107^\circ$ である。

$$\sin(180^\circ-\theta)=\sin\theta\ (④)$$ ◀◀答

を用いると

$$\sin C=\sin\ (180^\circ-107^\circ)=\sin 73^\circ$$

より，$\sin C$ を 0° から 90° までの三角比の値で表すことができる。

$\sin C$ を 0° から 90° までの三角比で表すための関係式を選ぶ。

$0^\circ\leqq\theta\leqq90^\circ$ のとき，$0\leqq\sin\theta\leqq1$ であるから，選択肢のうち $\sin C$ の値として最も適当なものは **0.9563** (②)である。 ◀◀答

(3) 下線部(a)について，$A=60^\circ$，$B=13^\circ$ のときの X の値を，近似値を用いて計算した結果 $X\fallingdotseq1$ であることがわかったにすぎないから，これで $A=60^\circ$，$B=13^\circ$ のときに $X=1$ になることが証明できたとはいえない。

また，下線部(b)について，ここまで考えたのは $B=90^\circ$，$B=13^\circ$ の場合のみであるから，「$A=60^\circ$ ならば $X=1$」という命題が真であると証明できたとはいえない。

他の B の値については，成立するかどうか確かめていない。

よって，下線部(a)，(b)ともに誤りである。(③)

(4) $A=60^\circ$ のとき，△ABC において正弦定理より

$$\frac{\mathrm{BC}}{\sin 60^\circ}=2R$$

であるから

$$\mathrm{BC}=2R\sin 60^\circ=\sqrt{3}\,R$$ ◀◀答

また，同様に

$$\frac{\mathrm{AB}}{\sin C}=2R,\quad \frac{\mathrm{AC}}{\sin B}=2R$$

であるから

$$\mathbf{AB}=\boldsymbol{2R\sin C}\ (⑤),\ \mathbf{AC}=\boldsymbol{2R\sin B}\ (⓪)$$ ◀◀答

（5）花子さんのノートより

$$\begin{aligned}\mathbf{AB}&=\mathrm{AH}+\mathrm{BH}\\&=\mathrm{AC}\cos60^\circ+\mathrm{BC}\cos B\\&=2R\sin B\cos60^\circ+\sqrt{3}R\cos B\\&=\boldsymbol{R\sin B+\sqrt{3}R\cos B}\ (③,\ ⑤)\end{aligned}$$ ◀◀答

（4）より

$\mathrm{AC}=2R\sin B$

$\mathrm{BC}=\sqrt{3}R$

（6）B が鈍角のとき，△ABC と点 H は右の図のようになる。

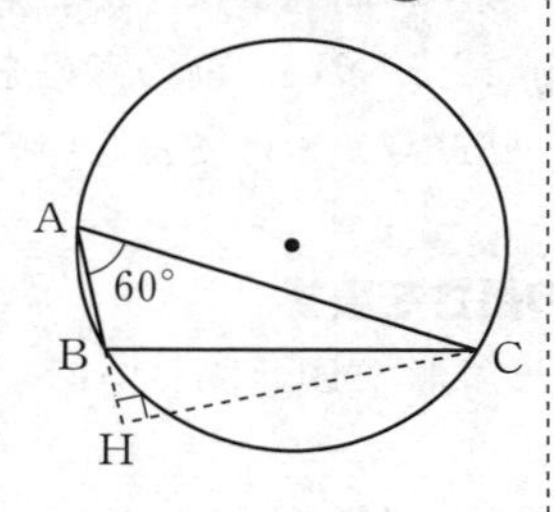

よって，下線部①は修正の必要がないが，下線部②，③はそれぞれ次のように修正の必要がある。

② $\mathrm{BC}\cos(180^\circ-B)$

③ $\mathrm{AH}-\mathrm{BH}$

すなわち，修正が必要な番号をすべて正しく挙げたものは，⑤である。◀◀答

（7）（5），（6）での考察より，$p\Longrightarrow q$ は真である。一方，花子さんの発言より，$A=120^\circ$，$B=30^\circ$ のとき $X=1$ であるから，$q\Longrightarrow p$ は偽である。

$A=120^\circ$，$B=30^\circ$ のときが反例である。

よって，**p は q であるための十分条件であるが，必要条件でない。（②）** ◀◀答

POINT

! 鈍角の場合への拡張

本問では，与えられた問題について，(5) まではBが鋭角の場合を考え，(6) ではBが鈍角の場合を考えている。その際，再び一から考えるのではなく，Bが鋭角の場合の花子さんのノートの一部を修正するという方針をとっているところが，本問の共通テストらしさといえる。

共通テストに限らず，数学の問題では，ある条件における考察が別の条件における考察にも活かせることが多い。前の考察をうまく利用できれば，解答時間の短縮にもつながる。ぜひ身につけてほしい姿勢である。

■ 三角比を用いて辺の長さを表す

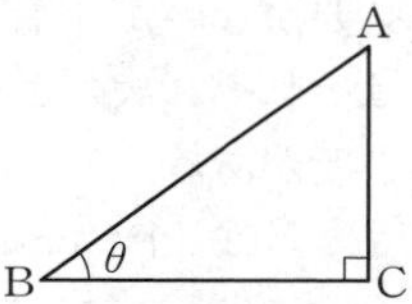

右の図のような直角三角形 ABC において，三角比の定義より

$$\mathrm{BC} = \mathrm{AB}\cos\theta,\ \mathrm{CA} = \mathrm{AB}\sin\theta$$

と表せる。花子さんのノートでは，このことから AB の長さを $\sin B$，$\cos B$ を用いて表している。

本問では，点 C から直線 AB に下ろした垂線と直線 AB の交点 H が与えられており，問題文を読めば考え方が読み取れるようになっているが，誘導がなくてもこのような考え方をできるようにしておこう。

例題 2　2021年度本試第1日程

右の図のように，△ABC の外側に辺 AB，BC，CA をそれぞれ 1 辺とする正方形 ADEB，BFGC，CHIA をかき，2 点 E と F，G と H，I と D をそれぞれ線分で結んだ図形を考える。以下において

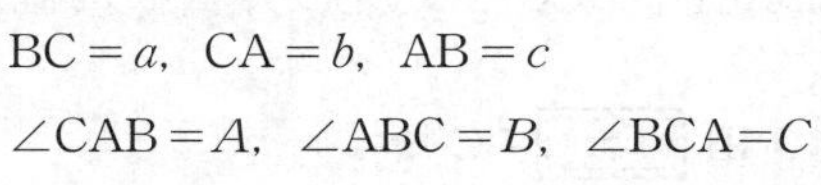

$$BC=a,\ CA=b,\ AB=c$$

$$\angle CAB=A,\ \angle ABC=B,\ \angle BCA=C$$

とする。

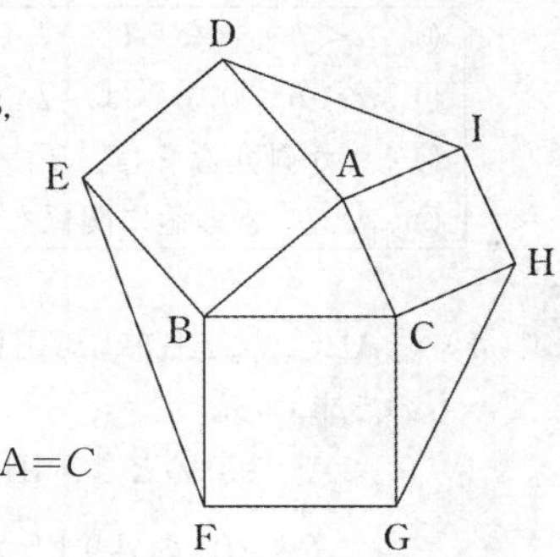

参考図

（1）$b=6$，$c=5$，$\cos A=\dfrac{3}{5}$ のとき，$\sin A=\dfrac{\boxed{\text{ア}}}{\boxed{\text{イ}}}$ であり，△ABC の面積は $\boxed{\text{ウエ}}$，△AID の面積は $\boxed{\text{オカ}}$ である。

（2）正方形 BFGC，CHIA，ADEB の面積をそれぞれ S_1，S_2，S_3 とする。このとき，$S_1-S_2-S_3$ は

・$0°<A<90°$ のとき，$\boxed{\text{キ}}$。

・$A=90°$ のとき，$\boxed{\text{ク}}$。

・$90°<A<180°$ のとき，$\boxed{\text{ケ}}$。

$\boxed{\text{キ}}$ ～ $\boxed{\text{ケ}}$ の解答群（同じものを繰り返し選んでもよい。）

⓪ 0 である
① 正の値である
② 負の値である
③ 正の値も負の値もとる

（3）△AID，△BEF，△CGH の面積をそれぞれ T_1，T_2，T_3 とする。このとき，$\boxed{\text{コ}}$ である。

[コ] の解答群

⓪ $a<b<c$ ならば，$T_1>T_2>T_3$
① $a<b<c$ ならば，$T_1<T_2<T_3$
② A が鈍角ならば，$T_1<T_2$ かつ $T_1<T_3$
③ a，b，c の値に関係なく，$T_1=T_2=T_3$

（4）△ABC，△AID，△BEF，△CGH のうち，外接円の半径が最も小さいものを求める。

$0°<A<90°$ のとき，ID [サ] BC であり

（△AID の外接円の半径）[シ]（△ABC の外接円の半径）

であるから，外接円の半径が最も小さい三角形は

・$0°<A<B<C<90°$ のとき，[ス] である。

・$0°<A<B<90°<C$ のとき，[セ] である。

[サ]，[シ] の解答群（同じものを繰り返し選んでもよい。）

⓪ $<$	① $=$	② $>$

[ス]，[セ] の解答群（同じものを繰り返し選んでもよい。）

⓪ △ABC	① △AID	② △BEF	③ △CGH

基本事項の確認

■ 三角比の相互関係

$$\sin^2\theta+\cos^2\theta=1,\quad 1+\tan^2\theta=\frac{1}{\cos^2\theta},\quad \tan\theta=\frac{\sin\theta}{\cos\theta}$$

■ 三角形の面積

△ABC の面積 S は

$$S=\frac{1}{2}\text{CA}\cdot\text{AB}\sin A=\frac{1}{2}\text{AB}\cdot\text{BC}\sin B=\frac{1}{2}\text{BC}\cdot\text{CA}\sin C$$

■ 余弦定理

△ABC において，BC$=a$，CA$=b$，AB$=c$ とする。

$$a^2=b^2+c^2-2bc\cos A$$
$$b^2=c^2+a^2-2ca\cos B$$
$$c^2=a^2+b^2-2ab\cos C$$

解答・解説

（1）$0° < A < 180°$，$\cos A = \dfrac{3}{5}$ より

$$\sin A = \sqrt{1 - \left(\frac{3}{5}\right)^2} = \frac{4}{5}$$ 答

$\sin A = \sqrt{1 - \cos^2 A}$

よって

$$\triangle \mathbf{ABC} = \frac{1}{2} \cdot 6 \cdot 5 \cdot \frac{4}{5} = 12$$ 答

$\triangle \mathrm{ABC} = \dfrac{1}{2} bc \sin A$

次に

$$\begin{aligned} \angle \mathrm{IAD} &= 360° - (90° + 90° + A) \\ &= 180° - A \end{aligned}$$

より，$\sin \angle \mathrm{IAD} = \sin(180° - A) = \sin A$ であり，

$\mathrm{AI} = \mathrm{AC} = b$，$\mathrm{AD} = \mathrm{AB} = c$ であるから

$$\begin{aligned} \triangle \mathbf{AID} &= \frac{1}{2} \mathrm{AI} \cdot \mathrm{AD} \sin \angle \mathrm{IAD} \\ &= \frac{1}{2} bc \sin A = \triangle \mathrm{ABC} \\ &= 12 \end{aligned}$$ 答

この考え方は（3）でも活用する。

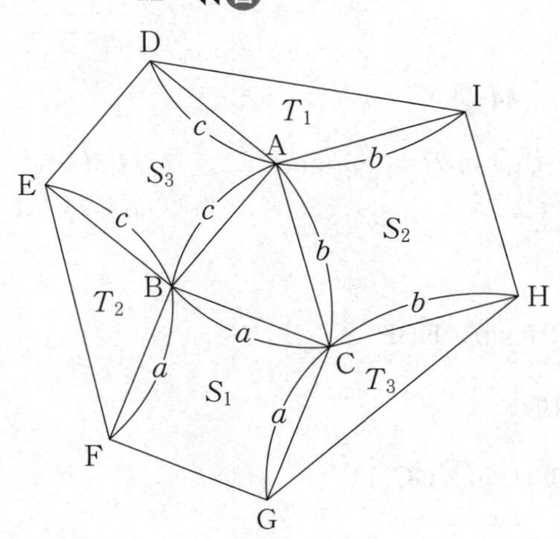

（2）$S_1 = a^2$，$S_2 = b^2$，$S_3 = c^2$ より

$$S_1 - S_2 - S_3 = a^2 - b^2 - c^2$$

また，$\triangle \mathrm{ABC}$ において，余弦定理より

$$a^2 = b^2 + c^2 - 2bc \cos A$$

よって

$$a^2-b^2-c^2=-2bc\cos A$$

$-2bc\cos A$ について考察すればよいとわかった。

（i）$0°<A<90°$ のとき，$\cos A>0$ であり，$b>0$，$c>0$ より

$$-2bc\cos A<0$$

したがって

$$a^2-b^2-c^2=-2bc\cos A<0$$

よって

$\boldsymbol{S_1-S_2-S_3<0}$　（②）　◀◀答

（ii）$A=90°$ のとき，$\cos A=0$ より

$$a^2-b^2-c^2=0$$

これは三平方の定理である。

よって

$\boldsymbol{S_1-S_2-S_3=0}$　（⓪）　◀◀答

（iii）$90°<A<180°$ のとき，$\cos A<0$ より，$-2bc\cos A>0$ であるから

$$a^2-b^2-c^2>0$$

よって

$\boldsymbol{S_1-S_2-S_3>0}$　（①）　◀◀答

（3）$\triangle \mathrm{ABC}=\frac{1}{2}bc\sin A=\frac{1}{2}ca\sin B=\frac{1}{2}ab\sin C$ であるから，（1）と同様に考えて

（1）の考察から，この関係式の活用を見抜きたい。

$$T_1=\triangle \mathrm{AID}=\triangle \mathrm{ABC}$$

$$T_2=\triangle \mathrm{BEF}=\frac{1}{2}\mathrm{BE}\cdot\mathrm{BF}\sin\angle \mathrm{EBF}$$

$$=\frac{1}{2}ca\sin B=\triangle \mathrm{ABC}$$

$$T_3=\triangle \mathrm{CGH}=\frac{1}{2}\mathrm{CG}\cdot\mathrm{CH}\sin\angle \mathrm{GCH}$$

$$=\frac{1}{2}ab\sin C=\triangle \mathrm{ABC}$$

よって，$\boldsymbol{a}$，$\boldsymbol{b}$，$\boldsymbol{c}$ の値に関係なく，$\boldsymbol{T_1=T_2=T_3}$

（③）　◀◀答

(4) $0° < A < 90°$ のとき，$\angle IAD = 180° - A$ より

$$90° < \angle IAD < 180°$$

よって

$$\cos A > 0,\ \cos\angle IAD < 0$$

したがって，△AID と △ABC において，余弦定理より

$$ID^2 = b^2 + c^2 - 2bc\cos\angle IAD > b^2 + c^2$$
$$BC^2 = b^2 + c^2 - 2bc\cos A < b^2 + c^2$$

ゆえに

$$ID^2 > BC^2$$

より

ID > BC (⓶) 答

次に，△ABC，△AID，△BEF，△CGH の外接円の半径をそれぞれ R，R_1，R_2，R_3 とする。

$\angle IAD = 180° - A$ と同様に，$\angle EBF = 180° - B$，$\angle GCH = 180° - C$ であり，それぞれの三角形において，正弦定理より

$$2R = \frac{BC}{\sin A} = \frac{CA}{\sin B} = \frac{AB}{\sin C} \quad \cdots\cdots ①$$

$$2R_1 = \frac{ID}{\sin\angle IAD} = \frac{ID}{\sin A} \quad \cdots\cdots ②$$

$$2R_2 = \frac{EF}{\sin\angle EBF} = \frac{EF}{\sin B} \quad \cdots\cdots ③$$

$$2R_3 = \frac{GH}{\sin\angle GCH} = \frac{GH}{\sin C} \quad \cdots\cdots ④$$

ここで，$0° < A < B < C < 90°$ のとき，ID > BC と同様に考えると，EF > CA，GH > AB であるから，①と②，①と③，①と④よりそれぞれ

$$R_1 > R,\ R_2 > R,\ R_3 > R$$

よって，$0° < A < 90°$ のとき

(△AID の外接円の半径)

> (△ABC の外接円の半径) (⓶) 答

(1)の考察を思い出そう。

AI = AC，AD = AB であることにも注目しよう。

$\sin(180° - \theta) = \sin\theta$

①～④より，外接円の半径の大小比較を，辺の大小比較に落とし込むことができる。

3 図形と計量

であり，$0^\circ < A < B < C < 90^\circ$ のとき，外接円の半径が最も小さい三角形は **△ABC** である。（⓪）　◀◀答

$0^\circ < A < B < 90^\circ < C$ のとき，$0^\circ < A < B < 90^\circ$ より

$$R_1 > R,\ R_2 > R$$

$\angle \mathrm{GCH} = 180^\circ - C$ より，$90^\circ < C < 180^\circ$ のとき

$$0^\circ < \angle \mathrm{GCH} = 180^\circ - C < 90^\circ$$

よって

$$\cos C < 0,\ \cos \angle \mathrm{GCH} > 0$$

したがって，ID＞BC のときと同様に考えて

$$\mathrm{GH}^2 = a^2 + b^2 - 2ab\cos \angle \mathrm{GCH} < a^2 + b^2$$

$$\mathrm{AB}^2 = a^2 + b^2 - 2ab\cos C > a^2 + b^2$$

であるから

$$\mathrm{GH} < \mathrm{AB}$$

よって，①と④より

$$R_3 < R$$

ゆえに，$0^\circ < A < B < 90^\circ < C$ のとき，外接円の半径が最も小さい三角形は **△CGH** である。（③）　◀◀答

POINT

❗ 前の結果の利用

例題 1 では，B が鋭角の場合についての答案を修正するという方針で，B が鈍角の場合について考えた。本問も，前の問いに答えるために見出した角についての条件，三角比の値についての条件を利用して後の問いを考えるという点は同じである。

（3）は，（1）の考察より $\triangle \mathrm{ABC} = \triangle \mathrm{AID} = \dfrac{1}{2}bc\sin A$ に気づくことがポイントであり，このことから，△ABC＝△AID＝△BEF＝△CGH，すなわち $T_1 = T_2 = T_3$ に気づけるようになってほしい。

また，（4）においても，正弦定理より，三角形の外接円の半径は 1 つの内角とその対辺の長さによって決まることから，a と DI，b と EF，c と GH の比較によって外接円の半径も比較できることに気づけるようになってほしい。

例題 3　2022年度追試

以下の問題を解答するにあたっては，必要に応じて239ページの三角比の表を用いてもよい。

火災時に，ビルの高層階に取り残された人を救出する際，はしご車を使用することがある。

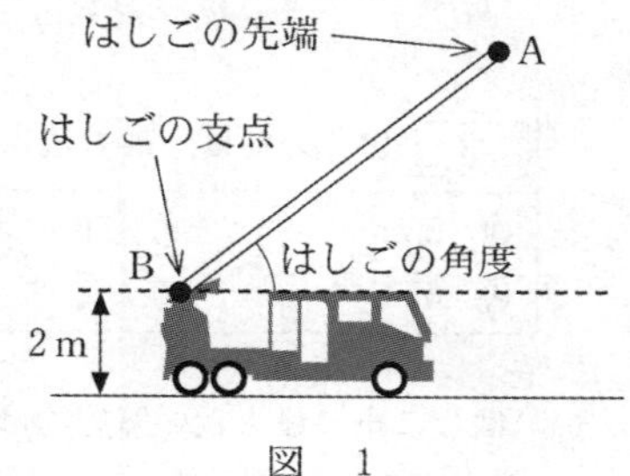

図　1

図1のはしご車で考える。はしごの先端をA，はしごの支点をBとする。はしごの角度(はしごと水平面のなす角の大きさ)は75°まで大きくすることができ，はしごの長さABは35mまで伸ばすことができる。また，はしごの支点Bは地面から2mの高さにあるとする。

以下，はしごの長さABは35mに固定して考える。また，はしごは太さを無視して線分とみなし，はしご車は水平な地面上にあるものとする。

（1）はしごの先端Aの最高到達点の高さは，地面から［アイ］mである。小数第1位を四捨五入して答えよ。

（2）図1のはしごは，図2のように，点Cで，ACが鉛直方向になるまで下向きに屈折させることができる。ACの長さは10mである。

図3のように，あるビルにおいて，地面から26mの高さにある位置を点Pとする。障害物のフェンスや木があるため，はしご車をBQの長さが18mとなる場所にとめる。ここで，点Qは，点Pの真下で，点Bと同じ高さにある位置である。

このとき，はしごの先端Aが点Pに届くかどうかは，障害物の高さや，はしご車と障害物の距離によって決まる。そこで，このことについて，後の(ⅰ)，(ⅱ)のように考える。

ただし，はしご車，障害物，ビルは同じ水平な地面上にあり，点A，B，C，P，Qはすべて同一平面上にあるものとする。

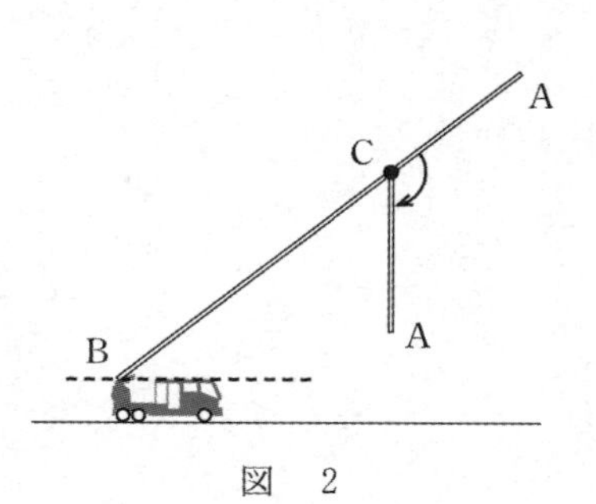

図　2

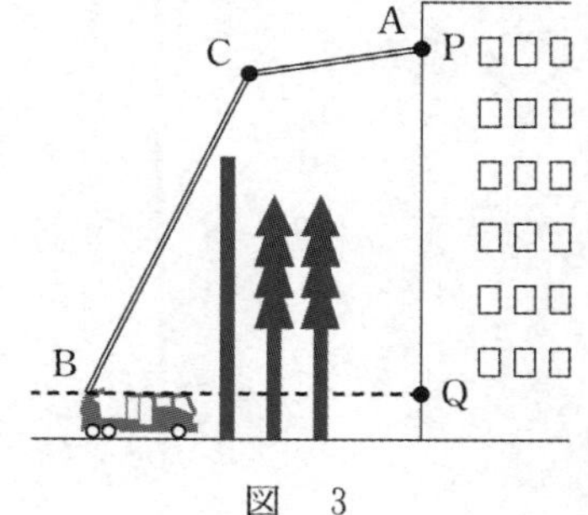

図　3

（i）はしごを点Cで屈折させ，はしごの先端Aが点Pに一致したとすると，∠QBCの大きさはおよそ［ウ］°になる。

［ウ］については，最も適当なものを，次の⓪～⑥のうちから一つ選べ。

⓪ 53	① 56	② 59	③ 63
④ 67	⑤ 71	⑥ 75	

（ii）はしご車に最も近い障害物はフェンスで，フェンスの高さは7m以上あり，障害物の中で最も高いものとする。フェンスは地面に垂直で2点B，Qの間にあり，フェンスとBQとの交点から点Bまでの距離は6mである。また，フェンスの厚みは考えないとする。

このとき，次の⓪～⑥のフェンスの高さのうち，図3のように，はしごがフェンスに当たらずに，はしごの先端Aを点Pに一致させることができる最大のものは，［エ］である。

［エ］の解答群

⓪ 7m	① 10m	② 13m	③ 16m
④ 19m	⑤ 22m	⑥ 25m	

基本事項の確認

■ 三角比の表の使い方

239ページの三角比の表は，0°から90°までの1°ごとの角度に対して，三角比の値の近似値を載せたものである。

たとえば，75°の三角比は，一番左の列が75°の行を順に読み

$\sin 75° = 0.9659$，$\cos 75° = 0.2588$，$\tan 75° = 3.7321$

となる。

解答・解説

（1）はしごと水平面のなす角の大きさをθ，はしごの支点の高さからはしごの先端までの高さをxmとすると

$$\sin\theta = \frac{x}{35}$$

sinの定義より。

$$x = 35\sin\theta$$

$0^\circ \leqq \theta \leqq 75^\circ$ で，θが最大となるとき，xも最大となる。

よって，はしごの先端Aが最高到達点に至るのは，$\theta = 75^\circ$ のときで，三角比の表より

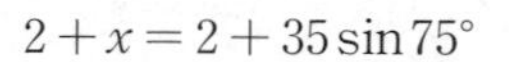

$$\begin{aligned} 2 + x &= 2 + 35\sin 75^\circ \\ &= 2 + 35 \times 0.9659 \\ &= 2 + 33.8065 \\ &= 35.8065 \end{aligned}$$

はしごの支点Bは，地面から2mの高さにあることに注意。

小数第1位を四捨五入して，地面から**36 m**である。

（2）(i) はしごの先端Aが点Pに一致するとき，図のように線分ABをとり，直角三角形ABQを考える。

四角形ACBQを△ABQと△ABCに分けて考える。

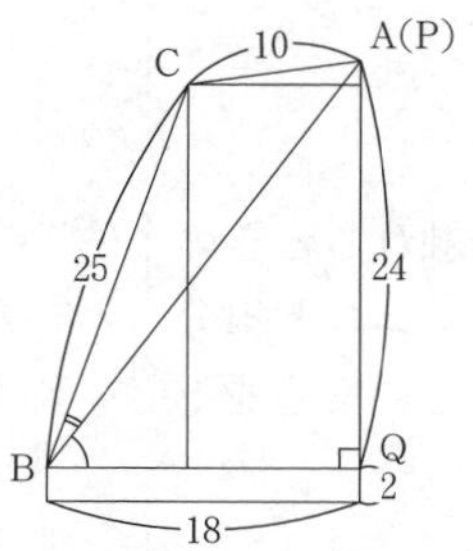

$$\tan\angle \mathrm{ABQ} = \frac{\mathrm{AQ}}{\mathrm{BQ}} = \frac{24}{18} = \frac{4}{3} \fallingdotseq 1.33$$

tanの定義より。

したがって，三角比の表より

$$\angle \mathrm{ABQ} \fallingdotseq 53^\circ$$

直角三角形ABQは

$$\mathrm{BQ} : \mathrm{AQ} = 18 : 24 = 3 : 4$$

より，辺の比が3：4：5の直角三角形であるから，

$AB=30$ である。

　$\triangle ABC$ において，余弦定理より

$$\cos\angle ABC=\frac{AB^2+BC^2-AC^2}{2\cdot AB\cdot BC}$$

$$=\frac{30^2+25^2-10^2}{2\cdot 30\cdot 25}=\frac{19}{20}$$

$$=0.95$$

であるから，三角比の表より

$$\angle ABC \fallingdotseq 18^\circ$$

よって，$\angle QBC$ の大きさはおよそ

$$\boldsymbol{\angle QBC}=\angle ABQ+\angle ABC$$

$$\fallingdotseq 53^\circ+18^\circ=\mathbf{71^\circ}\quad (⑤)$$ ◀◀答

（ii）点Aと点Pが一致するとき，（2）（i）より

$$\angle CBQ \fallingdotseq 71^\circ$$

以下，$\angle CBQ=71^\circ$ とする。

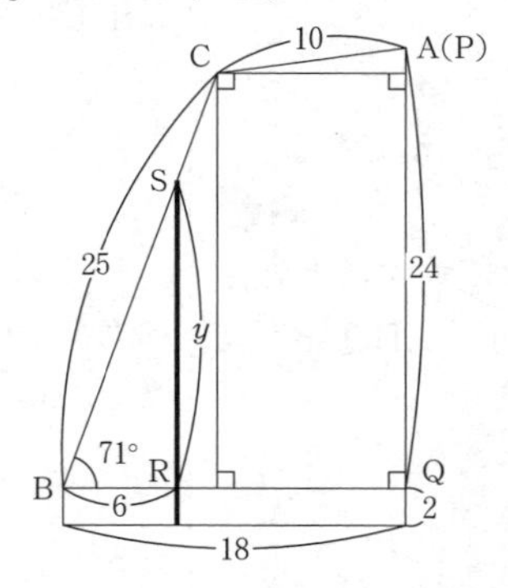

図のように，フェンスの先端がはしごに触れるときのフェンスの高さを $y+2$ とする。またフェンスと線分BQとの交点をR，フェンスと線分BCとの交点をSとする。

はしごに当たらないフェンスの高さは $y+2$ 未満となる。

　直角三角形SBRで，三角比の定義より

$$\tan\angle SBR=\frac{RS}{BR}=\frac{y}{6}$$

$\angle SBR=\angle CBQ=71^\circ$ であり，三角比の表より

$$\tan\angle SBR=\tan 71^\circ=2.9042$$

であるから

$$2.9042=\frac{y}{6}$$

$$y=6\times2.9042=17.4252$$

したがって，フェンスの先端がはしごに触れるときのフェンスの高さは

$$y+2=17.4252+2=19.4252$$

となり，はしごがフェンスに当たらないのは，フェンスの高さが19.4252m未満のときである。

よって，求めるフェンスの高さの最大値は，④の**19m**である。◀◀答

POINT

! 三角比を現実の問題の解決に利用する

本問では，はしご車による救助活動を行う際，はしごをどのように準備するかを，条件に応じて三角比を用いて考えている。共通テストでは，このように，現実の問題の解決に数学を活用する問題がよく見られる。

図形と計量の分野においては，三角比の表をもとにおよその角度や長さを求める問いも見られる。三角比の表の読み取りにも慣れておいてほしい。

例題 4　オリジナル問題

○○市で行われる花火大会では，複数の場所で花火が順に打ち上げられる。花火大会の日，○○高校に通う生徒たちは四つの班に分かれて，以下の四つの地点において花火を観測した。

- 高校がある地点 S
- 高校から直線距離で 2km 離れた地点 A
- 高校から直線距離で 4km 西に離れた地点 B
- 高校から直線距離で 4km 東に離れた地点 C

それぞれの地点で花火の音が聞こえた時刻を正確に記録しながら観測したところ，最初の花火と最後の花火について，以下のことがわかった。

結果1　地点 S，A，B では最初の花火の音が同時刻に聞こえた。
結果2　地点 S，A，C では最後の花火の音が同時刻に聞こえた。
結果3　地点 B では最初の花火と最後の花火が同じ方向に見えた。

これらの結果を用いて，それぞれの花火の音が高校からどれだけ離れた場所で発生したのか求めたい。なお，最初の花火の音は地点 P の真上の点で発生し，最後の花火の音は地点 Q の真上の点で発生したとする。

各地点の標高差はないものとして，次の問いに答えよ。

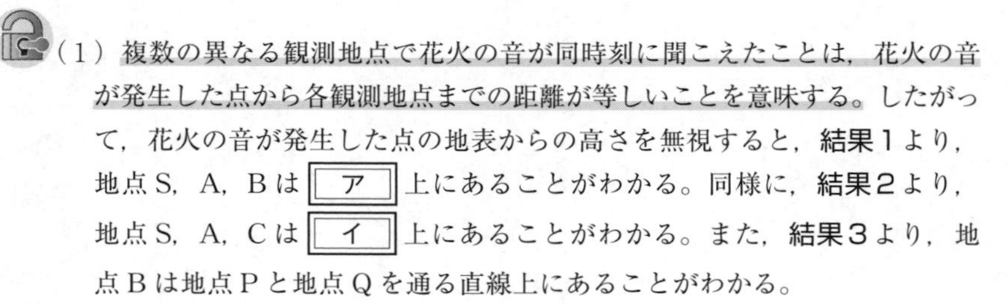

（1）複数の異なる観測地点で花火の音が同時刻に聞こえたことは，花火の音が発生した点から各観測地点までの距離が等しいことを意味する。したがって，花火の音が発生した点の地表からの高さを無視すると，**結果1**より，地点 S，A，B は［ア］上にあることがわかる。同様に，**結果2**より，地点 S，A，C は［イ］上にあることがわかる。また，**結果3**より，地点 B は地点 P と地点 Q を通る直線上にあることがわかる。

ア, イ の解答群(同じものを繰り返し選んでもよい。)

⓪	地点Sと地点Aを通る直線	①	地点Sと地点Bを通る直線
②	地点Sと地点Cを通る直線	③	地点Pと地点Qを通る直線
④	地点Sを中心とする同一の円の周		
⑤	地点Aを中心とする同一の円の周		
⑥	地点Bを中心とする同一の円の周		
⑦	地点Cを中心とする同一の円の周		
⑧	地点Pを中心とする同一の円の周		
⑨	地点Qを中心とする同一の円の周		

(2) 直線ASと直線 ウ は垂直である。また，AB間の距離と エ 間の距離は等しい。

ウ, エ の解答群(同じものを繰り返し選んでもよい。)

⓪	AS	①	BS	②	PQ	③	AC
④	BC	⑤	PS	⑥	QS		

(3) $\cos\angle \mathrm{PBS} = \dfrac{\sqrt{\boxed{オカ}}}{\boxed{キ}}$ である。よって，PS間の距離は

$$\frac{\boxed{ク}\sqrt{\boxed{ケコ}}}{\boxed{サシ}}\mathrm{km}$$

であり，QS間の距離は

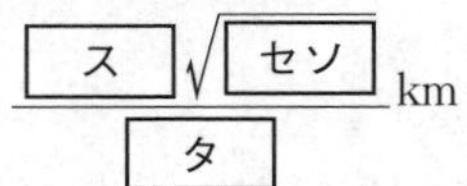

$$\frac{\boxed{ス}\sqrt{\boxed{セソ}}}{\boxed{タ}}\mathrm{km}$$

である。

解答・解説

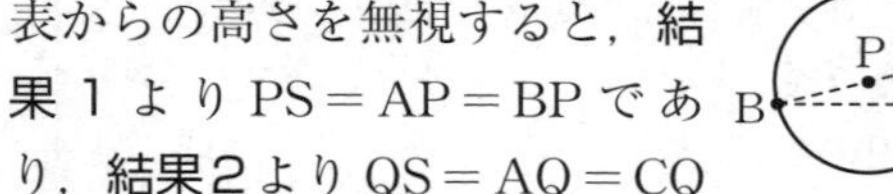

（1）花火が音を発した点の地表からの高さを無視すると，結果1より PS＝AP＝BP であり，結果2より QS＝AQ＝CQ である。よって**地点 S，A，B は地点 P を中心とする同一の円の周（⑧）上にあり**，**地点 S，A，C は地点 Q を中心とする同一の円の周（⑨）上にある**。 ◀◀答

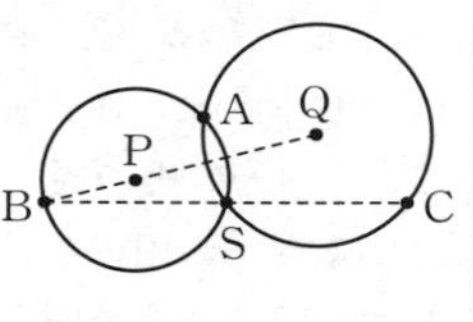

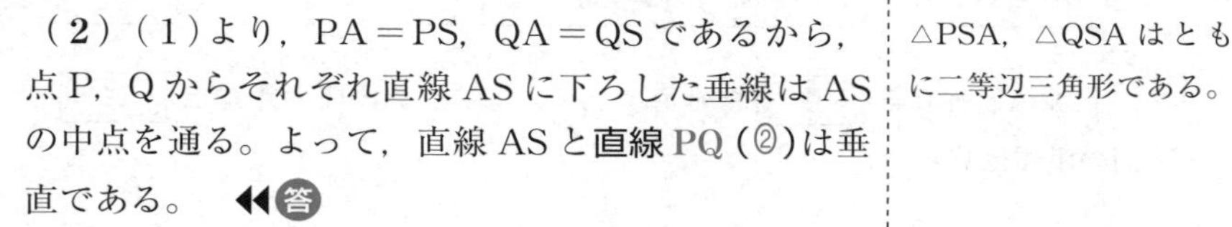

（2）（1）より，PA＝PS，QA＝QS であるから，点 P，Q からそれぞれ直線 AS に下ろした垂線は AS の中点を通る。よって，直線 AS と**直線 PQ（②）は垂直である**。 ◀◀答

△PSA，△QSA はともに二等辺三角形である。

また，△SPQ≡△APQ より，∠SPQ＝∠APQ である。

△SPQ と △APQ において，3組の辺がそれぞれ等しい。

さらに，点 B は直線 PQ 上にあるから，∠SPB＝∠APB である。よって，△SBP≡△ABP である。

△SBP と △ABP において，2組の辺とその間の角がそれぞれ等しい。

したがって，**AB＝BS（①）である**。 ◀◀答

（3）線分 AS の中点を H とすると，△BSH は直角三角形である。BS＝4km，$\mathrm{HS}=\dfrac{1}{2}\mathrm{AS}=1$km なので

次のような図になる。

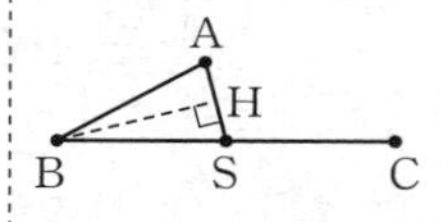

$$\mathrm{BH}=\sqrt{\mathrm{BS}^2-\mathrm{HS}^2}=\sqrt{15}\ (\mathrm{km})$$

より

$$\cos\angle\mathrm{PBS}=\frac{\mathrm{BH}}{\mathrm{BS}}=\frac{\sqrt{15}}{4}$$ ◀◀答

また，線分 BS の中点を M とすると，△PBM は ∠PMB＝90° の直角三角形である。よって，BM＝2km なので

$$\frac{\sqrt{15}}{4}=\frac{2}{\mathrm{PB}}$$

$\cos\angle\mathrm{PBS}=\dfrac{\mathrm{BM}}{\mathrm{PB}}$

より

$$\mathrm{PB}=2\cdot\frac{4}{\sqrt{15}}=\frac{8\sqrt{15}}{15}\ (\mathrm{km})$$

PB＝PS より，**PS 間の距離は $\dfrac{8\sqrt{15}}{15}$ km である**。

◀◀答

次に，線分CSの中点をNとすると，△QBNは∠QNB＝90°の直角三角形である。よって，BS＝4km，SN＝2kmなので

$$\frac{1}{\sqrt{15}}=\frac{\mathrm{QN}}{6}$$

より

$$\mathrm{QN}=\frac{6}{\sqrt{15}}$$

△QSNにおいて三平方の定理より

$$\mathbf{QS}=\sqrt{\mathrm{QN}^2+\mathrm{SN}^2}$$

$$=\sqrt{\left(\frac{6}{\sqrt{15}}\right)^2+2^2}$$

$$=\frac{4\sqrt{10}}{5}\ \textbf{(km)}$$ ◀◀答

$$\tan\angle\mathrm{PBS}=\frac{\mathrm{QN}}{\mathrm{BN}}$$

$$\mathrm{BN}=\mathrm{BS}+\mathrm{SN}=4+2=6\,(\mathrm{km})$$

POINT

! 問題の条件を図形の性質に読み替える

例題3と同様，本問も，現実の問題の解決に三角比を活用する問題である。本問では，「複数の異なる観測地点で花火の音が同時刻に聞こえたことは，花火の音が発生した点から各観測地点までの距離が等しいことを意味する」と仮定しており，そこから問題の条件を図形の性質に読み替えたうえで考えることが求められる。

図形の性質に読み替えるための仮定は問題文中で与えられることが多いので，自分で図をかきながら，見落とすことのないよう，注意して問題文を読み進めてほしい。

■ 中心線に関する対称性

2つの円に関する問題では，中心線(2つの円の中心を通る直線)に関する対称性に着目することが1つのポイントである。

本問では，地点Sと地点Aが直線PQに関して対称であることからAB＝BSとなることを利用する。

例題 5 オリジナル問題

以下の問題を解答するにあたっては，必要に応じて239ページの三角比の表を用いてもよい。

スキーにおいて，傾斜が急な斜面を滑るとき，斜面の方向に対して斜めに滑ることで，実際の傾斜の角度よりも小さな角度の傾斜として滑ることができる。

傾斜の角度が30°である斜面を，斜面の方向に対して角度 α の方向にまっすぐ滑る場合について，下の図を用いて考えよう。なお，図において，出発地，目的地を表す点はそれぞれA，Cである。そして，2点A，Bと4点C，D，E，Fはそれぞれ同じ標高にあり，C，DはそれぞれB，Aから斜面に沿って下に進んだ点，E，FはそれぞれA，Bの真下にある地中の点である。さらに，四角形ABCDは長方形であり，$\angle \mathrm{CAD}=\alpha$ である。

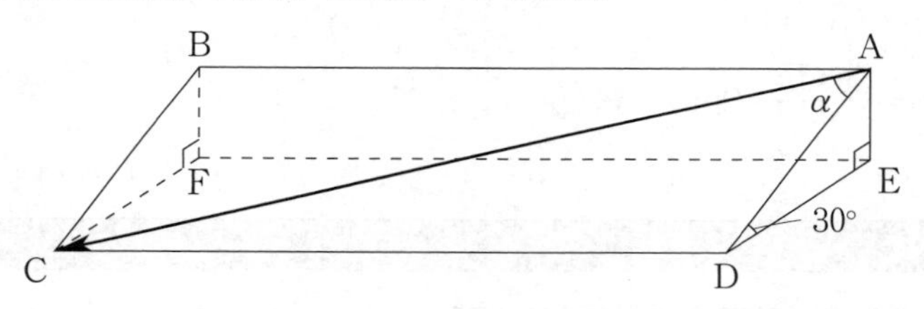

（1）$\alpha=45°$ とする。AとCの標高差AEが20mであるとき，滑る距離ACは $\boxed{\text{アイ}}\sqrt{\boxed{\text{ウ}}}$ mである。

（2）AとCの標高差AEは，ACと α を用いて

$$\mathrm{AE}=\mathrm{AC}\times\boxed{\text{エ}}\times\boxed{\text{オ}}$$

と表せる。

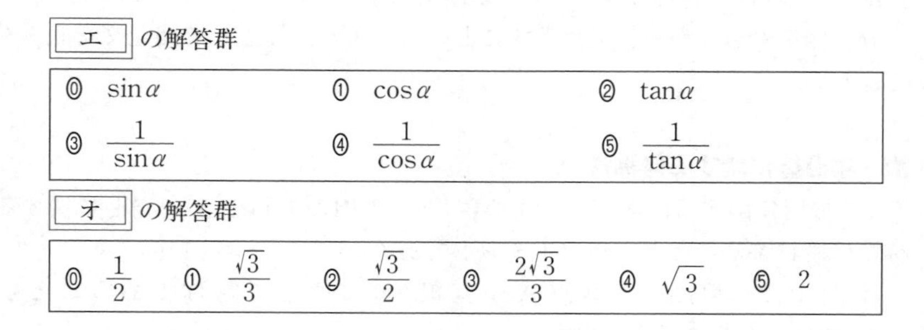

エ の解答群

⓪ $\sin\alpha$	① $\cos\alpha$	② $\tan\alpha$
③ $\dfrac{1}{\sin\alpha}$	④ $\dfrac{1}{\cos\alpha}$	⑤ $\dfrac{1}{\tan\alpha}$

オ の解答群

⓪ $\dfrac{1}{2}$	① $\dfrac{\sqrt{3}}{3}$	② $\dfrac{\sqrt{3}}{2}$	③ $\dfrac{2\sqrt{3}}{3}$	④ $\sqrt{3}$	⑤ 2

（3）斜面の方向に対して角度 α の方向にまっすぐ滑るときの傾斜の角度 $\angle \mathrm{ACE}$ が20°になるとき，α は約 $\boxed{\text{カ}}$ °である。

カ については，最も適当なものを，次の⓪～④のうちから一つ選べ。

⓪ 41　① 43　② 45　③ 47　④ 49

解答・解説

（1）△ADE に注目すると

$$AD=\frac{AE}{\sin\angle ADE}=\frac{20}{\sin 30^\circ}=20\times 2=40\,(\text{m})$$

$\sin\angle ADE=\dfrac{AE}{AD}$

次に，△ACD に注目すると

$$\mathbf{AC}=\frac{AD}{\cos\angle CAD}=\frac{40}{\cos 45^\circ}=\mathbf{40\sqrt{2}\,(m)}$$ 答

$\cos\angle CAD=\dfrac{AD}{AC}$

（2）△ACD に注目すると

$$AD=AC\cos\angle CAD=AC\cos\alpha\ (\text{m})$$

次に，△ADE に注目すると

$$\mathbf{AE}=AD\sin\angle ADE=AC\cos\alpha\cdot\sin 30^\circ=\mathbf{AC\times\cos\alpha\times\frac{1}{2}}$$ （①，⓪） 答

（3）△ACE に注目すると

$$\sin\angle ACE=\frac{AE}{AC}=\frac{1}{2}\cos\alpha$$

いま，$\angle ACE=20^\circ$ であるから，$\sin\angle ACE=0.3420$ より

$$\frac{1}{2}\cos\alpha=0.3420$$

三角比の表より $\sin 20^\circ=0.3420$

よって

$$\cos\alpha=0.6840$$

であるから，α は約 47°（③）である。 答

三角比の表より
$\cos 47^\circ=0.6820$
$\cos 46^\circ=0.6947$

POINT

■ 1つの平面に注目して考える

本問のような空間図形の計量においても，三角比は有効である。

空間図形の問題を考える際も，平面図形の場合と同様に，図をかいて条件をかきこんでいくのが第一歩であることは変わらない。そのうえで，**ある平面に注目することで，平面図形の問題として考える**ことがポイントであり，長さを求めたい線分，大きさを求めたい角を含む平面に注目するとよい。本問の解答においては，（1）では△ADE，△ACDの順に注目し，（2）では△ACD，△ADEの順に注目している。

また，条件を図にかきこんでいくなかで，線分の長さや角の大きさについての条件が多数わかっている平面が見つかれば，その平面に注目して，ほかの線分の長さや角の大きさを求めていく方針でもよい。

【MEMO】

演習問題

演習1 (解答は14ページ)

ある日，花子さんと太郎さんのクラスでは，数学の授業で先生から次のような宿題が出された。

> **宿題** △ABC において $A=60^\circ$，$\mathrm{BC}=n\mathrm{AC}$（n は正の実数）であるとする。このとき
>
> $$X=n^2+6n\cos C-4n^2\cos^2 C$$
>
> の値について調べなさい。

（1）放課後，太郎さんと花子さんは出された宿題について会話をした。

花子：まずは具体例で考えてみようよ。$\mathrm{AC}=\mathrm{BC}=1$ のとき，X の値はどうなるかな？

太郎：辺 AC と辺 BC の長さが等しいから $n=1$ だね。このときの X の値を計算すると $X=$ [ア] になるよ。

花子：$C=90^\circ$ の場合についても計算してみると……。この場合も $X=$ [ア] になるよ。もしかしたらどんな場合でも $X=$ [ア] が成り立つのかな？
式を使って考えてみたよ。

花子さんのノート

$\mathrm{BC}=n\mathrm{AC}$ であるから，△ABC において余弦定理より

$$\mathrm{AB}^2=\mathrm{AC}^2+\boxed{イ}\,\mathrm{AC}^2-\boxed{ウ}\,\mathrm{AC}^2\cos C \quad \cdots\cdots ①$$

である。

また，$A=60^\circ$ より，$\sin A=\dfrac{\sqrt{3}}{2}$ であるから，△ABC において正弦定理より

$$\mathrm{AB}=\boxed{エ}\,\mathrm{AC}\sin C \quad \cdots\cdots ②$$

である。

太郎：②を①に代入して整理すると，$X=$ [ア] となることがわかるね。

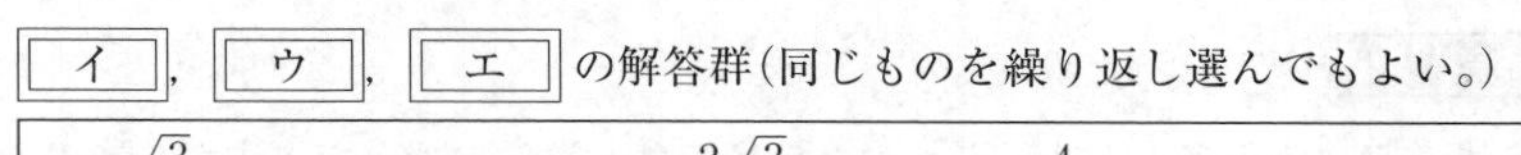

イ，ウ，エ の解答群(同じものを繰り返し選んでもよい。)

⓪ $\frac{\sqrt{3}}{3}n$	① n	② $\frac{2\sqrt{3}}{3}n$	③ $\frac{4}{3}n$	④ $2n$
⑤ $\frac{\sqrt{3}}{3}n^2$	⑥ n^2	⑦ $\frac{2\sqrt{3}}{3}n^2$	⑧ $\frac{4}{3}n^2$	⑨ $2n^2$

(2)

太郎：$n=\frac{1}{2}$ のときのXの値を考えてみたんだけど，このときは，

$A=60^\circ$ を満たす △ABC は存在しないみたいだよ。

花子：n はどのような値でもよいわけではないということだね。

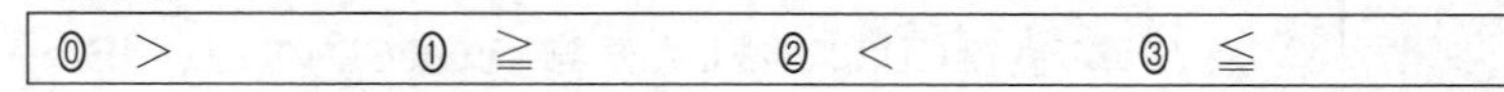

nのとり得る値の範囲は，n オ $\frac{\sqrt{\boxed{カ}}}{\boxed{キ}}$ である。

オ の解答群

⓪ $>$	① $\geqq$	② $<$	③ $\leqq$

演習2 (解答は15ページ)

ある日，太郎さんと花子さんのクラスでは，数学の授業で先生から次のような宿題が出された。

> **宿題** 台形ABCDにおいて，AB // CD，AD＝BC，AC＝1，∠ACD＝θである。AB＜CDのとき，台形ABCDの面積をθを用いて表しなさい。

（1）放課後，太郎さんと花子さんは出された宿題について会話をした。

太郎：台形ABCDの高さは，点Aから直線CDに下ろした垂線と直線CDの交点をEとすると，AEの長さだね。θを用いてAE＝[ア]と表せるよ。台形ABCDの上底と下底はどのように表せるかな？

花子：こんなふうに考えてみたよ。

花子さんのノート

点Aから直線CDに下ろした垂線と直線CDの交点をE，点Bから直線CDに下ろした垂線と直線CDの交点をFとすると

AB＝EF ………… ①

CD＝CE＋DE ………… ②

CE＝CF＋EF ………… ③

図形の対称性よりCF＝DEであるから，①～③より

AB＋CD＝2CE

太郎：CEの長さもθを用いて表すと，台形ABCDの面積は[イ]と表せるよ。

[ア]の解答群

⓪ $\sin\theta$	① $\cos\theta$	② $\tan\theta$
③ $\dfrac{1}{\sin\theta}$	④ $\dfrac{1}{\cos\theta}$	⑤ $\dfrac{1}{\tan\theta}$

[イ]の解答群

⓪ $\sin^2\theta$	① $\cos^2\theta$	② $\sin\theta\cos\theta$
③ $\tan\theta$	④ $\dfrac{\cos\theta}{\sin\theta}$	⑤ $\dfrac{1}{\sin\theta\cos\theta}$

（2）

太郎：余弦定理を使って別の求め方を考えてみたよ。

太郎さんのノート

△ACD において余弦定理より

$AD^2 = CD^2 - $ ［ウ］$\cdot CD +$ ［エ］ ……………… ④

また，△ABC において余弦定理より

$BC^2 = AB^2 - $ ［オ］$\cdot AB +$ ［カ］ ……………… ⑤

条件より AD＝BC であるから，④，⑤および AB≠CD より

$AB + CD -$ ［キ］$= 0$ ……………………… ⑥

花子：⑥の式から，AB＋CD＝［キ］であることがわかるね。

太郎：この結果をもとにしても，やはり台形 ABCD の面積は［イ］と表せるよ。

［ウ］，［エ］，［オ］，［カ］，［キ］の解答群(同じものを繰り返し選んでもよい。)

⓪ $\sin\theta$	① $\cos\theta$	② $2\sin\theta$	③ $2\cos\theta$	④ 1

（3）

太郎：2通りの方法で宿題の答えを出せたね。

花子：宿題では AB＜CD として考えてきたけれど，AB＞CD のときにも同じ方法で台形 ABCD の面積を求めることができるのかな。

AB＞CD のときの台形 ABCD の面積の求め方について述べたものとして，次の⓪～③のうち適当なものは，［ク］である。

⓪ **花子さんのノート**，**太郎さんのノート**はともに，AB＞CD のときも式や説明をそのまま利用できる。

① **花子さんのノート**は AB＞CD のときも式や説明をそのまま利用できるが，**太郎さんのノート**は AB＞CD のときには式や説明の一部を修正する必要がある。

② **花子さんのノート**は AB＞CD のときには式や説明の一部を修正する必要があるが，**太郎さんのノート**は AB＞CD のときも式や説明をそのまま利用できる。

③ **花子さんのノート**，**太郎さんのノート**はともに，AB＞CD のときには式や説明の一部を修正する必要がある。

演習3 (解答は16ページ)

以下の問題を解答するにあたっては，必要に応じて239ページの三角比の表を用いてもよい。以下では，次郎さんの身長と太郎さんの視点の高さがともに1.8mであるとし，$\sqrt{10}=3.16$ として計算する。

太郎さんと次郎さんは物の見え方について調べている。

太郎さんは

（ア）次郎さんから3m離れた地面に立って次郎さんを見る

（イ）水平距離が3m，高さが7.2mの校舎の屋上に立って次郎さんを見る

という二つの場合について，太郎さんから見たときの次郎さんの見え方の違いを比べた。

ただし，地面に高低差はないものとする。

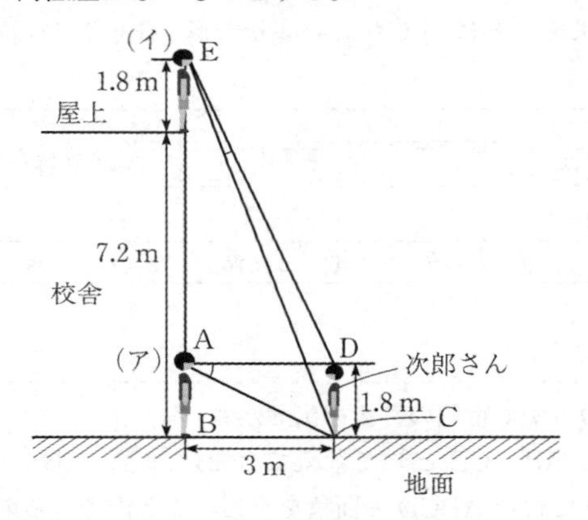

その結果，（ア）の場合よりも，（イ）の場合の方が，次郎さんが小さく見えた。太郎さんは，この見え方の違いが，次郎さんの足元から頭のてっぺんまでを見込む角に関係あるのではないかと考えた。

（ア）の場合の太郎さんの視点の位置，足元の位置をそれぞれA，Bとし，次郎さんの足元の位置，頭のてっぺんの位置をそれぞれC，Dとする。また，（イ）の場合の太郎さんの視点の位置をEとする。

このとき，（ア）の場合の次郎さんを見込む角はおよそ［ア］°である。

［ア］の解答群

⓪ 25	① 28	② 31	③ 34	④ 37

（イ）の場合について

$$\sin\angle \mathrm{BEC}=\frac{\sqrt{\boxed{\text{イウ}}}}{\boxed{\text{エオ}}},\ \mathrm{DE}=\boxed{\text{カ}}.\boxed{\text{キ}}\ \mathrm{m}$$

である。よって，次郎さんを見込む角を α とし，△CDE において正弦定理を用いると

$$\boxed{\text{ク}}^\circ<\alpha<\left(\boxed{\text{ク}}+1\right)^\circ$$

であることがわかる。

また，$\tan\alpha=\dfrac{\boxed{\text{ケ}}}{\boxed{\text{コサ}}}$ より，太郎さんが地面に立って次郎さんを見たとき，（イ）の場合とほぼ同じ大きさで次郎さんが見えるのは，次郎さんからおよそ $\boxed{\text{シ}}$ m 離れて次郎さんを見たときである。

$\boxed{\text{シ}}$ については，最も適当なものを，次の⓪～⑤のうちから一つ選べ。

⓪ 16	① 19	② 22
③ 25	④ 28	⑤ 31

演習4 （解答は18ページ）

○○高校の文化祭で，ホールに展示品を一つ展示することになった。このホールの床面は点Oを中心とする半径4 mの円である。展示品の形は円柱であり，底面の半径はわかっていない。展示品の底面の半径を，展示品に直接触れることなく調べるため，ホールに光源を設置し，ホールの壁に映った影をもとに計算することにした。ただし，ここではホールや展示品は十分高く，光源は十分小さいものとする。また，展示品の底面はホールの床面の中心と重ならないようにする。

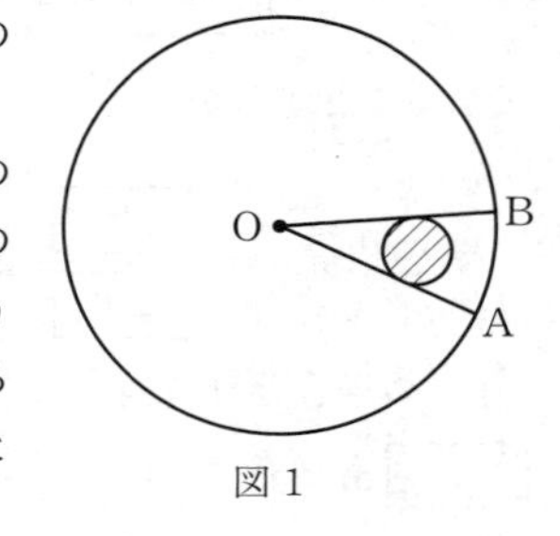

図1

まず，点Oに光源を設置した。すると，ホールの壁には，光源によって照らされる部分と，展示品の影となって照らされない部分ができた。図1のようにホールを真上から見たとき，ホールの壁にできる光と影の境界のうち一方を点A，もう一方を点Bとし，AB間の直線距離を測ったところ2 mであった。

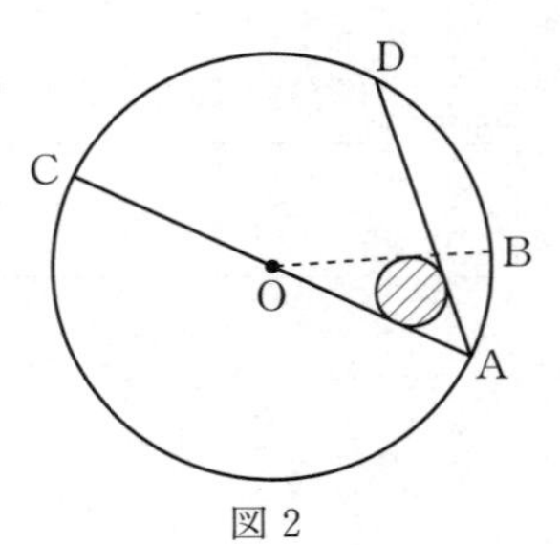

図2

次に，光源を点Aに設置し，ホールの壁にできる展示品の影を観測した。図2のようにホールを真上から見たとき，ホールの壁にできる光と影の境界のうち，点Oに関して点Aのちょうど反対側に位置する方を点C，もう一方を点Dとし，AD間の直線距離を測ったところ $\frac{11}{2}$ mであった。

以下の問いに答えよ。

（1）$\cos\angle AOB = \dfrac{\boxed{\text{ア}}}{\boxed{\text{イ}}}$ である。また，$\sin\angle CAD = \dfrac{\boxed{\text{ウ}}\sqrt{\boxed{\text{エオ}}}}{\boxed{\text{カキ}}}$

である。

（2）直線OBと直線ADの交点をEとおき，点Eから直線OAに下ろした垂線と直線OAの交点をHとする。$\angle EAO$ と $\angle AOE$ はともに鋭角であることに注意すると，線分AHと線分OHの長さはそれぞれ

$$AH = AE \times \boxed{\text{ク}}\ (\text{m}),\quad OH = OE \times \boxed{\text{ケ}}\ (\text{m})$$

である。

また，線分EHの長さは

$$EH = AE \times \boxed{\text{コ}}\ (\text{m}),\quad EH = OE \times \boxed{\text{サ}}\ (\text{m})$$

のように2通りに表すことができる。

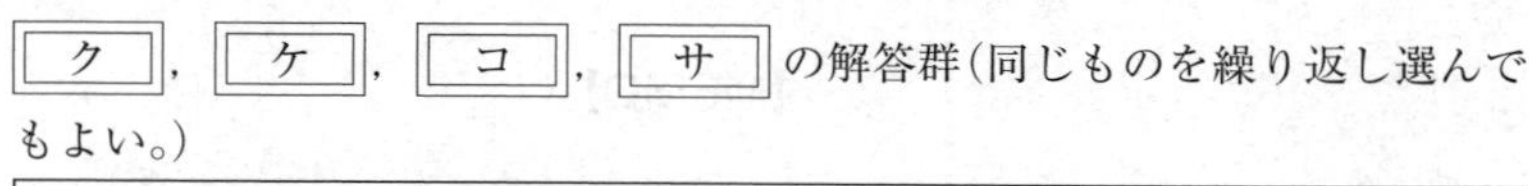

ク，ケ，コ，サ の解答群(同じものを繰り返し選んでもよい。)

⓪ $\sin\angle\mathrm{EAO}$	① $\cos\angle\mathrm{EAO}$	② $\sin\angle\mathrm{AEO}$
③ $\cos\angle\mathrm{AEO}$	④ $\sin\angle\mathrm{AOE}$	⑤ $\cos\angle\mathrm{AOE}$

これらの式より，△AEOの面積は $\dfrac{\boxed{\text{シ}}\sqrt{\boxed{\text{スセ}}}}{\boxed{\text{ソ}}}$ m^2，展示品の底面の半径は $\dfrac{\sqrt{\boxed{\text{タチ}}}}{\boxed{\text{ツ}}}$ mと求めることができる。

(3) 床面が O_1 を中心とする円である別のホールに，円柱の形をした展示品が展示されていたので，同じようにAB間，AD間の直線距離を測ることで展示品の底面の半径を調べようとした。しかし，図3のように2点A，Bを結ぶ直線上に展示品があるため，AB間の直線距離を求めることができなかった。

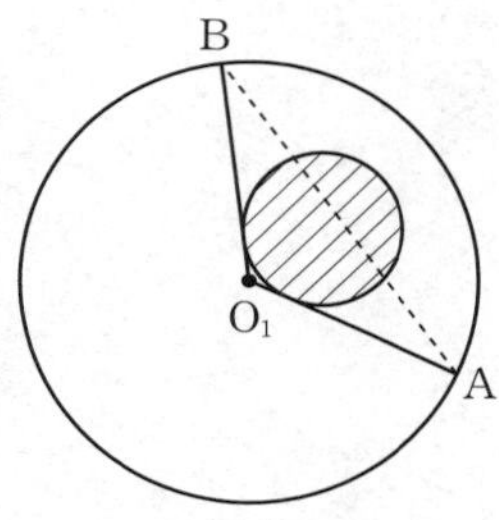

図3

ホールの床面の半径を R m，展示品の底面の半径を r m，$\angle\mathrm{AO_1B}=\theta$（ただし，$0°<\theta<180°$）とするとき，AB間の直線距離を求めることができるための条件は，$\dfrac{r}{R}<\boxed{\text{テ}}$ である。

テ の解答群

⓪ $\dfrac{\sin\dfrac{\theta}{2}}{1+\sin\dfrac{\theta}{2}}$	① $\dfrac{\cos\dfrac{\theta}{2}}{1+\sin\dfrac{\theta}{2}}$
② $\dfrac{\sin\dfrac{\theta}{2}\cos\dfrac{\theta}{2}}{1+\sin\dfrac{\theta}{2}}$	③ $\dfrac{\sin\dfrac{\theta}{2}}{1+\cos\dfrac{\theta}{2}}$
④ $\dfrac{\cos\dfrac{\theta}{2}}{1+\cos\dfrac{\theta}{2}}$	⑤ $\dfrac{\sin\dfrac{\theta}{2}\cos\dfrac{\theta}{2}}{1+\cos\dfrac{\theta}{2}}$

【MEMO】

第4章　データの分析

例題 1 オリジナル問題

ある年のＫ市の３月，５月，７月の日ごとの最高気温について，最小値，第１四分位数，第２四分位数，第３四分位数，最大値は表１のようになっていたことがわかった。

表１

	３月	５月	７月
最小値	9.5	17.1	25.5
第１四分位数	12.5	21.1	31.3
第２四分位数	15.4	23.4	32.6
第３四分位数	18.5	26.5	35.4
最大値	23.3	27.7	36.4

(単位：度)

表１をもとに，この年のＫ市の３月，５月，７月の最高気温について考察することにした。このとき，次の各問いに答えよ。

（１）３月，５月，７月の ア はそれぞれ 6.0，5.4，4.1 である。このことから，最高気温の散らばり具合は３月が最も大きいといえる。

ア の解答群

⓪ 平均値	① 範囲	② 四分位範囲
③ 四分位偏差	④ 分散	⑤ 標準偏差

（２）５月の最高気温の平均値が最小となるのは，最高気温が 17.1 度の日が a 日，最高気温が 21.1 度の日が b 日，最高気温が 23.4 度の日が c 日，最高気温が 26.5 度の日が d 日，最高気温が 27.7 度の日が e 日であったときである。これより，５月の最高気温の平均値の最小値がわかる。

a，b，c，d，e に当てはまる数の組合せとして正しいものは，右の⓪〜⑨のうち イ である。

	a	b	c	d	e
⓪	1	6	8	9	7
①	1	7	7	9	7
②	1	7	8	8	7
③	1	8	7	8	7
④	1	8	8	7	7
⑤	7	7	7	9	1
⑥	7	7	8	8	1
⑦	7	8	7	8	1
⑧	7	8	8	7	1
⑨	7	9	7	7	1

（3）表1を根拠に，3月31日よりも7月1日の方が最高気温が高かったことを説明したい。そのためには，表1の数値のうち［ウ］と［エ］を用いればよい。

［ウ］，［エ］の解答群（解答の順序は問わない。）

⓪ 3月の最大値	① 7月の最大値
② 3月の最小値	③ 7月の最小値
④ 3月の第1四分位数	⑤ 7月の第1四分位数
⑥ 3月の第2四分位数	⑦ 7月の第2四分位数
⑧ 3月の第3四分位数	⑨ 7月の第3四分位数

（4）3月の最高気温の平均値と5月の最高気温の平均値の大小について正しく述べたものは，次の⓪～③のうち［オ］である

［オ］の解答群

⓪ 3月の最高気温の平均値の方が5月の最高気温の平均値よりも高い。
① 3月の最高気温の平均値は5月の最高気温の平均値と等しい。
② 3月の最高気温の平均値の方が5月の最高気温の平均値よりも低い。
③ 与えられたデータだけでは，3月の最高気温の平均値と5月の最高気温の平均値の大小関係を判断することはできない。

（5）ある正の値kを一つ決め，データの中に次のような値があれば，その値は外れ値として除くことにした。

{(第1四分位数) $-k\times$ (四分位範囲)} 以下の値
{(第3四分位数) $+k\times$ (四分位範囲)} 以上の値

3月，5月，7月の最高気温のデータについて，外れ値があるかを調べたところ，三つの月のデータの値すべてのうち，一つの値だけが外れ値であった。

このとき，外れ値は［カ］である。また，3月，5月，7月のいずれについても，元のデータの値の個数は31であるから，外れ値を除くことにより

・外れ値があった月のデータの範囲は［キ］
・外れ値があった月のデータの四分位範囲は［ク］

カ の解答群

⓪ 3月のデータの最大値	① 3月のデータの最小値
② 5月のデータの最大値	③ 5月のデータの最小値
④ 7月のデータの最大値	⑤ 7月のデータの最小値

キ，ク の解答群(同じものを繰り返し選んでもよい。)

⓪ 大きくなる　① 変わらない　② 小さくなる
③ 大きくなることもあれば，変わらないこともある
④ 小さくなることもあれば，変わらないこともある
⑤ 大きくなることも，小さくなることも，変わらないこともある

基本事項の確認

四分位数と中央値

データの値を小さい順に並べたとき，4等分する位置にくる値を四分位数といい，小さい方から順に**第1四分位数**(Q_1)，**第2四分位数**(Q_2)，**第3四分位数**(Q_3)という。

第2四分位数は中央値である。また，第1四分位数は下位のデータの中央値，第3四分位数は上位のデータの中央値である。

なお，データの値の個数が偶数であるとき，値を小さい順に並べたとき中央にくる2つの値の平均値を中央値とする。また，データの値の個数が奇数であるとき，中央の位置にくる値は下位のデータにも上位のデータにも含めない。

四分位範囲と四分位偏差

$$(\text{四分位範囲}) = Q_3 - Q_1 \qquad (\text{四分位偏差}) = \frac{Q_3 - Q_1}{2}$$

箱ひげ図

最小値，第1四分位数，第2四分位数，第3四分位数，最大値を右のような図にまとめたものを**箱ひげ図**という。

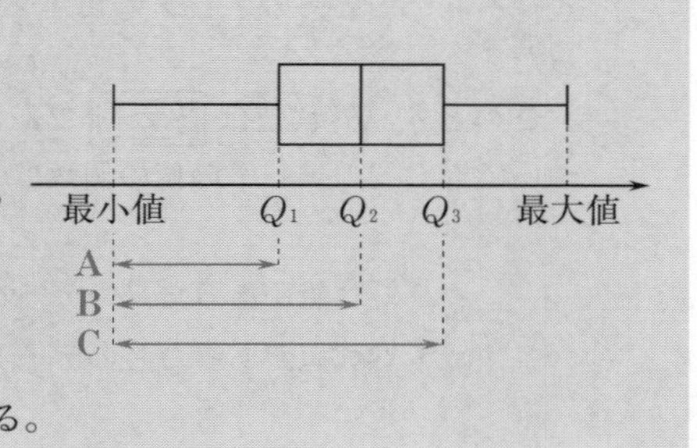

右の箱ひげ図において，Aの範囲には全体のおよそ25%，Bの範囲には全体のおよそ50%，Cの範囲には全体のおよそ75%のデータの値が含まれている。

解答・解説

（1）3月，5月，7月について，それぞれ 6.0，5.4，4.1となるのは，第3四分位数から第1四分位数を引いたものである。よって，正しいものは四分位範囲（②）である。 ◀◀答

（2）5月のデータの個数は31個であるから，データの値を小さい順に並べると，最小値（17.1度）は1番目，第1四分位数（21.1度）は8番目，第2四分位数（23.4度）は16番目，第3四分位数（26.5度）は24番目，最大値（27.7度）は31番目の値である。

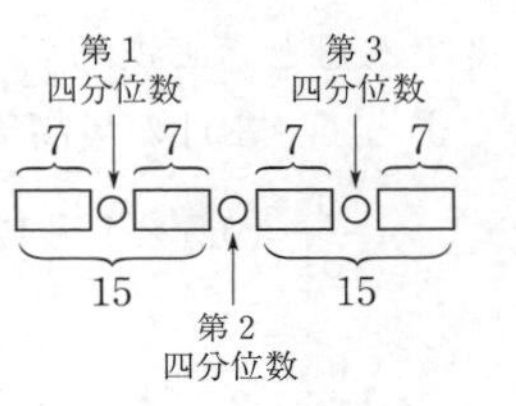

よって，5月の最高気温の平均値が最小となるのは，データの値を小さい順に並べたとき1番目から7番目が17.1度，8番目から15番目が21.1度，16番目から23番目が23.4度，24番目から30番目が26.5度，31番目が27.7度であるときである。

したがって，正しいものは⑧である。 ◀◀答

（3）表1をもとにデータを箱ひげ図にまとめると，次の図のようになる。

箱ひげ図をかくと，値の大小関係が一目でわかる。

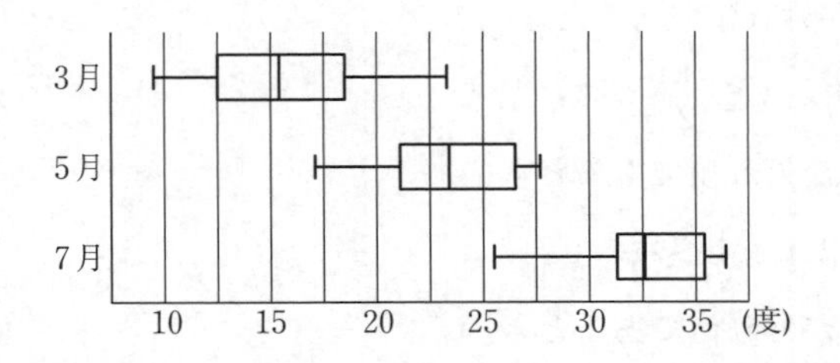

7月の最高気温の最小値は，3月の最高気温の最大値よりも高い。よって，3月31日の最高気温よりも7月1日の最高気温の方が高かったことがわかる。

すなわち，用いるべき数値は，3月の最大値（⓪）と7月の最小値（③）である。 ◀◀答

（4）（2）より，5月の最高気温の平均値の最小値は

$$\frac{1}{31}(17.1\times 7+21.1\times 8+23.4\times 8+26.5\times 7+27.7\times 1)$$

$$=\frac{688.9}{31}\ (度)$$

3月の最高気温の平均値が最大となるのは，データの値を小さい順に並べたとき1番目が9.5度，2番目から8番目が12.5度，9番目から16番目が15.4度，17番目から24番目が18.5度，25番目から31番目が23.3度であるときである。

よって，3月の最高気温の平均値の最大値は

$$\frac{1}{31}(9.5\times1+12.5\times7+15.4\times8+18.5\times8+23.3\times7)$$

$$=\frac{531.3}{31}\ (度)$$

であるから，**3月の最高気温の平均値の方が5月の最高気温の平均値よりも低い。（②）** ◀◀答

$\frac{531.3}{31}<\frac{688.9}{31}$

(5)（1）より，3月，5月，7月の四分位範囲はそれぞれ6.0，5.4，4.1であるから，3月のデータの最大値23.3が外れ値であるとき

最大値および最小値が外れ値の候補である。

$$18.5+6k\leqq23.3 \quad より \quad k\leqq\frac{4}{5}$$

3月のデータの最小値9.5が外れ値であるとき

$$12.5-6k\geqq9.5 \quad より \quad k\leqq\frac{1}{2}$$

5月のデータの最大値27.7が外れ値であるとき

$$26.5+5.4k\leqq27.7 \quad より \quad k\leqq\frac{2}{9}$$

5月のデータの最小値17.1が外れ値であるとき

$$21.1-5.4k\geqq17.1 \quad より \quad k\leqq\frac{20}{27}$$

7月のデータの最大値36.4が外れ値であるとき

$$35.4+4.1k\leqq36.4 \quad より \quad k\leqq\frac{10}{41}$$

7月のデータの最小値25.5が外れ値であるとき

$$31.3-4.1k\geqq25.5 \quad より \quad k\leqq\frac{58}{41}$$

外れ値は一つの値だけであるから

$$\frac{4}{5}<k\leqq\frac{58}{41}$$

$\frac{2}{9}<\frac{10}{41}<\frac{1}{2}<\frac{20}{27}<\frac{4}{5}<\frac{58}{41}$

であり，外れ値は7月のデータの最小値(⑤)である。

7月のデータについて，外れ値は1つしかないので，最小値と2番目に小さい値は異なる。よって，外れ値を除くことにより，最大値は変わらず，最小値は大きくなるから，データの範囲は元のデータの範囲よりも小さくなる(②)。◀◀答

データに同じ値が複数含まれているケースに注意する。

次に，7月の元のデータについても，外れ値を除いたデータについても，第1四分位数は小さい方から8番目の値であり，第3四分位数は大きい方から8番目の値である。7月の元のデータと外れ値を除いたデータを比較すると

- 第1四分位数は等しい，あるいは，外れ値を除いたデータの方が大きい
- 第3四分位数は等しい

ので，データの四分位範囲は元のデータの四分位範囲より小さくなることもあれば，変わらないこともある(④)。◀◀答

7月の元データにおいて，小さいほうから8番目の値と小さい方から9番目の値が等しいときは，外れ値を除いても第1四分位数は変わらない。一方，異なるときは，外れ値を除くと第1四分位数は大きくなる。

POINT

■ データの散らばりの度合いを調べる

データの散らばりの度合いを表す量をまとめておこう。

- 範囲；(最大値)−(最小値)
- 四分位範囲；(第3四分位数)−(第1四分位数)
- 四分位偏差；$\dfrac{(\text{第3四分位数})-(\text{第1四分位数})}{2}$
- 分散；$\dfrac{1}{n}\{(x_1-\overline{x})^2+(x_2-\overline{x})^2+(x_3-\overline{x})^2+\cdots+(x_n-\overline{x})^2\}$

(ただし，n 個のデータの値を x_1，x_2，x_3，…，x_n とし，それらの平均値を $\overline{x}$ とする。)

範囲に比べて，四分位範囲は極端に離れた値(外れ値)の影響を受けにくい。また，範囲や四分位範囲に比べて，分散はすべてのデータの値を利用するため，データ全体の様子を捉えやすい。

例題 2　2021年度本試第2日程

総務省が実施している国勢調査では都道府県ごとの総人口が調べられており，その内訳として日本人人口と外国人人口が公表されている。また，外務省では旅券(パスポート)を取得した人数を都道府県ごとに公表している。加えて，文部科学省では都道府県ごとの小学校に在籍する児童数を公表している。

そこで，47 都道府県の，人口１万人あたりの外国人人口(以下，外国人数)，人口１万人あたりの小学校児童数(以下，小学生数)，また，日本人１万人あたりの旅券を取得した人数(以下，旅券取得者数)を，それぞれ計算した。

(1) 図 1 は，2010 年における 47 都道府県の，旅券取得者数(横軸)と小学生数(縦軸)の関係を黒丸で，また，旅券取得者数(横軸)と外国人数(縦軸)の関係を白丸で表した散布図である。

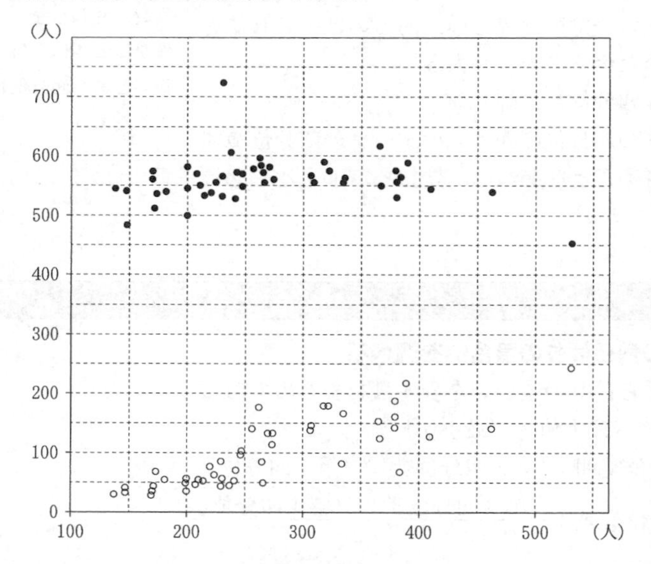

図 1　2010 年における，旅券取得者数と小学生数の散布図(黒丸)，
旅券取得者数と外国人数の散布図(白丸)
(出典：外務省，文部科学省および総務省の Web ページにより作成)

次の（Ⅰ），（Ⅱ），（Ⅲ）は図1の散布図に関する記述である。

（Ⅰ） 小学生数の四分位範囲は，外国人数の四分位範囲より大きい。
（Ⅱ） 旅券取得者数の範囲は，外国人数の範囲より大きい。
（Ⅲ） 旅券取得者数と小学生数の相関係数は，旅券取得者数と外国人数の相関係数より大きい。

（Ⅰ），（Ⅱ），（Ⅲ）の正誤の組合せとして正しいものは ア である。

ア の解答群

	⓪	①	②	③	④	⑤	⑥	⑦
（Ⅰ）	正	正	正	正	誤	誤	誤	誤
（Ⅱ）	正	正	誤	誤	正	正	誤	誤
（Ⅲ）	正	誤	正	誤	正	誤	正	誤

（2）一般に，度数分布表

階級値	x_1	x_2	x_3	x_4	…	x_k	計
度数	f_1	f_2	f_3	f_4	…	f_k	n

が与えられていて，各階級に含まれるデータの値がすべてその階級値に等しいと仮定すると，平均値$\overline{x}$は

$$\overline{x}=\frac{1}{n}(x_1f_1+x_2f_2+x_3f_3+x_4f_4+\cdots+x_kf_k)$$

で求めることができる。さらに階級の幅が一定で，その値がhのときは

$$x_2=x_1+h,\ x_3=x_1+2h,\ x_4=x_1+3h,\ \cdots,\ x_k=x_1+(k-1)h$$

に注意すると

$$\overline{x}=\boxed{\text{イ}}$$

と変形できる。

イ については，最も適当なものを，次の⓪～④のうちから一つ選べ。

⓪ $\dfrac{x_1}{n}(f_1+f_2+f_3+f_4+\cdots+f_k)$

① $\dfrac{h}{n}(f_1+2f_2+3f_3+4f_4+\cdots+kf_k)$

② $x_1+\dfrac{h}{n}(f_2+f_3+f_4+\cdots+f_k)$

③ $x_1+\dfrac{h}{n}\{f_2+2f_3+3f_4+\cdots+(k-1)f_k\}$

④ $\dfrac{1}{2}(f_1+f_k)x_1-\dfrac{1}{2}(f_1+kf_k)$

図2は，2008年における47都道府県の旅券取得者数のヒストグラムである。なお，ヒストグラムの各階級の区間は，左側の数値を含み，右側の数値を含まない。

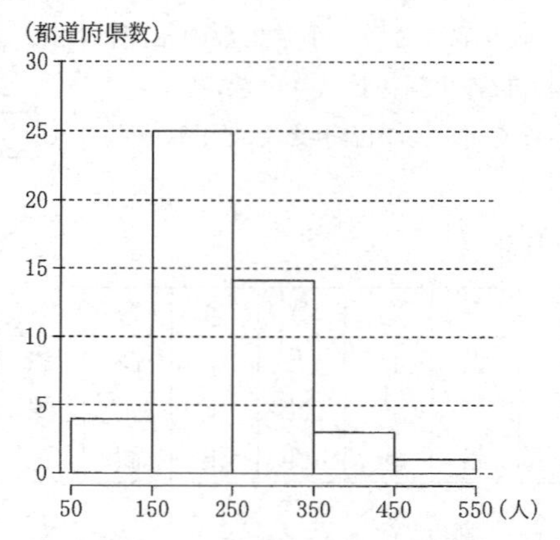

図2　2008年における旅券取得者数のヒストグラム
(出典：外務省のWebページにより作成)

図2のヒストグラムに関して，各階級に含まれるデータの値がすべてその階級値に等しいと仮定する。このとき，平均値 $\overline{x}$ は小数第1位を四捨五入すると ウエオ である。

(3) 一般に，度数分布表

階級値	x_1	x_2	…	x_k	計
度数	f_1	f_2	…	f_k	n

が与えられていて，各階級に含まれるデータの値がすべてその階級値に等しいと仮定すると，分散 s^2 は

$$s^2=\frac{1}{n}\left\{(x_1-\overline{x})^2f_1+(x_2-\overline{x})^2f_2+\cdots+(x_k-\overline{x})^2f_k\right\}$$

で求めることができる。さらに s^2 は

$$s^2=\frac{1}{n}\left\{(x_1{}^2f_1+x_2{}^2f_2+\cdots+x_k{}^2f_k)-2\overline{x}\times \boxed{\text{カ}} +(\overline{x})^2\times \boxed{\text{キ}}\right\}$$

と変形できるので

$$s^2=\frac{1}{n}(x_1{}^2f_1+x_2{}^2f_2+\cdots+x_k{}^2f_k)-\boxed{\text{ク}} \cdots\cdots\cdots\cdots\cdots ①$$

である。

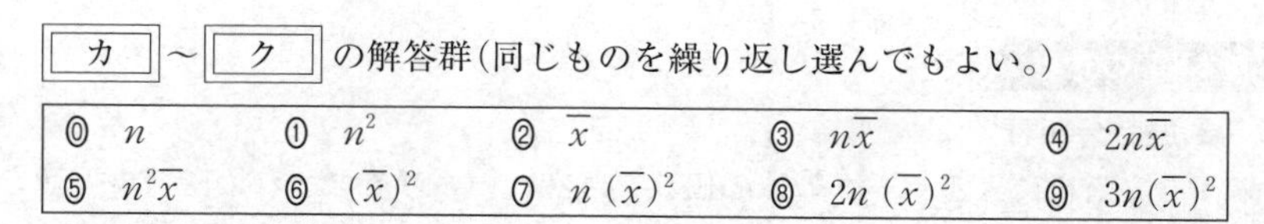

カ ～ ク の解答群（同じものを繰り返し選んでもよい。）

⓪ n	① n^2	② $\overline{x}$	③ $n\overline{x}$	④ $2n\overline{x}$
⑤ $n^2\overline{x}$	⑥ $(\overline{x})^2$	⑦ $n(\overline{x})^2$	⑧ $2n(\overline{x})^2$	⑨ $3n(\overline{x})^2$

図3は，図2を再掲したヒストグラムである。

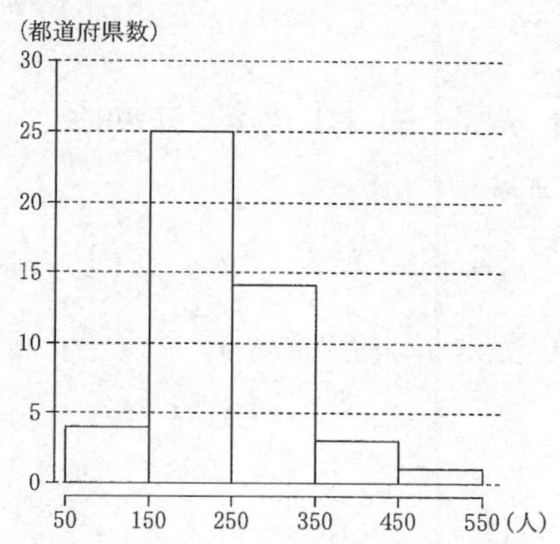

図3　2008年における旅券取得者数のヒストグラム
（出典：外務省のWebページにより作成）

図3のヒストグラムに関して，各階級に含まれるデータの値がすべてその階級値に等しいと仮定すると，平均値 $\overline{x}$ は（2）で求めた ウエオ である。ウエオ の値と式①を用いると，分散 s^2 は ケ である。

ケ については，最も近いものを，次の⓪～⑦のうちから一つ選べ。

⓪ 3900	① 4900	② 5900	③ 6900
④ 7900	⑤ 8900	⑥ 9900	⑦ 10900

基本事項の確認

■ 度数分布表

ある階級に入るデータの値の個数を**度数**といい，それぞれの階級の度数を示した表を**度数分布表**という。階級の中央の値を，その階級の**階級値**という。

また，度数分布表を柱状に表した図を**ヒストグラム**という。

■ 平均値と分散

変量 x の n 個の値 x_1，x_2，…，x_n について，平均値を $\overline{x}$，分散を s^2 とすると

$$\overline{x}=\frac{1}{n}(x_1+x_2+\cdots+x_n)$$

$$s^2=\frac{1}{n}\left\{(x_1-\overline{x})^2+(x_2-\overline{x})^2+\cdots+(x_n-\overline{x})^2\right\}$$

分散 s^2 は，次の式でも求めることができる。

$$s^2=\overline{x^2}-(\overline{x})^2$$

解答・解説

（1）図1の散布図に関する記述の正誤を調べる。

（Ⅰ）について

散布図より，小学生数の四分位範囲はおよそ35(＝575－540)，外国人数の四分位範囲はおよそ90(＝140－50)であるから，**誤り**。

47個の値からなるデータだから，小さい方から，第1四分位数は12番目，第3四分位数は36番目の値である。

（Ⅱ）について

散布図より，旅券取得者数の最小値は150未満であり，最大値は500以上であるから，範囲は350より大きい。一方，外国人数の最大値は250未満であるから，範囲は250より小さくなる。

よって，旅券取得者数の範囲は外国人数の範囲より大きいので，**正しい**。

（Ⅲ）について

散布図より，旅券取得者数が多くても小学生数はほとんど変わらないのに対して，旅券取得者数が多くなると外国人数は増える傾向にある。これより，旅券取得者数と小学生数の相関は弱く，旅券取得者数と外国人数の相関は正で強い。

つまり，旅券取得者数と外国人数の相関の方が大きいので，**誤り**。

よって，正誤の組合せは

（Ⅰ）誤，（Ⅱ）正，（Ⅲ）誤（⑤）◀◀答

（2）
$$\overline{x}=\frac{1}{n}(x_1f_1+x_2f_2+x_3f_3+x_4f_4+\cdots+x_kf_k)$$

この式に $x_2=x_1+h$，$x_3=x_1+2h$，$x_4=x_1+3h$，…，$x_k=x_1+(k-1)h$ を代入すると

$$\overline{x}$$
$$=\frac{1}{n}\Big[x_1f_1+(x_1+h)f_2+(x_1+2h)f_3$$
$$+(x_1+3h)f_4+\cdots+\{x_1+(k-1)h\}f_k\Big]$$
$$=\frac{1}{n}\Big[x_1(f_1+f_2+f_3+f_4+\cdots+f_k)$$
$$+h\{f_2+2f_3+3f_4+\cdots+(k-1)f_k\}\Big]$$

度数分布表より

$$f_1+f_2+f_3+f_4+\cdots+f_k=n$$

であるから

$$\overline{x}$$

$$=\frac{1}{n}\left[x_1n+h\{f_2+2f_3+3f_4+\cdots+(k-1)f_k\}\right]$$

$$=\boldsymbol{x_1+\frac{h}{n}\{f_2+2f_3+3f_4+\cdots+(k-1)f_k\}}$$

(③) ◀◀答

………………………………（＊）

図2のヒストグラムを度数分布表に表すと

階級値	100	200	300	400	500	計
度数	4	25	14	3	1	47

各階級に含まれるデータの値がすべてその階級値に等しいと仮定すると，（＊）が使える。

階級の幅は一定である。

$n=47$，$x_1=100$，$h=100$ であるから

$$\overline{x}=100+\frac{100}{47}(25+2\cdot14+3\cdot3+4\cdot1)$$

$$=100\left(1+\frac{66}{47}\right)\fallingdotseq240.43$$

よって，平均値 $\overline{x}$ は小数第1位を四捨五入すると**240**である。◀◀答

(3) $s^2=\frac{1}{n}\{(x_1-\overline{x})^2f_1+(x_2-\overline{x})^2f_2+\cdots+(x_k-\overline{x})^2f_k\}$

右辺を展開して，整理すると

$$s^2=\frac{1}{n}\left[\{x_1{}^2-2x_1\overline{x}+(\overline{x})^2\}f_1+\{x_2{}^2-2x_2\overline{x}+(\overline{x})^2\}f_2+\cdots+\{x_k{}^2-2x_k\overline{x}+(\overline{x})^2\}f_k\right]$$

$$=\frac{1}{n}\{(x_1{}^2f_1+x_2{}^2f_2+\cdots+x_k{}^2f_k)-2\overline{x}(x_1f_1+x_2f_2+\cdots+x_kf_k)+(\overline{x})^2(f_1+f_2+\cdots+f_k)\}$$

ここで

$$\overline{x}=\frac{1}{n}(x_1f_1+x_2f_2+\cdots+x_kf_k),$$
$$f_1+f_2+\cdots+f_k=n$$

より

$$s^2=\frac{1}{n}\{(x_1{}^2f_1+x_2{}^2f_2+\cdots+x_k{}^2f_k)$$
$$-2\overline{x}\times n\overline{x}+(\overline{x})^2\times n\}\ (③,\ ⓪)$$ ◀◀答

$$=\frac{1}{n}\{(x_1{}^2f_1+x_2{}^2f_2+\cdots+x_k{}^2f_k)-n(\overline{x})^2\}$$

よって

$$s^2=\frac{1}{n}(x_1{}^2f_1+x_2{}^2f_2+\cdots+x_k{}^2f_k)-(\overline{x})^2\ (⑥)$$

……………………………… ①

この式は
$S^2=\overline{x^2}-(\overline{x})^2$
を意味する。

図3のヒストグラムを度数分布表に表すと

図2の度数分布表と同じものである。

階級値	100	200	300	400	500	計
度数	4	25	14	3	1	47

各階級に含まれるデータの値がすべてその階級値に等しいと仮定すると，平均値 $\overline{x}$ は（2）で求めた240である。

階級の幅は一定である。

これと①より，分散 s^2 は

$$s^2=\frac{1}{47}(100^2\cdot4+200^2\cdot25+300^2\cdot14$$
$$+400^2\cdot3+500^2\cdot1)-240^2$$
$$=\frac{100^2}{47}(4+2^2\cdot25+3^2\cdot14$$
$$+4^2\cdot3+5^2\cdot1)\ -240^2$$
$$=\frac{3030000}{47}-57600$$
$$\fallingdotseq 64468-57600=6868$$

よって，選択肢のうち，分散 s^2 の値に最も近いものは**6900**（③）である。◀◀答

POINT

❗ 図から読み取れること

共通テストにおけるデータの分析では，散布図やヒストグラムなどから読み取れることを選ぶ問題がよく見られる。

本問の（1）のように1つの図だけを読み取ればよいものばかりではなく，複数の散布図を組み合わせて正誤を判定しなければならないものもある。用語を正しく理解するだけでなく，適切な手法を用いて，効率よくデータを分析できるようにしておきたい。

例題 3　2017年度試行調査・改

地方の経済活性化のため，太郎さんと花子さんは観光客の消費に着目し，その拡大に向けて基礎的な情報を整理することにした。以下は，都道府県別の統計データを集め，分析しているときの二人の会話である。会話を読んで下の問いに答えよ。ただし，東京都，大阪府，福井県の３都府県のデータは含まれていない。また，以後の問題文では「道府県」を単に「県」として表記する。

太郎：各県を訪れた観光客数を x 軸，消費総額を y 軸にとり，散布図をつくると図１のようになったよ。
花子：消費総額を観光客数で割った消費額単価が最も高いのはどこかな。
太郎：元のデータを使って県ごとに割り算をすれば分かるよ。
北海道は……。44回も計算するのは大変だし，間違えそうだな。
花子：図１を使えばすぐ分かるよ。

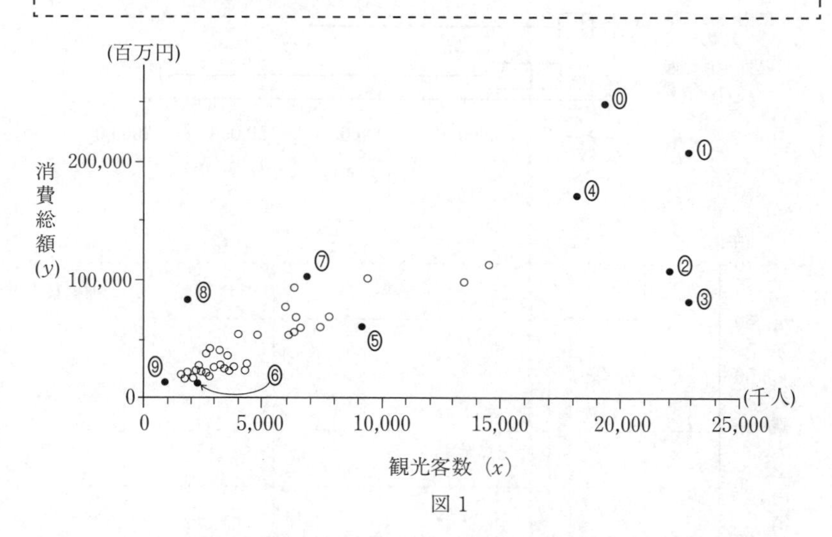

図１

（１）図１の観光客数と消費総額の間の相関係数に最も近い値を，次の⓪～④のうちから一つ選べ。 ア

⓪ −0.85	① −0.52	② 0.02	③ 0.34	④ 0.83

（２）消費額単価が最も高い県を表す点を，図１の⓪～⑨のうちから一つ選べ。
イ

花子：元のデータを見ると消費額単価が最も高いのは沖縄県だね。沖縄県の消費額単価が高いのは，県外からの観光客数の影響かな。

太郎：県内からの観光客と県外からの観光客とに分けて44県の観光客数と消費総額を箱ひげ図で表すと図2のようになったよ。

花子：私は県内と県外からの観光客の消費額単価をそれぞれ横軸と縦軸にとって図3の散布図をつくってみたよ。沖縄県は県内，県外ともに観光客の消費額単価は高いね。それに，北海道，鹿児島県，沖縄県は全体の傾向から外れているみたい。

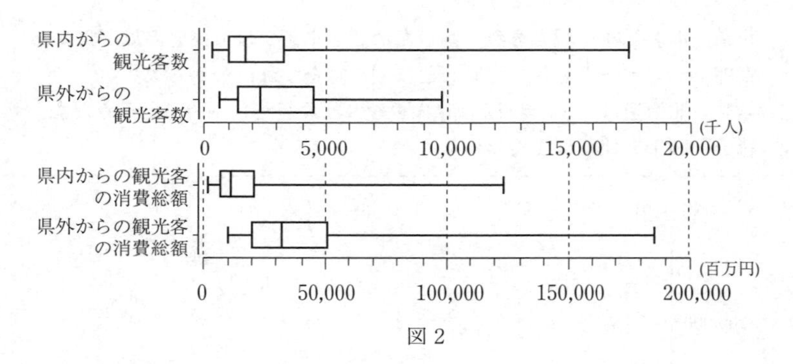

図2

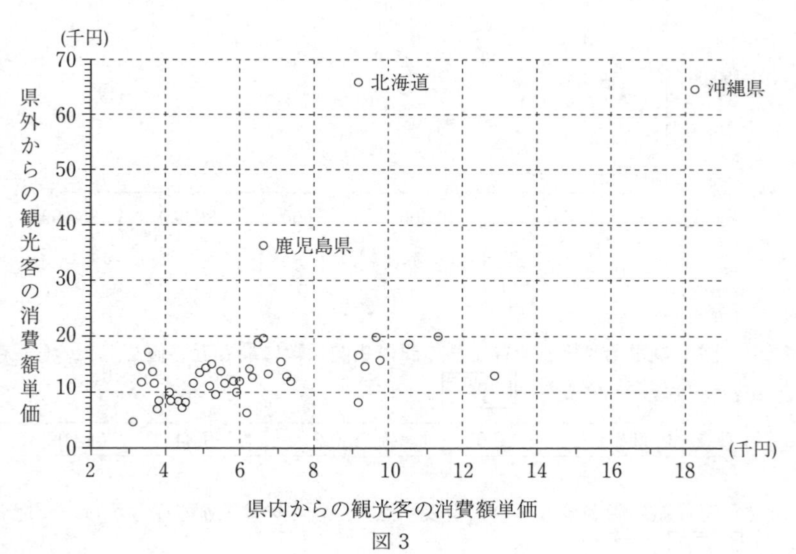

図3

（3）図２，図３から読み取れる事柄として正しいものを，次の⓪～④のうちから二つ選べ。 ウ ， エ

⓪ 44県の半分の県では，県内からの観光客数よりも県外からの観光客数の方が多い。
① 44県の半分の県では，県内からの観光客の消費総額よりも県外からの観光客の消費総額の方が高い。
② 44県の４分の３以上の県では，県外からの観光客の消費額単価の方が県内からの観光客の消費額単価より高い。
③ 県外からの観光客の消費額単価の平均値は，北海道，鹿児島県，沖縄県を除いた41県の平均値の方が44県の平均値より小さい。
④ 北海道，鹿児島県，沖縄県を除いて考えると，県内からの観光客の消費額単価の分散よりも県外からの観光客の消費額単価の分散の方が小さい。

（4）二人は県外からの観光客に焦点を絞って考えることにした。

花子：県外からの観光客数を増やすには，イベントなどを増やしたらいいんじゃないかな。
太郎：44県の行祭事・イベントの開催数と県外からの観光客数を散布図にすると，図４のようになったよ。

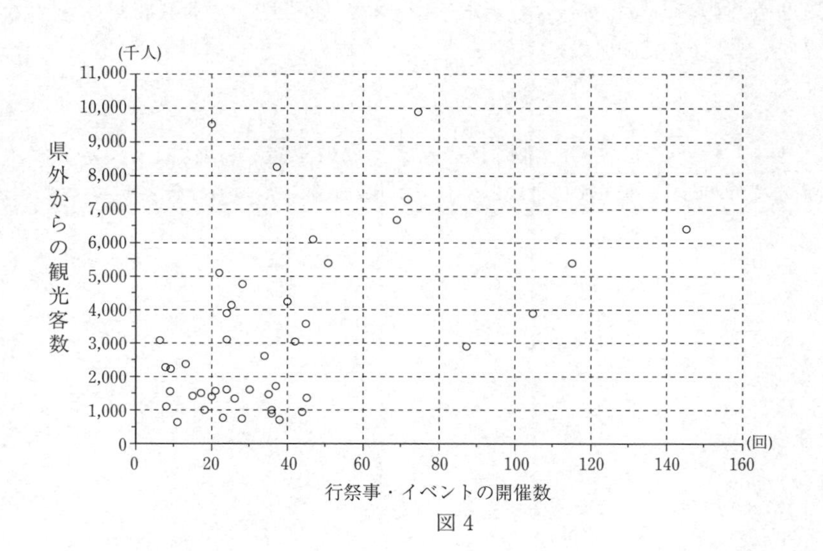

図４

図 4 から読み取れることとして最も適切な記述を，次の⓪～④のうちから一つ選べ。 オ

⓪ 44県の行祭事・イベント開催数の中央値は，その平均値よりも大きい。
① 行祭事・イベントを多く開催し過ぎると，県外からの観光客数は減ってしまう傾向がある。
② 県外からの観光客数を増やすには行祭事・イベントの開催数を増やせばよい。
③ 行祭事・イベントの開催数が最も多い県では，行祭事・イベントの開催一回当たりの県外からの観光客数は6,000千人を超えている。
④ 県外からの観光客数が多い県ほど，行祭事・イベントを多く開催している傾向がある。

（本問題の図は，「共通基準による観光入込客統計」（観光庁）をもとにして作成している。）

基本事項の確認

■ 共分散と相関係数

2つの変量の偏差の積の平均値を**共分散**という。

2つの変量 x，y の分散をそれぞれ s_x^2，s_y^2 とし，x と y の共分散を s_{xy} とするとき，x と y の**相関係数** r は

$$r=\frac{s_{xy}}{\sqrt{s_x^2}\sqrt{s_y^2}}$$

なお，$-1 \leqq r \leqq 1$ であり，散布図の点は，r が 1 に近いほど右上がりの直線に沿って分布し，r が -1 に近いほど右下がりの直線に沿って分布する。

解答・解説

（**1**）散布図の点が右上がりに分布しており，強い正の相関が見られる。よって，図１の観光客数と消費総額の間の相関係数に最も近い値は**0.83**（④）である。

（**2**）消費額単価は消費総額を観光客数で割った値であるから，散布図の各点と原点を結んだ直線の傾きに対応する。

花子さんの発言より。

よって，各県を表す点のうち，その点と原点を通る直線の傾きが最も大きい点が，消費額単価が最も高い県を表す点であるから，求める点は⑧である。◀◀答

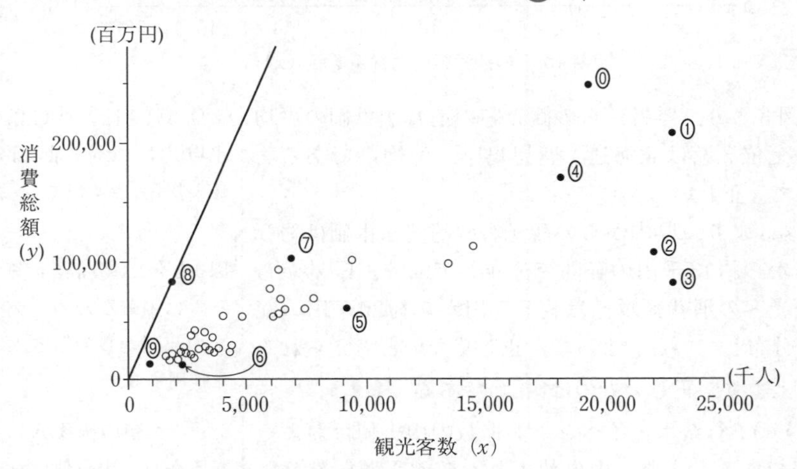

（**3**）⓪；各県における県内の観光客数と県外の観光客数についてのデータがないため，図２，図３から読み取ることはできない。

①；各県における県内からの観光客の消費総額と県外からの観光客の消費総額についてのデータがないため，図２，図３から読み取ることはできない。

②；図３において，県内からの観光客の消費額単価を x，県外からの観光客の消費額単価を y としたとき，直線 $y=x$ の下側にある点は11個よりも少ない。よって，正しい。

直線 $y=x$ 上の点は，県内からの観光客の消費額単価と県外からの観光客の消費額単価が等しい。

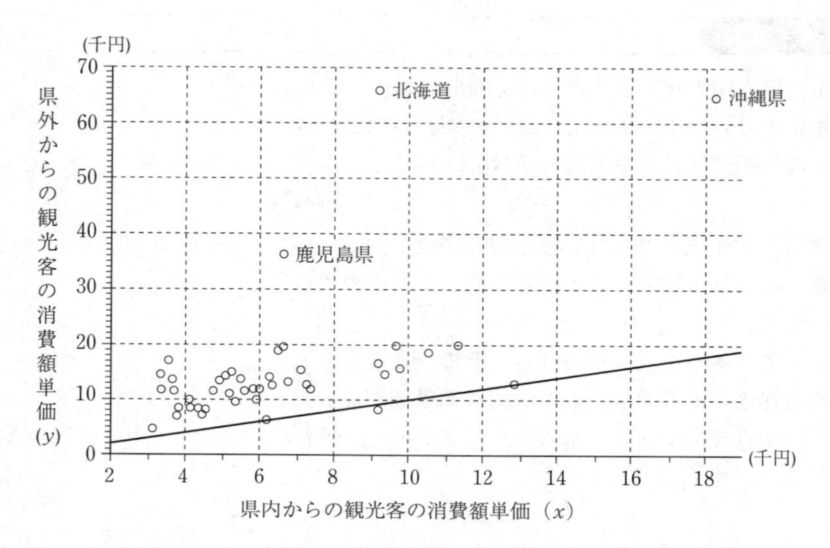

③；図3より，県外からの観光客の消費額単価の平均値の上位3県は北海道，鹿児島県，沖縄県である。よって，正しい。

上位3県を除いた41県の平均値は，上位3県の平均値よりも小さい。

④；図3より，県内からの観光客の消費額単価は約3千円から約13千円の範囲で分布しており，県外からの観光客の消費額単価は約5千円から約20千円の範囲で分布している。よって，正しくないと考えられる。

図3をもとに分散を計算するのは困難なため，データの範囲から分散の大小を推測する。

以上より，正しいものは②，③である。答

（4）⓪；行祭事・イベント開催数の中央値はおよそ30回である。また，中央値よりも値が小さい部分に比べ，中央値よりも値が大きい部分におけるデータの散らばりが大きいため，平均値は，それらの大きな値による影響で，中央値よりも大きくなる。よって，適切ではない。

データの値の個数が44であるから，中央値は，データの値を小さい順に並べたとき22番目と23番目の値の平均値である。

①；行祭事・イベントを多く開催した県について，県外からの観光客数が減っていることは読み取れない。よって，適切ではない。

②；行祭事・イベントの開催数と県外からの観光客数の間には，正の相関が見られる。しかし，行祭事・イベントの開催数を増やせば県外からの観光客数が増え

相関関係と因果関係は異なる。

ると断定することはできない。よって，適切ではない。
③；行祭事・イベントの開催数が最も多い県における開催数は約145回である。また，県外からの観光客数は約6300千人であるから，行祭事・イベントの開催1回あたりの県外からの観光客数は6000千人を超えない。よって，適切ではない。
④；行祭事・イベントの開催数と県外からの観光客数の間には，正の相関が見られる。よって，適切である。

以上より，最も適切な記述は ④ である。◀◀答

POINT

■ 相関関係と因果関係

例えば，1カ月間に朝食をとった日数の割合とテストの得点の間に正の相関が見られたとしよう。しかし，朝食をとるだけでテストの得点が上がるとは考えにくく，朝食をとることとテストの得点との間に因果関係があると断定することはできない。

このとおり，相関関係と因果関係は別のものである。(4) のような問題では，これらを混同しないよう注意しよう。

なお，データの傾向をつかむうえで，(1)のように，与えられた散布図からおよその相関係数がわかるようになっておくことも大切である。

演習問題

演習１ （解答は20ページ）

ある日，太郎さんと花子さんのクラスでは，10点満点の英語の小テストが行われた。その翌日，太郎さんと花子さんは，小テストの結果について会話をした。二人の会話を読んで，下の問いに答えよ。ただし，小テストを受けた人数は35人であり，小テストの得点は整数値をとるものとする。

太郎：今回の小テストの結果は５点だったよ。みんなはどれくらいだったのかな。

花子：私は10点だった。先生に聞きに行ったら，今回の小テストの結果をまとめた箱ひげ図を見せてくれたよ。

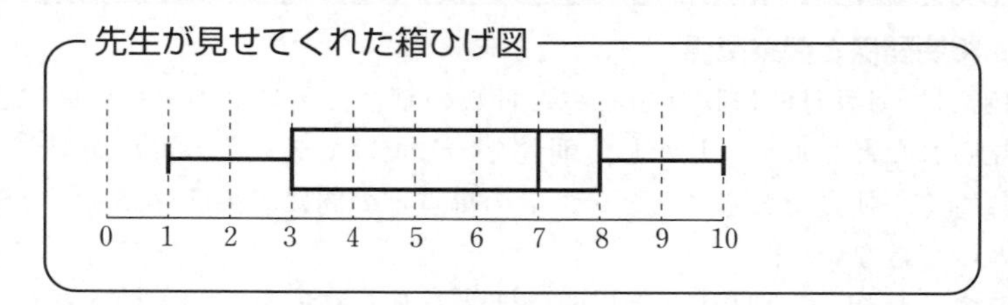

太郎：得点の平均値は５点よりも高いんだろうなあ…。

（1）箱ひげ図より，得点が５点以上だった生徒の人数は，太郎さんを含めて［アイ］人以上［ウエ］人以下である。

（2）太郎さんと花子さんは，箱ひげ図を見ながら，小テストの得点の分布について考えた。

箱ひげ図から考えられる小テストの得点の分布として，次の⓪～⑤のうち<u>誤っているもの</u>は［オ］である。また，箱ひげ図から考えられる小テストの得点の分布の中で，次の⓪～⑤のうち，分散が最も大きいものは［カ］である。

オ, カ の解答群(同じものを繰り返し選んでもよい。)

得点(点)	⓪	①	②	③	④	⑤
0	0	0	0	0	0	0
1	4	8	2	8	2	3
2	4	0	0	0	4	3
3	2	8	7	8	3	4
4	3	0	4	0	0	2
5	3	1	2	1	3	1
6	3	0	2	0	5	4
7	5	9	7	1	6	6
8	5	8	4	9	7	6
9	5	0	5	0	4	4
10	1	1	2	8	1	2

(3) 太郎さん，花子さんの得点および箱ひげ図をもとにすると，小テストの得点の平均値の最小値は $\dfrac{\boxed{キクケ}}{\boxed{コサ}}$ である。

演習2 (解答は21ページ)

10人の生徒が，5点満点の英語と数学のテストを受けた。下の表1はその得点をまとめたものである。

表1

名前	A	B	C	D	E	F	G	H	I	J
英語	2	2	2	2	2	4	4	4	4	4
数学	4	3	0	5	3	3	2	0	3	2

(1) 表1をもとに英語と数学の得点の範囲，四分位範囲，平均値，分散をまとめると，表2のようになる。

表2

	範囲	四分位範囲	平均値	分散
英語	2.00	2.00	3.00	1.00
数学	ア	イ	ウ	エ

ア ～ エ の解答群(同じものを繰り返し選んでもよい。)

⓪ 0.50	① 1.00	② 1.50	③ 2.25	④ 2.50
⑤ 2.75	⑥ 3.00	⑦ 3.50	⑧ 4.00	⑨ 5.00

(2) 花子さんと太郎さんは，データの散らばりの度合いを調べる方法について話している。

花子：分散を見ると，数学の方が得点の散らばりの度合いが大きいといえるね。

太郎：教科書では，平均値のまわりにおけるデータの散らばりの度合いを調べる方法として分散を学習したけれど，他の式を用いて散らばりの度合いを表すことはできないかな。

花子：n 個の値 d_1，d_2，…，d_n からなるデータについて，分散を求める式に類似した式 (A)，(B) を考えてみたよ。

花子さんが考えた式

d_1，d_2，…，d_n の平均値を d とする。

$$\text{(A)}\ \frac{1}{n}\{(d_1-d)+(d_2-d)+\cdots+(d_n-d)\}$$

$$\text{(B)}\ \frac{1}{n}\{|d_1-d|+|d_2-d|+\cdots+|d_n-d|\}$$

表1の英語の得点について式(A)の値を求めると［オ］であり，数学の得点について式(A)の値を求めると［カ］である。

また，表1の英語の得点について式(B)の値を求めると［キ］であり，数学の得点について式(B)の値を求めると［ク］である。

以上のことから，式(A)と式(B)を比較すると，データの散らばりの度合いを表す量として［ケ］の方が適している。

［オ］～［ク］の解答群(同じものを繰り返し選んでもよい。)

⓪ −1.00	① −0.05	② 0.00	③ 0.05	④ 1.00
⑤ 1.20	⑥ 1.50	⑦ 1.75	⑧ 2.00	⑨ 2.25

［ケ］の解答群

⓪ 式(A)	① 式(B)

演習3 (解答は23ページ)

18 のチームそれぞれが他のチームと 2 回ずつ試合を行うサッカーのプロリーグがある。太郎さんと花子さんは，このプロリーグにおいて「強い」と言われるチームの特徴を調べている。

以下は，そのときの二人の会話である。会話を読んで下の問いに答えよ。

> 太郎：総得点から総失点を引いた得失点差が大きければ大きいほど「強い」と言われるんじゃないかな。各チームの総得点を x 軸，総失点を y 軸にとり，散布図をつくると図 1 のようになったよ。
>
> 花子：得失点差が最も大きいのはどのチームかな。
>
> 太郎：元のデータを使ってチームごとに引き算をすればわかるよ。でも，18回も計算するのは大変だし，間違えそうだな。
>
> 花子：図 1 を使えばすぐわかるよ。

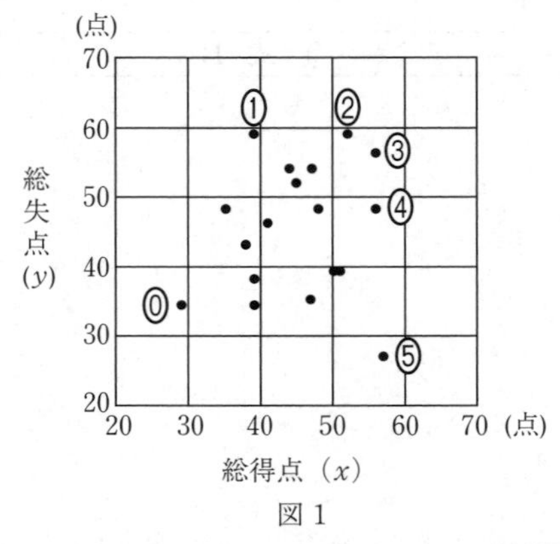

図 1

(1) 図 1 の総得点と総失点の間の相関係数は [ア] である。

[ア] については，最も適当なものを，次の⓪～④のうちから一つ選べ。

⓪ −0.97	① −0.53	② 0.12
③ 0.85	④ 1.45	

(2) 得失点差が最も大きいチームを表す点と最も小さいチームを表す点を，図 1 の⓪～⑤のうちから一つずつ選べ。

最も大きいチーム：[イ]　　最も小さいチーム：[ウ]

（3）図1から読み取れる事柄として正しいものは，次の⓪～④のうち［エ］である。

［エ］の解答群

⓪　総得点が大きければ大きいほど，総失点は小さい傾向にある。
①　得失点差が最も大きいチームは，リーグ戦における勝ち数が最も多い。
②　得失点差が最も大きいチームは，総失点が最も小さい。
③　総得点が50点以上のチームは，どれも得失点差が0以上である。
④　18チームの3分の1以上は，得失点差が20点以上である。

【MEMO】

第5章　場合の数と確率

例題 1 オリジナル問題

「ダイヤ」,「ハート」,「クラブ」,「スペード」の 4 種類の絵柄のカードがそれぞれ 13 枚ずつ,「ジョーカー」のカードが 1 枚の,合わせて 53 枚のカードがある。次の問いに答えよ。

(1)「ジョーカー」のカードを除いた 52 枚のカードから,カードを無作為に取り出す。

カードを 1 枚ずつ取り出し,絵柄を確認したあともとに戻すことを 3 回繰り返すとき,カードの絵柄がすべて異なる確率は $\frac{\boxed{ア}}{\boxed{イ}}$ である。また,3 枚のカードを同時に取り出すとき,カードの絵柄がすべて異なる確率は $\frac{\boxed{ウエオ}}{\boxed{カキク}}$ である。

(2)「ジョーカー」のカードを入れた 53 枚のカードから,カードを 1 枚ずつ無作為に取り出し,絵柄を確認する操作を 53 回繰り返す。

絵柄を確認したあともとに戻すとき,n 回目の操作で初めて「ジョーカー」のカードを取り出す確率を A_n とする。また,絵柄を確認したあともとに戻さないとき,n 回目の操作で初めて「ジョーカー」のカードを取り出す確率を B_n とする。

(i) A_{19} と A_{20} の大小関係として,次の⓪〜②のうち,正しいものは $\boxed{ケ}$ である。

$\boxed{ケ}$ の解答群

⓪ $A_{19} < A_{20}$	① $A_{19} = A_{20}$	② $A_{19} > A_{20}$

(ii) B_{19} と B_{20} の大小関係として,次の⓪〜②のうち,正しいものは $\boxed{コ}$ である。

$\boxed{コ}$ の解答群

⓪ $B_{19} < B_{20}$	① $B_{19} = B_{20}$	② $B_{19} > B_{20}$

(iii) A_n, B_n の値についての記述として，次の ⓪ ～ ④ のうち，**誤っているもの**は [サ] である。

[サ] の解答群

⓪ A_n と A_{n+1} の大小関係は，n の値によらない。
① B_n と B_{n+1} の大小関係は，n の値によらない。
② $A_n = B_n$ となるような n の値が存在する。
③ 53 個の確率 A_1, A_2, A_3, …, A_{53} の和は 1 である。
④ 53 個の確率 B_1, B_2, B_3, …, B_{53} の和は 1 である。

基本事項の確認

■ 順列

異なる n 個のものから r 個をとって1列に並べる並べ方の数は

$$
\begin{aligned}
{}_n\mathrm{P}_r &= n(n-1)(n-2)\cdots\cdots(n-r+1) \\
&= \frac{n!}{(n-r)!}
\end{aligned}
$$

ここで，$n!=n(n-1)(n-2)\cdots\cdots1$ であり，$0!=1$ と約束する。

また，異なる n 個のものから，繰り返し用いることを許して r 個をとって1列に並べる並べ方の数は

$$n^r$$

■ 組合せ

異なる n 個のものから r 個をとる組合せの数は

$$
\begin{aligned}
{}_n\mathrm{C}_r &= \frac{{}_n\mathrm{P}_r}{r!} = \frac{n(n-1)(n-2)\cdots\cdots(n-r+1)}{r(r-1)(r-2)\cdots\cdots1} \\
&= \frac{n!}{r!(n-r)!}
\end{aligned}
$$

${}_n\mathrm{C}_r$ について，次の性質が成り立つ。

$$
{}_n\mathrm{C}_r = {}_n\mathrm{C}_{n-r} \quad (0 \leqq r \leqq n)
$$

$$
{}_n\mathrm{C}_r = {}_{n-1}\mathrm{C}_{r-1} + {}_{n-1}\mathrm{C}_r \quad (1 \leqq r \leqq n-1,\ n \geqq 2)
$$

■ 確率の定義

ある試行のもとで起こり得るすべての場合の数が n 通りあり，それらの起こり方が同様に確からしいとき，この試行において事象 A が起こる場合の数が a 通りならば，事象 A の起こる確率 $P(A)$ は

$$P(A) = \frac{a}{n}$$

■ 独立試行の確率

試行 T_1，T_2 が独立の場合，試行 T_1 で事象 A が起こり，試行 T_2 で事象 B が起こる確率は

$$P(A)P(B)$$

解答・解説

（1）カードを1枚ずつ取り出し，絵柄を確認したあともとに戻すことを3回繰り返すとき，カードの絵柄がすべて異なる確率は

$$\frac{39}{52}\cdot\frac{26}{52}=\frac{3}{4}\cdot\frac{2}{4}=\frac{3}{8}$$ ◀◀答

2回目は1回目と異なる絵柄のカードを取り出し，3回目は1回目，2回目と異なる絵柄のカードを取り出す。

3枚のカードを同時に取り出すとき，カードの絵柄がすべて異なる確率は

$$\frac{{}_4C_3\cdot{}_{13}C_1\cdot{}_{13}C_1\cdot{}_{13}C_1}{{}_{52}C_3}=\mathbf{\frac{169}{425}}$$ ◀◀答

カードの絵柄の選び方が ${}_4C_3$ 通り，それぞれの絵柄について，取り出すカードの選び方が ${}_{13}C_1$ 通りある。

（2）（i）A_{19} は，18回目までは「ジョーカー」以外のカードを取り出し，19回目に「ジョーカー」のカードを取り出す確率であるから

$$A_{19}=\left(\frac{52}{53}\right)^{18}\cdot\frac{1}{53}$$

A_{20} は，19回目までは「ジョーカー」以外のカードを取り出し，20回目に「ジョーカー」のカードを取り出す確率であるから

$$A_{20}=\left(\frac{52}{53}\right)^{19}\cdot\frac{1}{53} \quad より \quad A_{20}=\frac{52}{53}A_{19}$$

これより

$\mathbf{A_{19}>A_{20}}$ （②） ◀◀答

（ii）B_{19} は，18回目までは「ジョーカー」以外のカードを取り出し，19回目に「ジョーカー」のカードを取り出す確率であるから

$$B_{19}=\frac{{}_{52}C_{18}}{{}_{53}C_{18}}\cdot\frac{1}{35}=\frac{1}{53}$$

$$\frac{{}_{52}C_{18}}{{}_{53}C_{18}}=\frac{52\cdot51\cdot50\cdot\cdots\cdot35}{53\cdot52\cdot51\cdot\cdots\cdot36}=\frac{35}{53}$$

B_{20} は，19回目までは「ジョーカー」以外のカードを取り出し，20回目に「ジョーカー」のカードを取り出す確率であるから

$$B_{20}=\frac{{}_{52}C_{19}}{{}_{53}C_{19}}\cdot\frac{1}{34}=\frac{1}{53}$$

$$\frac{{}_{52}C_{19}}{{}_{53}C_{19}}=\frac{52\cdot51\cdot50\cdot\cdots\cdot34}{53\cdot52\cdot51\cdot\cdots\cdot35}=\frac{34}{53}$$

である。よって

$\mathbf{B_{19}=B_{20}}$ （①） ◀◀答

（iii）⓪；操作を何回行っても，1回の操作で「ジョーカー」のカードを取り出す確率は変わらないから，

n の値によらず

$$A_{n+1}=\frac{52}{53}A_n$$

より，$A_n>A_{n+1}$ である。よって，正しい。

①；$n\geqq 2$ のとき，B_n を求めると

$$B_n=\frac{{}_{52}\mathrm{C}_{n-1}}{{}_{53}\mathrm{C}_{n-1}}\cdot\frac{1}{54-n}$$

$$=\frac{52\cdot 51\cdot 50\cdot\cdots\cdot(54-n)}{53\cdot 52\cdot 51\cdot\cdots\cdot(55-n)}\cdot\frac{1}{54-n}$$

$$=\frac{1}{53}$$

これは $n=1$ のときも成り立つ。よって，正しい。

②；$n=1$ のとき，A_n と B_n は同じ確率を意味する。よって，正しい。

③；カードの絵柄を確認したあともとに戻すとき，操作を 53 回行っても一度も「ジョーカー」のカードを取り出さないことが起こり得る。すなわち

$$A_1+A_2+A_3+\cdots+A_{53}<1$$

である。よって，誤っている。

④；カードの絵柄を確認したあともとに戻さないとき，①より

$$B_1=B_2=B_3=\cdots=B_{53}=\frac{1}{53}$$

である。よって，正しい。

以上より，誤っているものは③である。◀◀答

$A_n=\left(\frac{52}{53}\right)^{n-1}\cdot\frac{1}{53}$

$A_{n+1}=\left(\frac{52}{53}\right)^{n}\cdot\frac{1}{53}$

$\frac{{}_{52}\mathrm{C}_{n-1}}{{}_{53}\mathrm{C}_{n-1}}$ の分母と分子にそれぞれ $(n-1)!$ をかけた。

すべての場合の確率の和は1である。

POINT

■ カードをもとに戻すときと戻さないとき

同じ操作を何度も繰り返すタイプの確率の問題では，状態を毎回もとに戻すのか戻さないのかによって，確率の考え方が変わることに注意しよう。

本問では，操作後にカードをもとに戻すとき，ある回の操作の結果は他の回の操作の結果に影響しない(独立である)。一方，操作後にカードをもとに戻さないとき，取り出せるカードの枚数は操作を繰り返すごとに1枚ずつ減るから，ある回の操作の結果が他の回の操作の結果に影響する(独立でない)。

例題 2　2017年度試行調査

高速道路には，渋滞状況が表示されていることがある。目的地に行く経路が複数ある場合は，渋滞中を示す表示を見て経路を決める運転手も少なくない。太郎さんと花子さんは渋滞中の表示と車の流れについて，仮定をおいて考えてみることにした。

A 地点（入口）から B 地点（出口）に向かって北上する高速道路には，図 1 のように分岐点 A，C，E と合流点 B，D がある。①，②，③は主要道路であり，④，⑤，⑥，⑦は迂（う）回道路である。ただし，矢印は車の進行方向を表し，図 1 の経路以外に A 地点から B 地点に向かう経路はないとする。また，各分岐点 A，C，E には，それぞれ①と④，②と⑦，⑤と⑥の渋滞状況が表示される。

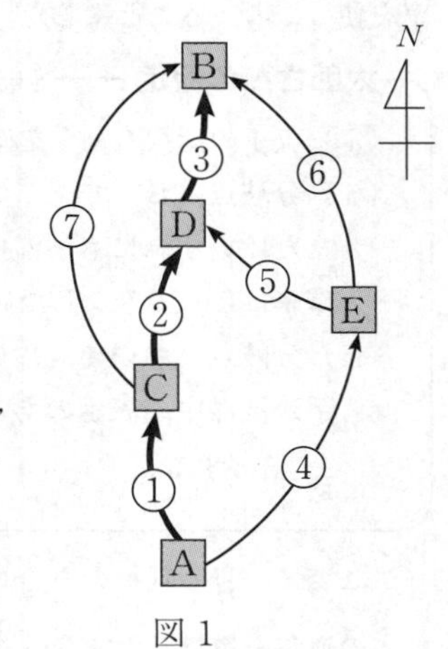

図 1

太郎さんと花子さんは，まず渋滞中の表示がないときに，A，C，E の各分岐点において運転手がどのような選択をしているか調査した。その結果が表 1 である。

表 1

調査日	地点	台数	選択した道路	台数
5 月 10 日	A	1183	①	1092
			④	91
5 月 11 日	C	1008	②	882
			⑦	126
5 月 12 日	E	496	⑤	248
			⑥	248

これに対して太郎さんは，運転手の選択について，次のような仮定をおいて確率を使って考えることにした。

太郎さんの仮定

（ｉ）表１の選択の割合を確率とみなす。

（ii）分岐点において，二つの道路のいずれにも渋滞中の表示がない場合，または いずれにも渋滞中の表示がある場合，運転手が道路を選択する確率は（ｉ）でみなした確率とする。

（iii）分岐点において，片方の道路にのみ渋滞中の表示がある場合，運転手が渋滞中の表示のある道路を選択する確率は（ｉ）でみなした確率の $\frac{2}{3}$ 倍とする。

ここで，（ｉ）の選択の割合を確率とみなすとは，例えばＡ地点の分岐において④の道路を選択した割合 $\frac{91}{1183}=\frac{1}{13}$ を④の道路を選択する確率とみなすということである。

太郎さんの仮定のもとで，次の問いに答えよ。

（１）すべての道路に渋滞中の表示がない場合，Ａ地点の分岐において運転手が①の道路を選択する確率を求めよ。$\frac{\boxed{\text{アイ}}}{\boxed{\text{ウエ}}}$

（２）すべての道路に渋滞中の表示がない場合，Ａ地点からＢ地点に向かう車がＤ地点を通過する確率を求めよ。$\frac{\boxed{\text{オカ}}}{\boxed{\text{キク}}}$

（３）すべての道路に渋滞中の表示がない場合，Ａ地点からＢ地点に向かう車でＤ地点を通過した車が，Ｅ地点を通過していた確率を求めよ。$\frac{\boxed{\text{ケ}}}{\boxed{\text{コサ}}}$

（４）①の道路にのみ渋滞中の表示がある場合，Ａ地点からＢ地点に向かう車がＤ地点を通過する確率を求めよ。$\frac{\boxed{\text{シス}}}{\boxed{\text{セソ}}}$

各道路を通過する車の台数が1000台を超えると車の流れが急激に悪くなる。一方で各道路の通過台数が1000台を超えない限り，主要道路である①，②，③をより多くの車が通過することが社会の効率化に繋がる。したがって，各道路の通過台数が1000台を超えない範囲で，①，②，③をそれぞれ通過する台数の合計が最大になるようにしたい。

このことを踏まえて，花子さんは，太郎さんの仮定を参考にしながら，次のような仮定をおいて考えることにした。

花子さんの仮定

（i）分岐点において，二つの道路のいずれにも渋滞中の表示がない場合，またはいずれにも渋滞中の表示がある場合，それぞれの道路に進む車の割合は表1の割合とする。

（ii）分岐点において，片方の道路にのみ渋滞中の表示がある場合，渋滞中の表示のある道路に進む車の台数の割合は表1の割合の $\frac{2}{3}$ 倍とする。

過去のデータから5月13日にA地点からB地点に向かう車は1560台と想定している。そこで，花子さんの仮定のもとでこの台数を想定してシミュレーションを行った。このとき，次の問いに答えよ。

（5）すべての道路に渋滞中の表示がない場合，①を通過する台数は［タチツテ］台となる。よって，①の通過台数を1000台以下にするには，①に渋滞中の表示を出す必要がある。

①に渋滞中の表示を出した場合，①の通過台数は［トナニ］台となる。

（6）各道路の通過台数が1000台を超えない範囲で，①，②，③をそれぞれ通過する台数の合計を最大にするには，渋滞中の表示を［ヌ］のようにすればよい。［ヌ］に当てはまるものを，次の⓪～③のうちから一つ選べ。

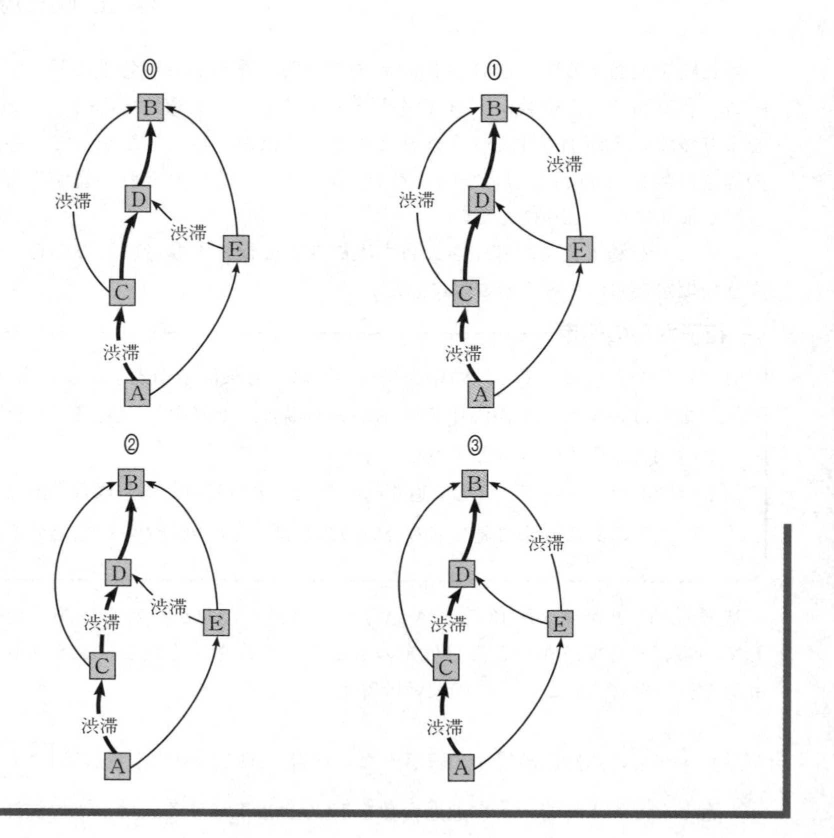

基本事項の確認

■ 補集合の要素の個数

集合 A の補集合 $\overline{A}$ の要素の個数 $n(\overline{A})$ は

$$n(\overline{A})=n(U)-n(A) \quad (U\text{：全体集合})$$

■ 余事象の確率

事象 A に対して，余事象 $\overline{A}$ の起こる確率は

$$P(\overline{A})=1-P(A)$$

■ 条件付き確率

事象 A が起こったという条件の下で，事象 B が起こる条件付き確率は

$$P_A(B)=\frac{P(A\cap B)}{P(A)}=\frac{n(A\cap B)}{n(A)}$$

解答・解説

(1) すべての道路に渋滞中の表示がない場合，A地点の分岐において運転手が①の道路を選択する確率は

$$1-\frac{1}{13}=\frac{12}{13}$$ 答

余事象の確率。

$\frac{91}{1183}=\frac{1}{13}$

より。

(2) A地点からB地点に向かう経路のうち，D地点を通過するものは

(ⅰ) A → C → D → B

(ⅱ) A → E → D → B

の2通りある。

D地点を通過する経路を列挙する。

C地点の分岐において運転手が②の道路を選択する確率は

$$\frac{882}{1008}=\frac{7}{8}$$

であるから，(ⅰ)の経路を進む確率は

$$\frac{12}{13}\cdot\frac{7}{8}=\frac{21}{26}$$

また，E地点の分岐において運転手が⑤の道路を選択する確率は

$$\frac{248}{496}=\frac{1}{2}$$

であるから，(ⅱ)の経路を進む確率は

$$\frac{1}{13}\cdot\frac{1}{2}=\frac{1}{26}$$

よって，すべての道路に渋滞中の表示がない場合，A地点からB地点に向かう車がD地点を通過する確率は

$$\frac{21}{26}+\frac{1}{26}=\frac{11}{13}$$ 答

(3) (2)より，A地点からB地点に向かう車がD地点を通過する確率は$\frac{11}{13}$である。このうち，E地点を通過するのは，(2)の(ⅱ)の経路を進むときであり，その確率は$\frac{1}{26}$である。

5 場合の数と確率

よって，すべての道路に渋滞中の表示がない場合，A 地点から B 地点に向かう車で D 地点を通過した車が，E 地点を通過していた確率は

$$\frac{\frac{1}{26}}{\frac{11}{13}}=\frac{1}{22}$$ ◀◀答

条件付き確率の定義。

（4）①の道路にのみ渋滞中の表示がある場合，A 地点の分岐において運転手が①の道路を選択する確率は

$$\frac{12}{13}\cdot\frac{2}{3}=\frac{8}{13}$$

④の道路を選択する確率は

$$1-\frac{8}{13}=\frac{5}{13}$$

余事象の確率。

である。

よって，（2）の（ i ）の経路を進む確率は

$$\frac{8}{13}\cdot\frac{7}{8}=\frac{7}{13}$$

（2）の計算式の一部を修正して利用する。

（ii）の経路を進む確率は

$$\frac{5}{13}\cdot\frac{1}{2}=\frac{5}{26}$$

よって，①の道路にのみ渋滞中の表示がある場合，A 地点から B 地点に向かう車が D 地点を通過する確率は

$$\frac{7}{13}+\frac{5}{26}=\frac{19}{26}$$ ◀◀答

（5）すべての道路に渋滞中の表示がない場合，A 地点の分岐において運転手が①の道路を選択する確率は $\frac{12}{13}$ であるから，A 地点から B 地点に向かう台数が 1560 台であるとき，①を通過する台数は

$$1560\cdot\frac{12}{13}=1440\text{（台）}$$ ◀◀答

となる。

また，①に渋滞中の表示を出した場合，①を通過する台数は $\frac{2}{3}$ 倍となるから

$$1440 \cdot \frac{2}{3} = 960\ (台)$$ ◀◀答

となる。

（**6**）（5）より，①には渋滞中の表示を出す必要があり，このとき，1560台のうち960台は①を，600台は④を通過する。

1560 − 960 = 600

②に渋滞中の表示を出したとき，（2）の（ⅰ）の経路を進む台数は

$$960 \cdot \frac{7}{8} \cdot \frac{2}{3} = 560\ (台)$$

⑦に渋滞中の表示を出したとき，（2）の（ⅰ）の経路を進む台数は

$$960 \cdot \left(1 - \frac{1}{8} \cdot \frac{2}{3}\right) = 960 \cdot \frac{11}{12} = 880\ (台)$$

⑤に渋滞中の表示を出したとき，（2）の（ⅱ）の経路を進む台数は

$$600 \cdot \frac{1}{2} \cdot \frac{2}{3} = 200\ (台)$$

⑥に渋滞中の表示を出したとき，（2）の（ⅱ）の経路を進む台数は

$$600 \cdot \left(1 - \frac{1}{2} \cdot \frac{2}{3}\right) = 600 \cdot \frac{2}{3} = 400\ (台)$$

①，④を通過する台数はどちらも1000台を超えないから，②，⑤，⑥，⑦を通過する台数も1000台を超えない。

他の道路から車が合流しない限り，台数が増えることはない。

そこで，③を通過する台数が1000台を超えることがあるかを調べる。なお，以下では選択肢を踏まえ，「⑤，⑥のいずれか一方に渋帯中の表示を出す」「②，⑦のいずれか一方に渋帯中の表示を出す」という前提で考える。

②に渋滞中の表示を出したとき，②を通過する台数は560台，⑤を通過する台数は200台または400台であるから，③を通過する台数が1000台を超えることはない。

⑤を通過する台数は，⑤に渋滞中の表示を出したとき200台，⑥に渋滞中の表示を出したとき400台である。

一方，⑦に渋滞中の表示を出したとき，②を通過する台数は880台，⑤を通過する台数は200台また

は400台であるから，③を通過する台数は1000台を超える。

以上より，⑦には渋滞中の表示を出せないから，選択肢のうち，②に渋滞中の表示を出したときだけを考えればよい。このとき，③を通過する台数が最も多くなるのは，⑥に渋滞中の表示を出したときである。すると，①を960台，②を560台，③を960台の車が通り，それぞれを通過する台数の合計は最大となる。(⓪)

POINT

■ 場合の数・確率の計算

場合の数・確率の問題では，条件をみたす場合を過不足なく列挙することが大切である。

(2)では，D地点を通過する確率を計算するために，A地点からB地点に向かう経路のうち，D地点を通過するものを列挙した。また，(6)では，各道路について渋滞中の表示があるときの状況を1つ1つ検討した。

本問は状況が比較的単純であったが，もう少し状況が複雑な問題であれば，樹形図や表などを利用して整理しながら考えるとよい。

❗ 割合を確率とみなし，現実の問題について確率を用いて考える

本問では，1000台を超えない範囲でできるだけ多くの車が主要道路を通ることができるようにするためには，「渋滞中」の表示をどのように出すのがよいか，という問題について，実際の調査結果をもとに仮定をおいて考えている。

共通テストにおいて，現実の問題について数学を用いて考えるという場面設定は頻出であるが，場合の数と確率に関してはとくにこのような場面設定での出題がされやすい。その際，本問のように「割合を確率とみなす」という仮定をおいて考えることもある。共通テスト以外ではあまり見かけないタイプの問題であるが，このようなタイプもあるということを押さえておいてほしい。

例題 3　2022年度本試

複数人がそれぞれプレゼントを一つずつ持ち寄り，交換会を開く。ただし，プレゼントはすべて異なるとする。プレゼントの交換は次の**手順**で行う。

手順

外見が同じ袋を人数分用意し，各袋にプレゼントを一つずつ入れたうえで，各参加者に袋を一つずつでたらめに配る。各参加者は配られた袋の中のプレゼントを受け取る。

交換の結果，１人でも自分の持参したプレゼントを受け取った場合は，交換をやり直す。そして，全員が自分以外の人の持参したプレゼントを受け取ったところで交換会を終了する。

（1）２人または３人で交換会を開く場合を考える。

（i）２人で交換会を開く場合，１回目の交換で交換会が終了するプレゼントの受け取り方は［ア］通りある。したがって，１回目の交換で交換会が終了する確率は$\frac{\boxed{イ}}{\boxed{ウ}}$である。

（ii）３人で交換会を開く場合，１回目の交換で交換会が終了するプレゼントの受け取り方は［エ］通りある。したがって，１回目の交換で交換会が終了する確率は$\frac{\boxed{オ}}{\boxed{カ}}$である。

（iii）３人で交換会を開く場合，４回以下の交換で交換会が終了する確率は$\frac{\boxed{キク}}{\boxed{ケコ}}$である。

（2）4人で交換会を開く場合，1回目の交換で交換会が終了する確率を次の構想に基づいて求めてみよう。

構想

1回目の交換で交換会が**終了しない**プレゼントの受け取り方の総数を求める。そのために，自分の持参したプレゼントを受け取る人数によって場合分けをする。

1回目の交換で，4人のうち，ちょうど1人が自分の持参したプレゼントを受け取る場合は［サ］通りあり，ちょうど2人が自分のプレゼントを受け取る場合は［シ］通りある。このように考えていくと，1回目のプレゼントの受け取り方のうち，1回目の交換で交換会が終了しない受け取り方の総数は［スセ］である。

したがって，1回目の交換で交換会が終了する確率は $\dfrac{\boxed{ソ}}{\boxed{タ}}$ である。

（3）5人で交換会を開く場合，1回目の交換で交換会が終了する確率は $\dfrac{\boxed{チツ}}{\boxed{テト}}$ である。

（4）A，B，C，D，Eの5人が交換会を開く。1回目の交換でA，B，C，Dがそれぞれ自分以外の人の持参したプレゼントを受け取ったとき，その回で交換会が終了する条件付き確率は $\dfrac{\boxed{ナニ}}{\boxed{ヌネ}}$ である。

基本事項の確認

■ **和集合の要素の個数**

2つの集合 A，B の和集合 $A \cup B$ の要素の個数は

$$n(A \cup B) = n(A) + n(B) - n(A \cap B)$$

■ **確率の加法定理**

事象 A が起こる確率を $P(A)$，事象 B が起こる確率を $P(B)$ とするとき

$$P(A \cup B) = P(A) + P(B) - P(A \cap B)$$

とくに，事象 A，B が互いに排反である場合は

$$P(A \cup B) = P(A) + P(B)$$

解答・解説

（1）Aが持参したプレゼントをa，Bが持参したプレゼントをb，…と表し，AがBのプレゼントを受け取ることを「$A-b$」のように表す。

（i）2人で交換会を開く場合，1回目の交換でのプレゼントの受け取り方は$2!=2$(通り)ある。

また，1回目の交換で終了するような受け取り方は

$A-b$，$B-a$

の**1通り**ある。◀◀答

A，Bとも自分以外が持参したプレゼントを受け取る。

よって，1回目の交換で終了する確率は

$\frac{1}{2}$ ◀◀答

（ii）3人で交換会を開く場合，1回目の交換でのプレゼントの受け取り方は$3!=6$(通り)ある。

また，1回目の交換で終了するような受け取り方は

$A-b$，$B-c$，$C-a$

$A-c$，$B-a$，$C-b$

の**2通り**ある。◀◀答

A，B，Cとも自分以外が持参したプレゼントを受け取る。

よって，1回目の交換で終了する確率は

$\frac{2}{6}=\frac{1}{3}$ ◀◀答

（iii）3人で交換会を開く場合，4回連続で終了しない確率は，（ii）で考えた事象の余事象の確率を考えることにより

$$\left(1-\frac{1}{3}\right)^4=\left(\frac{2}{3}\right)^4=\frac{16}{81}$$

よって，4回以下の交換で終了する確率は

$1-\frac{16}{81}=\frac{65}{81}$ ◀◀答

（2）4人で交換会を開く場合，1回目の交換で，

(a) ちょうど1人が自分のプレゼントを受け取る場合，その1人の選び方が${}_4C_1=4$(通り)ある。

問題文の指示に従い，自分の持参したプレゼントを受け取る人数によって場合分けする。

他の3人がそれぞれ自分以外のプレゼントを受け取る交換の仕方は，（1）（ii）より，2通りある。

よって

$4\times2=8$ **(通り)** ◀◀答

(*b*) ちょうど2人が自分のプレゼントを受け取る場合，その2人の選び方が${}_4C_2=6$（通り）ある。

他の2人がそれぞれ自分以外のプレゼントを受け取る交換の仕方は，（1）（ⅰ）より，1通りある。

よって

$6\times1=$**6（通り）** ◀◀答

(*c*) ちょうど3人が自分のプレゼントを受け取る場合，残りの1人も自分のプレゼントを受け取るため，そのような受け取り方は存在しない。

(*c*)，(*d*)のパターンを忘れないように注意しよう。

(*d*) 4人全員が自分のプレゼントを受け取る場合，4人それぞれが自分のプレゼントを受け取るから

1通り

よって，(*a*)～(*d*)より，1回目の交換で終了しない受け取り方の総数は

$8+6+1=$**15（通り）** ◀◀答

1回目の交換における受け取り方は$4!=24$（通り）あるから，1回目で交換会が終了する受け取り方は$24-15=9$（通り）ある。

よって，1回目で交換会が終了する確率は

$\dfrac{9}{24}=\dfrac{3}{8}$ ◀◀答

（3）5人で交換会を開く場合，（2）と同様に考えて，1回目の交換で，

(2)の考え方を参考にして考える。

(*a*) ちょうど1人が自分のプレゼントを受け取る場合，その1人の選び方が${}_5C_1=5$（通り）ある。

他の4人がそれぞれ自分以外のプレゼントを受け取る交換の仕方は，（2）より，9通りある。

したがって

$5\times9=45$（通り）

(*b*) ちょうど2人が自分のプレゼントを受け取る場合，その2人の選び方が${}_5C_2=10$（通り）ある。

他の3人がそれぞれ自分以外のプレゼントを受け取る交換の仕方は，（1）（ⅱ）より，2通りである。

したがって

$10\times2=20$（通り）

(*c*) ちょうど3人が自分のプレゼントを受け取る場合，その3人の選び方が${}_5\mathrm{C}_3=10$ (通り) ある。

他の2人がそれぞれ自分以外のプレゼントを受け取る交換の仕方は，(1)(i)より，1通りある。

したがって

$$10\times1=10 \text{ (通り)}$$

(*d*) ちょうど4人が自分のプレゼントを受け取る場合，残りの1人も自分のプレゼントを受け取るため，そのような受け取り方は存在しない。

(*e*) 5人全員が自分のプレゼントを受け取る場合，5人それぞれが自分のプレゼントを受け取るから

1通り

(*a*)～(*e*)より，1回目の交換で終了しない受け取り方の総数は

$$45+20+10+1=76 \text{ (通り)}$$

1回目の交換における受け取り方は$5!=120$ (通り) あるから，1回目で交換会が終了する受け取り方は

$$120-76=44 \text{ (通り)}$$

よって，1回目で交換会が終了する確率は

$$\frac{44}{120}=\mathbf{\frac{11}{30}}$$ ◀◀答

(4) A, B, C, D, Eの5人で交換会を開く場合，事象X, Yを次のように定める。

事象X：1回目の交換でA, B, C, Dがそれぞれ自分以外の人のプレゼントを受け取る。

事象Y：1回目で交換会が終了する。

A, B, C, D, Eの全員が自分以外のプレゼントを受け取る事象は$X\cap Y$であり，場合の数$n(X\cap Y)$は，(3)より

$$n(X\cap Y)=44 \text{ (通り)}$$

A, B, C, Dが自分以外のプレゼントを受け取り，Eは自分のプレゼントを受け取る場合，(2)より9通りあるから，事象Xの場合の数$n(X)$は

$$n(X)=44+9=53 \text{ (通り)}$$

よって，求める条件付き確率は

$$P_X(Y)=\frac{n(X\cap Y)}{n(X)}=\frac{44}{53}$$ ◀◀答

POINT

■ (1)(iii) の別解

(1)(iii)において，1～4回目それぞれで終了する確率を求めて，和をとる方針で計算すると，次のようになる。

$n\geqq 2$ のとき，n 回目で終了する確率は「$(n-1)$ 回目まで連続で終了せず，n 回目に終了する」確率であるから

$$\begin{aligned}&\frac{1}{3}+\left(1-\frac{1}{3}\right)\cdot\frac{1}{3}+\left(1-\frac{1}{3}\right)^2\cdot\frac{1}{3}+\left(1-\frac{1}{3}\right)^3\cdot\frac{1}{3}\\&=\frac{1}{3}+\frac{2}{9}+\frac{4}{27}+\frac{8}{81}\\&=\frac{27+18+12+8}{81}\\&=\frac{65}{81}\end{aligned}$$

❗ 問題解決の構想を理解する

本問では，プレゼントの交換会において，全員が自分以外の人の持参したプレゼントを受け取る確率について考えた。(1)においては2人または3人，(2)においては4人，(3)，(4)においては5人で交換会を開いており，状況が少しずつ複雑になっている。

このような問題では，前半の設問(本問では(1))で，モレ・ダブリなく根元事象を書き出す方法を見出し，それをもとに，後半の設問(本問では(2)以降)で，場合分けの仕方などの考え方を見抜き，解答していくことが求められる。本問の場合は(2)において「**構想**」として考え方が提示されているから，これをしっかりと理解し，効率よく計算することがポイントとなる。

例題4 2021年度本試第1日程

中にくじが入っている箱が複数あり，各箱の外見は同じであるが，当たりくじを引く確率は異なっている。くじ引きの結果から，どの箱からくじを引いた可能性が高いかを，条件付き確率を用いて考えよう。

（1）当たりくじを引く確率が $\frac{1}{2}$ である箱Aと，当たりくじを引く確率が $\frac{1}{3}$ である箱Bの二つの箱の場合を考える。

（i）各箱で，くじを1本引いてはもとに戻す試行を3回繰り返したとき

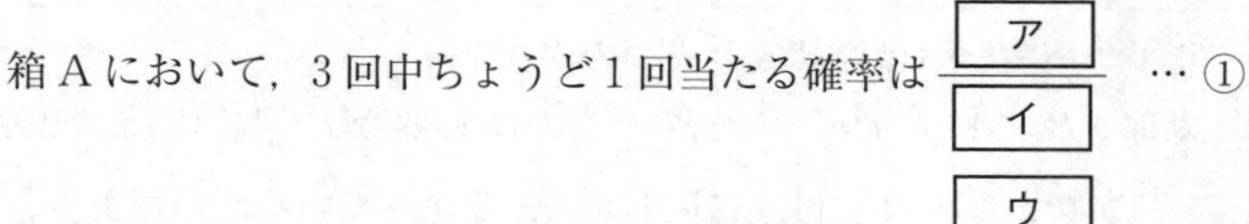

箱Aにおいて，3回中ちょうど1回当たる確率は $\frac{\boxed{\text{ア}}}{\boxed{\text{イ}}}$ …①

箱Bにおいて，3回中ちょうど1回当たる確率は $\frac{\boxed{\text{ウ}}}{\boxed{\text{エ}}}$ …②

である。

（ii）まず，AとBのどちらか一方の箱をでたらめに選ぶ。次にその選んだ箱において，くじを1本引いてはもとに戻す試行を3回繰り返したところ，3回中ちょうど1回当たった。このとき，箱Aが選ばれる事象をA，箱Bが選ばれる事象をB，3回中ちょうど1回当たる事象をWとすると

$$P(A\cap W)=\frac{1}{2}\times\frac{\boxed{\text{ア}}}{\boxed{\text{イ}}},\quad P(B\cap W)=\frac{1}{2}\times\frac{\boxed{\text{ウ}}}{\boxed{\text{エ}}}$$

である。$P(W)=P(A\cap W)+P(B\cap W)$であるから，3回中ちょうど1回当たったとき，選んだ箱がAである条件付き確率$P_W(A)$は $\frac{\boxed{\text{オカ}}}{\boxed{\text{キク}}}$ となる。また，条件付き確率$P_W(B)$は $\frac{\boxed{\text{ケコ}}}{\boxed{\text{サシ}}}$ となる。

（2）（1）の$P_W(A)$と$P_W(B)$について，次の**事実（＊）**が成り立つ。

事実（＊）

$P_W(A)$ と$P_W(B)$ の［ス］は，①の確率と②の確率の［ス］に等しい。

［ス］の解答群

⓪ 和	① 2乗の和	② 3乗の和	③ 比	④ 積

（3）花子さんと太郎さんは**事実（＊）**について話している。

花子：**事実（＊）**はなぜ成り立つのかな？

太郎：$P_W(A)$と$P_W(B)$を求めるのに必要な$P(A\cap W)$と$P(B\cap W)$の計算で，①，②の確率に同じ数$\dfrac{1}{2}$をかけているからだよ。

花子：なるほどね。外見が同じ三つの箱の場合は，同じ数$\dfrac{1}{3}$をかけることになるので，同様のことが成り立ちそうだね。

当たりくじを引く確率が，$\dfrac{1}{2}$である箱A，$\dfrac{1}{3}$である箱B，$\dfrac{1}{4}$である箱Cの三つの箱の場合を考える。まず，A，B，Cのうちどれか一つの箱をでたらめに選ぶ。次にその選んだ箱において，くじを1本引いてはもとに戻す試行を3回繰り返したところ，3回中ちょうど1回当たった。このとき，選んだ箱がAである条件付き確率は$\dfrac{\boxed{セソタ}}{\boxed{チツテ}}$となる。

（4）

花子：どうやら箱が三つの場合でも，条件付き確率の［ス］は各箱で3回中ちょうど1回当たりくじを引く確率の［ス］になっているみたいだね。

太郎：そうだね。それを利用すると，条件付き確率の値は計算しなくても，その大きさを比較することができるね。

当たりくじを引く確率が，$\frac{1}{2}$である箱A，$\frac{1}{3}$である箱B，$\frac{1}{4}$である箱C，$\frac{1}{5}$である箱Dの四つの箱の場合を考える。まず，A，B，C，Dのうちどれか一つの箱をでたらめに選ぶ。次にその選んだ箱において，くじを1本引いてはもとに戻す試行を3回繰り返したところ，3回中ちょうど1回当たった。このとき，条件付き確率を用いて，どの箱からくじを引いた可能性が高いかを考える。可能性が高い方から順に並べると［ト］となる。

［ト］の解答群

⓪ A，B，C，D	① A，B，D，C	② A，C，B，D
③ A，C，D，B	④ A，D，B，C	⑤ B，A，C，D
⑥ B，A，D，C	⑦ B，C，A，D	⑧ B，C，D，A

基本事項の確認

■ **反復試行の確率**

1回の試行で事象Aが起こる確率がpである独立な試行をn回行ったとき，事象Aがk回起こる確率は

$${}_n\mathrm{C}_k p^k(1-p)^{n-k} \quad (k=0,\ 1,\ 2,\ \cdots,\ n)$$

■ **確率の乗法定理**

事象A，Bがともに起こる確率は

$$P(A\cap B)=P(A)P_A(B)$$

解答・解説

(1)（ⅰ）反復試行の確率であるから，3回中ちょうど1回当たる確率は，箱Aにおいて

$${}_3C_1\left(\frac{1}{2}\right)^1\left(1-\frac{1}{2}\right)^2=\frac{3}{2^3}=\frac{3}{8} \quad \text{答} \quad \cdots ①$$

はずれを引く確率は $1-\frac{1}{2}$

箱Bにおいて

$${}_3C_1\left(\frac{1}{3}\right)^1\left(1-\frac{1}{3}\right)^2=\frac{3\cdot2^2}{3^3}=\frac{4}{9} \quad \text{答} \quad \cdots ②$$

はずれを引く確率は $1-\frac{1}{3}$

（ⅱ）Aを選ぶ確率とBを選ぶ確率はともに $\frac{1}{2}$ だから

$$P(A\cap W)=\frac{1}{2}\times\frac{3}{8}=\frac{3}{16}$$

$$P(B\cap W)=\frac{1}{2}\times\frac{4}{9}=\frac{2}{9}$$

したがって

$$P(W)=P(A\cap W)+P(B\cap W)$$
$$=\frac{3}{16}+\frac{2}{9}=\frac{59}{144}$$

よって

$$P_W(A)=\frac{P(A\cap W)}{P(W)}=\frac{\frac{3}{16}}{\frac{59}{144}}=\frac{27}{59} \quad \text{答}$$

条件付き確率の定義より。

$$P_W(B)=\frac{P(B\cap W)}{P(W)}=\frac{\frac{2}{9}}{\frac{59}{144}}=\frac{32}{59} \quad \text{答}$$

3回中ちょうど1回当たったとき，選ぶ箱はAまたはBであるから

$$P_W(B)=1-P_W(A)$$
$$=1-\frac{27}{59}=\frac{32}{59}$$

と求めてもよい。

(2) $P_W(A):P_W(B)$

$$=\frac{P(A\cap W)}{P(W)}:\frac{P(B\cap W)}{P(W)}$$

$$=P(A\cap W):P(B\cap W)$$

$=\left\{\frac{1}{2}\times(\text{①の確率})\right\}:\left\{\frac{1}{2}\times(\text{②の確率})\right\}$

$=(\text{①の確率}):(\text{②の確率})$

よって，$P_W(A)$ と $P_W(B)$ の比（③）は，①の確率と②の確率の比に等しい。 答

（3）箱Cが選ばれる事象をCとする。箱Cにおいて，3回中ちょうど1回当たる確率は

$${}_3C_1\left(\frac{1}{4}\right)^1\left(1-\frac{1}{4}\right)^2=\frac{3\cdot3^2}{4^3}=\frac{27}{64} \quad \cdots\cdots\cdots\cdots ③$$

はずれを引く確率は $1-\frac{1}{4}$

である。Aを選ぶ確率とBを選ぶ確率とCを選ぶ確率はすべて$\frac{1}{3}$だから，（1）(ⅱ)と同様に計算すると

$$P(A\cap W)=\frac{1}{3}\times\frac{3}{8}=\frac{1}{8}$$

$$P(B\cap W)=\frac{1}{3}\times\frac{4}{9}=\frac{4}{27}$$

$$P(C\cap W)=\frac{1}{3}\times\frac{27}{64}=\frac{9}{64}$$

したがって

$$P(W)=P(A\cap W)+P(B\cap W)+P(C\cap W)$$
$$=\frac{1}{8}+\frac{4}{27}+\frac{9}{64}=\frac{715}{1728}$$

よって

$$P_W(A)=\frac{P(A\cap W)}{P(W)}=\frac{\frac{1}{8}}{\frac{715}{1728}}=\mathbf{\frac{216}{715}}$$ ◀◀答

（4）箱Dにおいて，3回中ちょうど1回当たる確率は

$${}_3C_1\left(\frac{1}{5}\right)^1\left(1-\frac{1}{5}\right)^2=\frac{3\cdot4^2}{5^3}=\frac{48}{125} \quad \cdots\cdots\cdots\cdots\cdots ④$$

はずれを引く確率は $1-\frac{1}{5}$

四つの箱の場合にも事実（＊）と同様のことが成り立つから，①～④のうち，大きいものほどその箱を選んだ可能性が高い。大小を比べると

$$\frac{3}{8}=0.375,\quad \frac{4}{9}=0.444\cdots$$

$$\frac{27}{64}=0.421\cdots,\quad \frac{48}{125}=0.384$$

したがって

$$\frac{4}{9}>\frac{27}{64}>\frac{48}{125}>\frac{3}{8}$$

よって，可能性が高い方から順に並べるとB，C，D，A（⑧）となる。◀◀答

POINT

■ 三つの箱の場合にも事実（＊）と同様のことが成り立つ理由

花子さんが言っている通り

$$P(A\cap W)=\frac{1}{3}\times(\text{①の確率})$$

$$P(B\cap W)=\frac{1}{3}\times(\text{②の確率})$$

$$P(C\cap W)=\frac{1}{3}\times(\text{③の確率})$$

したがって

$$\begin{aligned}P_W(A):P_W(B):P_W(C)&=\frac{P(A\cap W)}{P(W)}:\frac{P(B\cap W)}{P(W)}:\frac{P(C\cap W)}{P(W)}\\&=P(A\cap W):P(B\cap W):P(C\cap W)\\&=(\text{①の確率}):(\text{②の確率}):(\text{③の確率})\end{aligned}$$

これより，$P_W(A)$ と $P_W(B)$ と $P_W(C)$ の比は，（①の確率）と（②の確率）と（③の確率）の比に等しい。

このことがわかれば，（3）は次のように解くこともできる。

箱Ｃにおいて，3回中ちょうど1回当たる確率は

$$\frac{27}{64}$$

三つの箱の場合にも事実（＊）と同様のことが成り立つので

$$\begin{aligned}P_W(A):P_W(B):P_W(C)&=(\text{①の確率}):(\text{②の確率}):(\text{③の確率})\\&=\frac{3}{8}:\frac{4}{9}:\frac{27}{64}\\&=216:256:243\end{aligned}$$

ここで

$$\begin{aligned}P(A\cap W):P(B\cap W):P(C\cap W)&=P_W(A):P_W(B):P_W(C)\\&=216:256:243\end{aligned}$$

であるから，三つの箱の場合に，3回中ちょうど1回当たったとき，選んだ箱がＡである条件付き確率は

$$P_W(A)=\frac{P(A\cap W)}{P(W)}$$
$$=\frac{P(A\cap W)}{P(A\cap W)+P(B\cap W)+P(C\cap W)}$$
$$=\frac{216}{216+256+243}$$
$$=\frac{216}{715}$$

■ (4)の別解

(3)の結果より

$$P(B\cap W)>P(C\cap W)>P(A\cap W)$$

選択肢のうち，B，C，Aの順に並んでいるのは，⑦と⑧である。そこで，$P(D\cap W)$ と $P(A\cap W)$ の大小を考える。

①，④より

$$\frac{48}{125}-\frac{3}{8}=\frac{384-375}{1000}=\frac{9}{1000}>0$$

したがって

$$P(D\cap W)>P(A\cap W)$$

よって，⑧が正解となる。

❗ 求めた値の意味を考える

本問では，くじ引きの結果について，さまざまな確率，条件付き確率を求めているが，その目的は，(4)で問われている「どの箱からくじを引いた可能性が高いかを考える」ことである。

確率は，ある事象の起こりやすさを捉えるだけでなく，本問の(4)のように，どの事象がより起こりやすいかを比較するためにも用いられる。解決過程の振り返りや，求めた値の意味を考えることも求められる共通テストにおいては，確率をただ求めるだけではなく，それを用いて何かを判断させる設問が出やすい。重要な結論部分はあとで見返しやすいように印をつけておくなど，問題冊子の余白の使い方を工夫してほしい。

なお，箱の数は，(1)，(2)では二つ，(3)では三つ，(4)では四つとして考えており，後半の設問では，(2)で示された「**事実(*)**」をうまく活用することが求められている。この「**事実(*)**」を，三つ以上の箱の場合にも応用できるかも，本問のポイントであるといえる。

例題 5 オリジナル問題

回転するルーレットに玉を投げ入れるゲームを考える。ルーレットは右の図のように八つのおうぎ形の領域に分かれており，どの領域に玉が入る確率も等しく $\frac{1}{8}$ である。

ゲームの参加者は，「1」，「2」，「3」，「4」の番号がついた玉を1個ずつ順に投げ入れ，玉を投げ入れるたびに，ルーレットの回転を止めて状況を確認することができる。

また，次のように，玉の入り方に応じて賞品がもらえる。

- 1等の賞品：
  四つの玉が四つの連続する領域に1個ずつ入っており，玉についた番号が時計回りに「1，2，3，4」の順になっている場合。

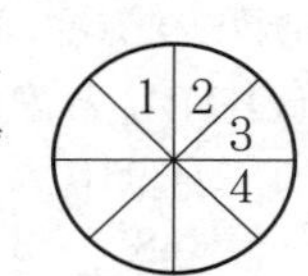

- 2等の賞品：
  1等に該当せず，かつ，三つの玉が三つの連続する領域に1個ずつ入っており，玉についた番号が時計回りに「1，2，3」または「2，3，4」の順になっているところがある場合。

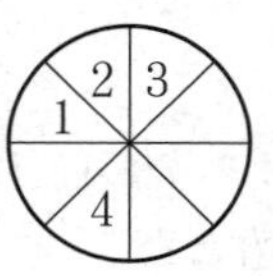

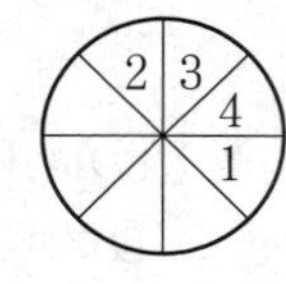

- 3等の賞品：
  1等にも2等にも該当せず，かつ，二つの玉が二つの連続する領域に1個ずつ入っており，玉についた番号が時計回りに「1，2」，「2，3」，「3，4」のいずれかの順になっているところがある場合。

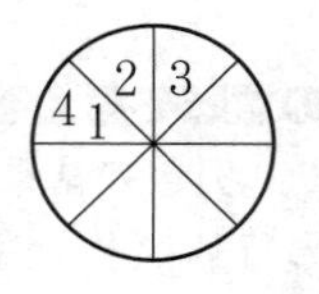

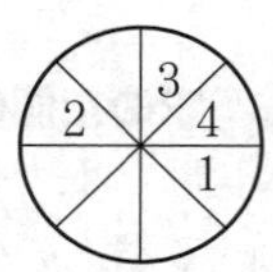

なお，1等，2等，3等のどれにも該当しない場合は，賞品はもらえない。

（1）4個の玉すべてを投げ入れたあとの状況を考えよう。

回転させることで同一と見なせる入り方は1通りと数えるとすると，玉の入り方は全部で [アイウ] 通りある。

このうち，「1」，「2」の番号がついた玉が二つの連続する領域に1個ずつ入っており，玉についた番号が時計回りに「1，2」の順に入っているところがある入り方は，全部で [エオ] 通りある。同様にして，二つの連続する領域に1個ずつ時計回りに「2，3」の順に入っているところがある入り方と「3，4」の順に入っているところがある入り方もそれぞれ [エオ] 通りある。

（2）2等の賞品がもらえる玉の入り方は，次の⓪～⑦のうち，［カ］と［キ］である。

［カ］，［キ］の解答群(ただし，解答の順序は問わない。)

⓪ 二つの連続する領域に1個ずつ時計回りに「1，2」の順に入っているところ，「2，3」の順に入っているところ，「3，4」の順に入っているところがすべてある。

① 二つの連続する領域に1個ずつ時計回りに「1，2」の順に入っているところと「2，3」の順に入っているところはあり，「3，4」の順に入っているところはない。

② 二つの連続する領域に1個ずつ時計回りに「2，3」の順に入っているところと「3，4」の順に入っているところはあり，「1，2」の順に入っているところはない。

③ 二つの連続する領域に1個ずつ時計回りに「1，2」の順に入っているところと「3，4」の順に入っているところはあり，「2，3」の順に入っているところはない。

④ 二つの連続する領域に1個ずつ時計回りに「1，2」の順に入っているところはあり，「2，3」の順に入っているところと「3，4」の順に入っているところはない。

⑤ 二つの連続する領域に1個ずつ時計回りに「2，3」の順に入っているところはあり，「1，2」の順に入っているところと「3，4」の順に入っているところはない。

⑥ 二つの連続する領域に1個ずつ時計回りに「3，4」の順に入っているところはあり，「1，2」の順に入っているところと「2，3」の順に入っているところはない。

⑦ 二つの連続する領域に1個ずつ時計回りに「1，2」の順に入っているところ，「2，3」の順に入っているところ，「3，4」の順に入っているところのいずれもない。

（3）4個の玉すべてを投げ入れるとき，3等の賞品をもらえる確率は $\dfrac{\boxed{\text{クケ}}}{\boxed{\text{コサシ}}}$ である。

（4）1等の賞品が2000円，2等の賞品が500円，3等の賞品が80円である場合，4個の玉すべてを投げ入れるときにもらえる金額の期待値は $\boxed{\text{スセ}}$ 円である。

（5）1等の賞品が x 円，2等の賞品が500円，3等の賞品が80円である場合を考える。

いま，「1」，「2」，「3」の番号がついた玉を投げ入れた時点でルーレットの回転を止めて確認したところ，2等の賞品がもらえる入り方になっていることがわかった。ここで「4」の番号がついた玉を投げ入れずにゲームをやめれば，2等の賞品がもらえるものとする。

このとき，$x<\boxed{\text{ソタチツ}}$ ならば，「4」の番号がついた玉を投げ入れる場合にもらえる金額の期待値が500円よりも小さいから，期待値をもとに比べた場合には，「4」の番号がついた玉を投げ入れずにゲームをやめる方が得策である。

基本事項の確認

■ **期待値**

変量 X のとり得る値を x_1，x_2，…，x_n とし，X がこれらの値をとる確率をそれぞれ p_1，p_2，…，p_n（ただし，$p_1+p_2+\cdots+p_n=1$）とすると，X の期待値 E は

$$E=x_1p_1+x_2p_2+\cdots+x_np_n$$

結果が不確実な状況において，どの選択をするのが有利かを判断する際の基準として，期待値の考え方を利用することができる。

解答・解説

（1）「1」の番号がついた玉の位置を固定して考える。

円順列の考え方。

「2」，「3」，「4」の番号がついた玉それぞれについて，玉の入り得る領域はそれぞれ8通りあるから，玉の入り方は全部で

重複順列と考える。

$8^3 = 512$ (通り) ◀◀答

ある。

時計回りに「1，2」の順になっているところがある入り方についても同様に，「1，2」の順になっているところを固定して考える。「3」，「4」の番号がついた玉それぞれについて，玉の入り得る領域はそれぞれ6通りあるから，「1，2」の順になっているところがある入り方は全部で

「1，2」の順になっているところに「3」，「4」の番号がついた玉は入ってはいけない。

$6^2 = 36$ (通り) ◀◀答

ある。

（2）2等の賞品がもらえる入り方を考える。「1，2，3」の順になっているところがある入り方で2等の賞品がもらえるのは，「1，2」の順になっているところと「2，3」の順になっているところはあり，かつ，「3，4」の順になっているところはない場合である。

「3，4」の順になっているところもあると，1等の賞品がもらえる。

同様に，「2，3，4」の順になっているところがある入り方のうち，2等の賞品がもらえるのは，「2，3」の順になっているところと「3，4」の順になっているところはあり，かつ，「1，2」の順になっているところはない場合である。

「1，2」の順になっているところもあると，1等の賞品がもらえる。

よって，2等の賞品がもらえる入り方は，①と②である。◀◀答

3等の賞品がもらえる入り方も同様に考えておく。「1，2」の順になっているところがある入り方で3等の賞品がもらえるのは，「2，3」の順になっているところはない場合である。「2，3」の順になっているところがある入り方で3等の賞品がもらえるのは，「1，2」の順になっているところも「3，4」の順になっているところもない場合である。「3，4」の順になっているところがある入り方で3等の賞品がもらえるのは，「2，3」の順になっているところはない場合である。

1等や2等の賞品がもらえる場合を除く。

よって，3等の賞品がもらえる入り方は，③，④，⑤，⑥である。

以上の結果をベン図で表すと次のようになる。

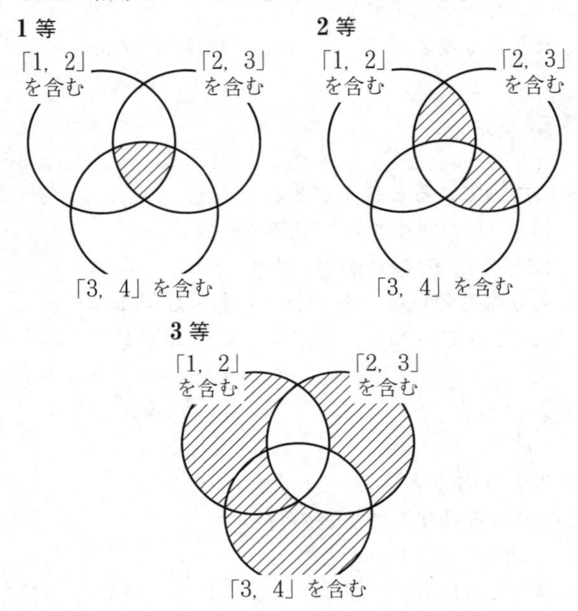

（3）ベン図をもとに，それぞれの入り方の個数を考える。

（1）で求めた通り，「1，2」の順になっているところがある入り方は36通りある。同様に「2，3」の順になっているところがある入り方と「3，4」の順になっているところがある入り方もそれぞれ36通りある。

次に「1，2，3」の順になっているところがある入り方の総数を数える。

「1，2，3」の順になっているところを固定して考えると，「4」の番号がついた玉が入りうる領域は5通りある。このうち一つが，「1，2，3，4」の順になっている入り方である。

「1，2，3」の順になっているところに，「4」の番号がついた玉は入ってはいけない。

「2，3，4」の順になっているところがある入り方についても同様である。

「1，2」の順になっているところと「3，4」の順になっているところがある入り方の総数は，「1，2」の順になっているところを固定し，「3，4」の順になっているところが入りうる領域を考えると，5通りある。そして，このうち一つが「1，2，3，4」の順になっている入り方である。

「1，2」の順になっているところに「3」，「4」の番号がついた玉は入ってはいけない。

以上をまとめると，次のようになる。

- 「1，2，3，4」の順になっている入り方は1通り
- 「1，2，3」の順になっているところはあるが，「1，2，3，4」の順になっているところはない入り方の総数は

  $5-1=4$（通り）
- 「1，2」の順になっているところはあるが，「2，3」の順になっているところも「3，4」の順になっているところもない入り方の総数は

  $36-4-4-1=27$（通り）

他の入り方についても同様に考察し，ベン図にそれぞれの入り方の個数を書き加えると，次のようになる。

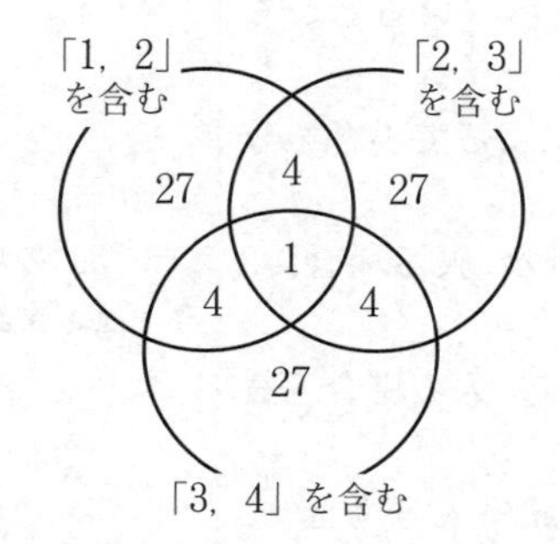

このうち，3等の賞品がもらえる入り方の総数は

$27\times3+4=85$（通り）

前のページのベン図と見比べて，計算しよう。

4個の玉すべてを投げ入れたとき，どのような玉の入り方になる確率も等しいから，3等の賞品がもらえる確率は

$\dfrac{85}{512}$ ◀◀答

(4)(3)と同様にして考えると，1等の賞品がもらえる入り方の総数は1通りであるから，1等の賞品をもらえる確率は

$$\frac{1}{512}$$

また，2等の賞品がもらえる入り方の総数は

$4+4=8$（通り）

であるから，2等の賞品をもらえる確率は

$$\frac{8}{512}$$

したがって，もらえる金額の期待値は

$$2000\times\frac{1}{512}+500\times\frac{8}{512}+80\times\frac{85}{512}$$

$$=\frac{2000+4000+6800}{512}=25\text{（円）}$$ ◀◀答

(5) 3個の玉を投げ入れた時点で2等の賞品がもらえるのだから，連続する三つの領域に，玉についた番号が時計回りに「1，2，3」の順になっているところがある入り方になっている。

「4」の番号がついた玉が入る場所によって場合を分けて考える。

- 「1」の番号がついた玉と同じ領域に入る場合，3等の賞品がもらえる。
- 「2」の番号がついた玉と同じ領域に入る場合，賞品はもらえない。
- 「3」の番号がついた玉と同じ領域に入る場合，3等の賞品がもらえる。
- 「3」の番号がついた玉のある領域の時計回りで隣の領域に入る場合，1等の賞品がもらえる。
- 上記以外の四つの領域のどれかに入る場合，2等の賞品がもらえる。

「2，3」の順になっているところがある入り方。

「1，2」の順になっているところがある入り方。

したがって，「4」の番号がついた玉を投げ入れる場合，1等の賞品がもらえる確率は $\frac{1}{8}$，2等の賞品がもらえる確率は $\frac{4}{8}$，3等の賞品がもらえる確率は $\frac{2}{8}$，賞品がもらえない確率は $\frac{1}{8}$ である。

よって，もらえる金額の期待値は

$$x\times\frac{1}{8}+500\times\frac{4}{8}+80\times\frac{2}{8}=\frac{x+2160}{8}\ (円)$$

「4」の番号がついた玉を投げ入れずゲームをやめる場合，もらえる金額は500円であるから，ゲームをやめる方が得策となるのは

$$\frac{x+2160}{8}<500$$

より

$$x<1840$$ ◀◀答

のときである。

POINT

期待値を用いた戦略の判断

本問の（5）では，「4」の番号がついた玉を投げ入れる場合と投げ入れない場合のそれぞれにおいてもらえる金額の期待値を比較することで，どちらの方が得策であるかを判断した。

このように，期待値は，どのようにするのが得策かを判断する指標の1つとすることができるが，期待値が大きくなる行動が必ずしも得策であるとはいえないことに注意しよう。たとえば

（Ⅰ）50％の確率で200円が得られ，50％の確率で100円を失う

（Ⅱ）1％の確率で10000円が得られ，99％の確率で10円を失う

という2つのゲームのうち，どちらかを選んで参加することを考えてみよう。

得られる金額の期待値は，（Ⅰ）の場合においては

$$200\times\frac{50}{100}+(-100)\times\frac{50}{100}=50\ (円)$$

（Ⅱ）の場合においては

$$10000\times\frac{1}{100}+(-10)\times\frac{99}{100}=90.1\ (円)$$

となり，期待値は（Ⅱ）の方が大きい。しかし，「99％の確率で損をする（Ⅱ）を選ばない方が得策である」と考える人もいるだろう。

演習問題

演習1 （解答は24ページ）

次のような**ルール**で行われる抽選会に1回参加する。

ルール

- 表と裏が等しい確率で出るコインを N 枚（$N \geqq 2$）投げる。
- 表が出たコインの枚数が k 枚のとき，くじを k 回（$0 \leqq k \leqq N$）引く。

この抽選会で使われるくじは，何回引いても「当たりくじ」を引く確率がつねに一定値 p $(0<p<1)$ であるとする。また，抽選会に1回参加するとき，「当たりくじ」を少なくとも1回引くという事象を A とする。このとき，次の問いに答えよ。

（1）$N=3$, $p=\dfrac{1}{4}$ とする。

（i）$k=2$ となる確率は $\dfrac{\boxed{ア}}{\boxed{イ}}$ である。また，$k=2$ という条件の下で事象 A が起こるという条件付き確率は $\dfrac{\boxed{ウ}}{\boxed{エオ}}$ である。

よって，$k=2$ であり，かつ事象 A が起こる確率は $\dfrac{\boxed{カキ}}{\boxed{クケコ}}$ である。

（ii）事象 A が起こる確率を求める方法として，次の ⓪ ～ ② のうち，最も適当なものは $\boxed{サ}$ である。

$\boxed{サ}$ の解答群

⓪ $k=1, 2, 3$ となる確率をそれぞれ求め，それらの和に p をかける。
① 「$k=1$ という条件の下で事象 A が起こるという条件付き確率」，「$k=2$ という条件の下で事象 A が起こるという条件付き確率」，「$k=3$ という条件の下で事象 A が起こるという条件付き確率」を求め，それらの和をとる。
② 「$k=1$ であり，かつ事象 A が起こる確率」，「$k=2$ であり，かつ事象 A が起こる確率」，「$k=3$ であり，かつ事象 A が起こる確率」を求め，それらの和をとる。

（2）この抽選会で事象 A が起こる確率について述べたものとして，次の ⓪ ～ ③ のうち，最も適当なものは [シ] である。

[シ] の解答群

⓪ p が等しければ，N が変化しても，事象 A が起こる確率は変化しない。

① N が等しければ，p が変化しても，事象 A が起こる確率は変化しない。

② p が等しければ，N が変化しても，$k=2$ であるという条件の下で事象 A が起こるという条件付き確率は変化しない。

③ N が等しければ，p が変化しても，$k=2$ であるという条件の下で事象 A が起こるという条件付き確率は変化しない。

演習2 (解答は25ページ)

色のついたいくつかの玉が入った袋の中から，無作為に1個の玉を取り出し，色を確認する操作を繰り返す。このとき，2回続けて同じ色の玉を取り出す事象をEとする。

(1) はじめに，袋の中に6個の玉が入っており，そのうち2個の玉の色が赤，2個の玉の色が白，2個の玉の色が青であるとする。

(i) 色を確認したあと，玉を袋に戻すとする。操作を2回行うとき，事象Eが起こる確率P_1は$\frac{\boxed{ア}}{\boxed{イ}}$であり，操作を3回行うとき，事象$E$が少なくとも1回起こる確率$P_2$は$\frac{\boxed{ウ}}{\boxed{エ}}$である。

(ii) 色を確認したあと，玉を袋に戻さないとする。操作を2回行うとき，事象Eが起こる確率P_3は$\frac{\boxed{オ}}{\boxed{カ}}$であり，操作を3回行うとき，事象$E$が少なくとも1回起こる確率$P_4$は$\frac{\boxed{キ}}{\boxed{ク}}$である。

(2) 次に，袋の中に9個の玉が入っており，そのうち3個の玉の色が赤，3個の玉の色が白，3個の玉の色が青であるとする。

(i) 色を確認したあと，玉を袋に戻すとする。操作を2回行うとき，事象Eが起こる確率は$\frac{\boxed{ケ}}{\boxed{コ}}$であり，操作を3回行うとき，事象$E$が少なくとも1回起こる確率は$\frac{\boxed{サ}}{\boxed{シ}}$である。

(ii) 色を確認したあと，玉を袋に戻さないとする。操作を3回行うとき，事象Eが少なくとも1回起こる確率は$\frac{\boxed{スセ}}{\boxed{ソタ}}$である。

演習3 （解答は28ページ）

A，B，Cの3人で，次のルールに従って1対1の対戦を行う。各対戦において，どちらが勝つ確率も等しく$\frac{1}{2}$であるとする。

（ルール）1回戦はAとBが対戦する。2回戦は1回戦の勝者とCが対戦する。以下同様に，対戦ごとの勝者と控えの者が次の対戦を行うものとする。だれかが2連勝した時点で，その者を優勝者とし，それ以降の対戦は行わないものとする。

（1） 2回戦でAが優勝者と決まる確率は$\frac{\boxed{ア}}{\boxed{イ}}$である。また，3回戦以内で優勝者が決まる確率は$\frac{\boxed{ウ}}{\boxed{エ}}$である。

（2） 4回戦があった場合，4回戦に出場し得ない者は［オ］である。

［オ］の解答群

⓪ A	① B	② C

（3） 5回戦が終了した時点で優勝者が決まっていない確率は$\frac{\boxed{カ}}{\boxed{キク}}$である。

（4） 5回戦以内にAが優勝者と決まる確率は$\frac{\boxed{ケコ}}{\boxed{サシ}}$である。

（5）5回戦が終了した時点で優勝者が決まっていない場合は引き分けとし，それ以降の対戦は行わないものとする。このとき，行われる対戦回数の期待値は$\frac{\boxed{スセ}}{\boxed{ソ}}$である。

演習4 (解答は30ページ)

正六角形の頂点を，右の図のように反時計回りにA_1，A_2，…，A_6とする。さいころを１回投げるごとに，出た目の数に応じて点Ｐを次の(ａ)，(ｂ)のように他の頂点へ移動するゲームを考える。点Ｐは初めに頂点A_1にあるものとする。

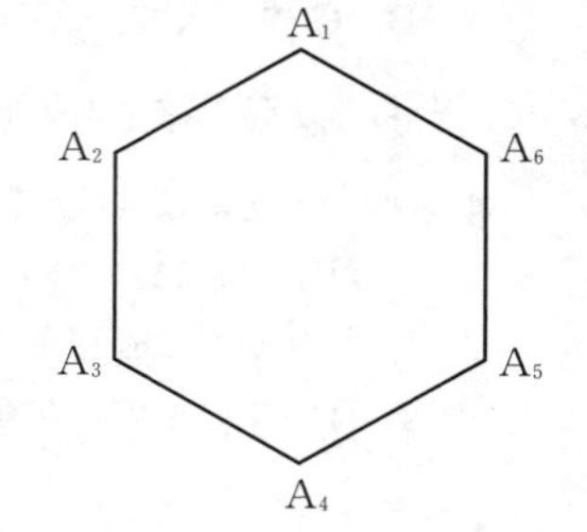

（ａ）１，２の目が出た場合，反時計回りに隣りの頂点へ一つ移動。

（ｂ）３，４，５，６の目が出た場合，時計回りに隣りの頂点へ一つ移動。

この操作を繰り返し，点Ｐが頂点A_4に到達したらゲーム終了とする。

（１）さいころを３回投げてゲーム終了となるような目の出方は［アイ］通りである。

（２）さいころを３回投げたあと，点Ｐが頂点A_2にある確率は$\frac{\text{ウ}}{\text{エ}}$であり，さいころを３回投げて点Ｐが移動した時点で，点Ｐが頂点A_2にきた回数の期待値は$\frac{\text{オ}}{\text{カ}}$である。また，さいころを５回投げたあと，点Ｐが頂点A_2にある確率は$\frac{\text{キ}}{\text{クケ}}$である。

（３）さいころを５回投げてゲーム終了となる確率は$\frac{\text{コ}}{\text{サ}}$である。また，さいころを５回投げてもゲーム終了とならない確率は$\frac{\text{シ}}{\text{ス}}$である。

演習5 （解答は32ページ）

箱の中に1から5までの数字が1つずつ書かれたカードが2枚ずつ合計10枚入っている。同じ数字のカードは数字の色（赤・青）で区別されている。この箱から3枚のカードを同時に取り出す。

（1）取り出したカードに書かれている数字がすべて異なるようなカードの取り出し方は $\boxed{\text{アイ}}$ 通りである。

（2）取り出したカードに書かれている数字の最大値が5である確率は

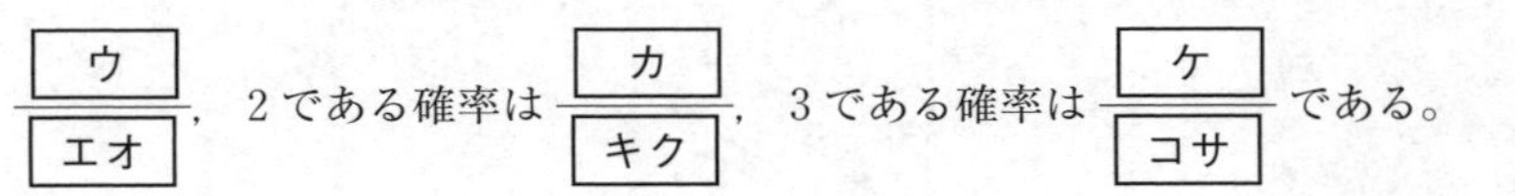

$\dfrac{\boxed{\text{ウ}}}{\boxed{\text{エオ}}}$，2である確率は $\dfrac{\boxed{\text{カ}}}{\boxed{\text{キク}}}$，3である確率は $\dfrac{\boxed{\text{ケ}}}{\boxed{\text{コサ}}}$ である。

また，取り出したカードに書かれている数字の最大値の期待値は $\dfrac{\boxed{\text{シス}}}{\boxed{\text{セ}}}$ である。

（3）取り出したカードに青色の数字，赤色の数字がともに含まれている確率は $\dfrac{\boxed{\text{ソ}}}{\boxed{\text{タ}}}$ である。また，取り出したカードに青色の数字，赤色の数字がともに含まれているという条件の下で，取り出したカードに書かれている数字の最大値が3であるという条件付き確率は $\dfrac{\boxed{\text{チ}}}{\boxed{\text{ツテ}}}$ である。

【MEMO】

第6章　図形の性質

例題 1　2018年度試行調査

ある日，太郎さんと花子さんのクラスでは，数学の授業で先生から次の**問題1**が宿題として出された。下の問いに答えよ。なお，円周上に異なる2点をとった場合，弧は二つできるが，本問題において，弧は二つあるうちの小さい方を指す。

> **問題1**　正三角形ABCの外接円の弧BC上に点Xがあるとき，
> AX＝BX＋CXが成り立つことを証明せよ。
>
> 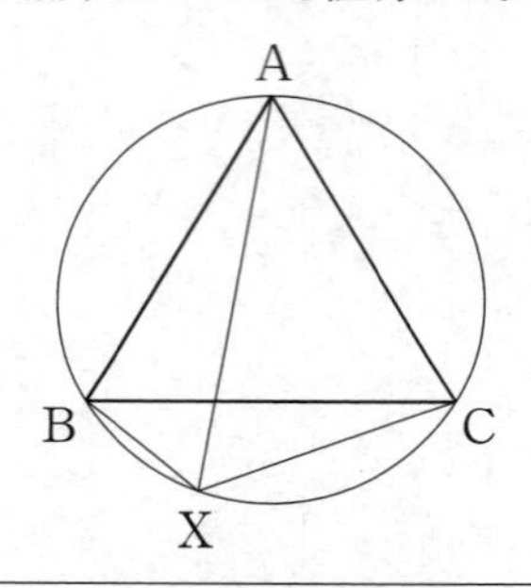
>

（1）**問題1**は次のような構想をもとにして証明できる。

> 線分AX上にBX＝B′Xとなる点B′をとり，BとB′を結ぶ。
> AX＝AB′＋B′Xなので，AX＝BX＋CXを示すには，AB′＝CXを示せばよく，AB′＝CXを示すには，二つの三角形［ア］と［イ］が合同であることを示せばよい。

［ア］，［イ］に当てはまるものを，次の⓪～⑦のうちから一つずつ選べ。ただし，［ア］，［イ］の解答の順序は問わない。

⓪　△ABB′	①　△AB′C	②　△ABX	③　△AXC
④　△BCB′	⑤　△BXB′	⑥　△B′XC	⑦　△CBX

太郎さんたちは，次の日の数学の授業で**問題1**を証明した後，点Xが弧BC上にないときについて先生に質問をした。その質問に対して先生は，一般に次の**定理**が成り立つことや，その**定理**と**問題1**で証明したことを使うと，下の**問題2**が解決できることを教えてくれた。

定理	平面上の点Xと正三角形ABCの各頂点からの距離AX，BX，CXについて，点Xが三角形ABCの外接円の弧BC上にないときは，AX＜BX＋CXが成り立つ。

問題2	三角形PQRについて，各頂点からの距離の和PY＋QY＋RYが最小になる点Yはどのような位置にあるかを求めよ。

（2）太郎さんと花子さんは**問題2**について，次のような会話をしている。

花子：**問題1**で証明したことは，二つの線分BXとCXの長さの和を一つの線分AXの長さに置き換えられるってことだよね。

太郎：例えば，下の図の三角形PQRで辺PQを1辺とする正三角形をかいてみたらどうかな。ただし，辺QRを最も長い辺とするよ。辺PQに関して点Rとは反対側に点Sをとって，正三角形PSQをかき，その外接円をかいてみようよ。

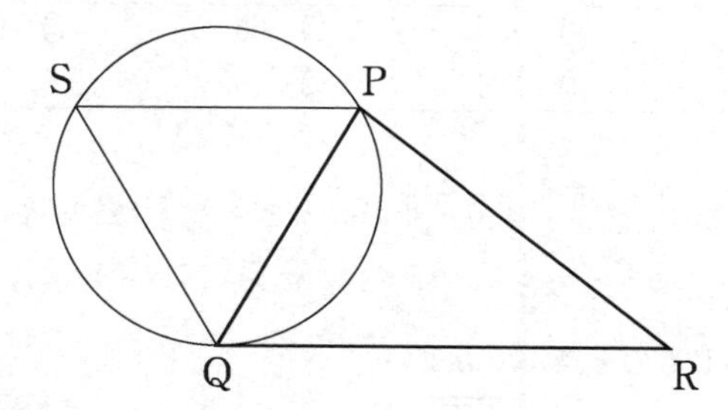

花子：正三角形PSQの外接円の弧PQ上に点Tをとると，PTとQTの長さの和は線分［ウ］の長さに置き換えられるから，

PT＋QT＋RT＝［ウ］＋RTになるね。

太郎：**定理**と**問題1**で証明したことを使うと**問題2**の点Yは，

点［エ］と点［オ］を通る直線と［カ］との交点になることが示せるよ。

花子：でも，∠QPRが［キ］°より大きいときは，点［エ］と点［オ］を通る直線と［カ］が交わらないから，∠QPRが［キ］°より小さいときという条件がつくよね。

太郎：では，∠QPRが［キ］°より大きいときは，点Yはどのような点になるのかな。

（i）［ウ］に当てはまるものを，次の⓪～⑤のうちから一つ選べ。

⓪ PQ	① PS	② QS	③ RS
④ RT	⑤ ST		

（ii）［エ］，［オ］に当てはまるものを，次の⓪～④のうちから一つずつ選べ。ただし，［エ］，［オ］の解答の順序は問わない。

⓪ P	① Q	② R	③ S	④ T

（iii）［カ］に当てはまるものを，次の⓪～⑤のうちから一つ選べ。

⓪ 辺 PQ	① 辺 PS	② 辺 QS
③ 弧 PQ	④ 弧 PS	⑤ 弧 QS

（iv）［キ］に当てはまるものを，次の⓪～⑥のうちから一つ選べ。

⓪ 30	① 45	② 60	③ 90
④ 120	⑤ 135	⑥ 150	

（v）∠QPR が［キ］°より「小さいとき」と「大きいとき」の点 Y について正しく述べたものを，それぞれ次の⓪～⑥のうちから一つずつ選べ。ただし，同じものを選んでもよい。

小さいとき［ク］　　大きいとき［ケ］

⓪ 点 Y は，三角形 PQR の外心である。
① 点 Y は，三角形 PQR の内心である。
② 点 Y は，三角形 PQR の重心である。
③ 点 Y は，∠PYR = ∠QYP = ∠RYQ となる点である。
④ 点 Y は，∠PQY + ∠PRY + ∠QPR = 180° となる点である。
⑤ 点 Y は，三角形 PQR の三つの辺のうち，最も短い辺を除く二つの辺の交点である。
⑥ 点 Y は，三角形 PQR の三つの辺のうち，最も長い辺を除く二つの辺の交点である。

基本事項の確認

■ 円周角の定理とその逆

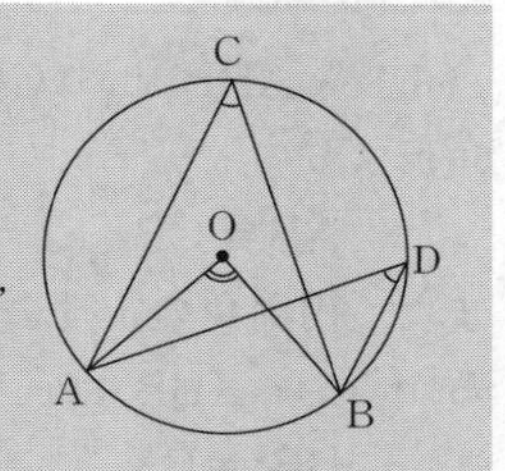

同じ弧に対する円周角はすべて等しく，その弧に対する中心角の半分の大きさになる(**円周角の定理**)。

また，2点C，Dが直線ABに関して同じ側にあるとき，$\angle ACB = \angle ADB$ ならば，4点A，B，C，Dは同一円周上にある(**円周角の定理の逆**)。

■ 円に内接する四角形の性質

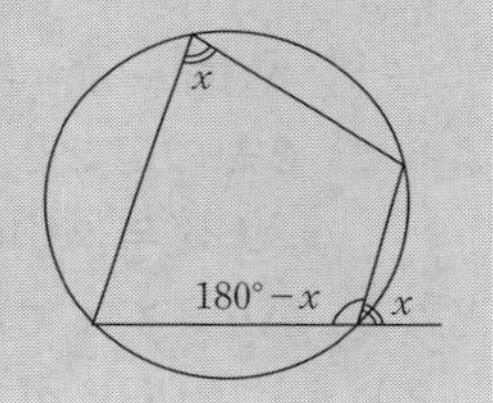

四角形が円に内接する

$\Longleftrightarrow$ 四角形の対角の和は180°である

$\Longleftrightarrow$ 四角形の外角はそれと隣り合う内角の対角に等しい

解答・解説

（1）$\triangle ABB'$ と $\triangle CBX$ において，$\triangle ABC$ は正三角形より

$$AB = CB$$

また，円周角の定理より $\angle BXB' = \angle BCA = 60°$ であるから，$\triangle XBB'$ は正三角形。したがって

$$BB' = BX$$

さらに

$$\angle ABB' = 60° - \angle B'BC = \angle CBX$$

よって，2組の辺とその間の角がそれぞれ等しいので

$$\triangle ABB' \equiv \triangle CBX$$ （⓪，⑦） ◀◀答

となり，$AB' = CX$ である。

$BX = B'X$ であることに注意。

（2）（i）$\triangle PQR$ があり，QR が最長の辺であるとする。PQ を1辺とする正三角形 PQS とその外接円をかく。弧 PQ 上の点 T に対し，問題1で証明したことより

このとき，$\triangle PQR$ において，$\angle QPR$ が最大角となる。

$$\mathbf{PT + QT = ST}$$ （⑤） ◀◀答

よって

$$PT + QT + RT = ST + RT$$

（ii），（iii）平面上の点 X と正三角形 PQS について，問題1と定理より

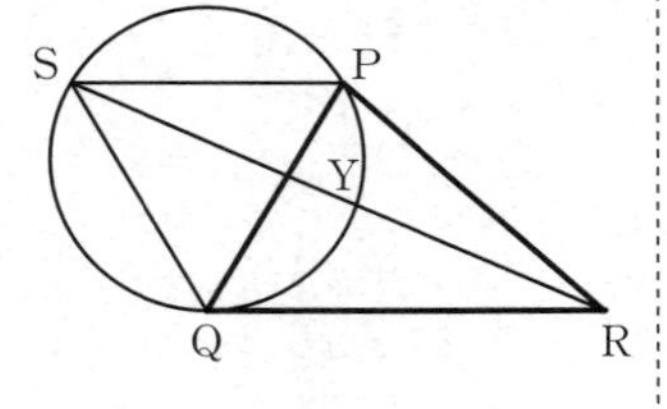

$$PX + QX + RX \geqq SX + RX$$

であり，等号は X が $\triangle PQS$ の外接円の弧 PQ 上にあるときに成立する。また

$$SX + RX \geqq SR$$

であり，等号は X が線分 SR 上にあるときに成立する。よって，点 **R** と点 **S**（②，③）を通る直線と弧 **PQ**（⓪）との交点を Y とすると，この Y が $PY + QY + RY$ を最小にする点である。◀◀答

(iv) **∠QPR ＞ 120° (④)のとき** ◀◀答

$$\angle SPQ + \angle QPR > 180^\circ$$

となり，交点Yは存在しない。

(v) (ア) ∠QPR が 120° より小さいとき

$$\angle PYQ = 180^\circ - \angle QSP = 120^\circ$$

次に，PRを1辺とする正三角形PRUをとる。

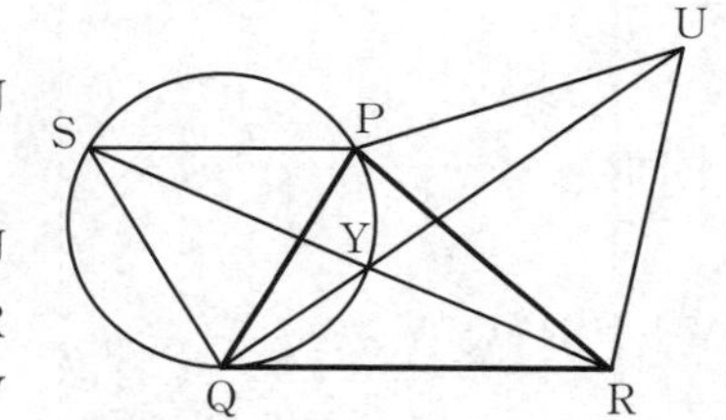

△PSR と △PQU は合同なので，SR と UQ の交点を W とすると，4点S，Q，W，Pは同一円周上にあり，4点P，W，R，Uも別の同一円周上にある。

したがって，点Wは2つの外接円の交点である。また，S，R，Wは同一直線上にあるので，(ii)，(iii)より，Y＝Wとなる。

この結果，∠PYR＝120°となり，**点Yは∠PYR＝∠QYP＝∠RYQとなる点である。(③)** ◀◀答

(イ) ∠QPR が 120° より大きいとき

右の図のように，点Qを通る辺PQの垂線，点Rを通る辺PRの垂線，△PQRにおける点Pの外角の二等分線の3直線で囲まれた図形を△P′Q′R′とし，

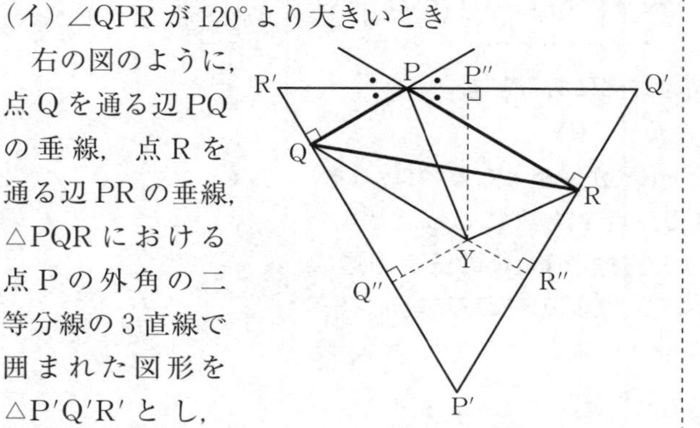

△P′Q′R′ の内部または辺上の点Yから，Q′R′，R′P′，P′Q′ に引いた垂線との交点をそれぞれ P″，Q″，R″ とする。

△PQR′∽△PRQ′，∠QPR ＞ 120° より，△P′Q′R′ において，∠P′ ＜ 60°，∠Q′ ＝ ∠R′ ＞ 60° であり，△P′Q′R′ は ∠Q′ ＝ ∠R′ の二等辺三角形であるから

$$P'Q' = P'R' > Q'R'$$

∠QPR＝120°のとき，3点S，P，Rが一直線上にあることに着目する。

四角形SQYPは円に内接している。

∠PSW＝∠PQW
∠PRW＝∠PUW
より，円周角の定理の逆が使える。

Yは直線SRと△PQSの外接円の弧PQとの交点であった。

である。また

$$PY+QY+RY \geqq P''Y+Q''Y+R''Y \quad \cdots\cdots ①$$

$PY \geqq P''Y$
$QY \geqq Q''Y$
$RY \geqq R''Y$

である。ここで，$\triangle P'Q'R'$ の面積を S とすると

$$S=\frac{1}{2}(P'R' \cdot PQ+P'Q' \cdot PR)$$

$P'Q'=P'R'$ より

$$S=\frac{1}{2}P'Q'(PQ+PR) \quad \cdots\cdots ②$$

さらに

$$S=\frac{1}{2}(Q'R' \cdot P''Y+P'R' \cdot Q''Y+P'Q' \cdot R''Y)$$

$S=\triangle YQ'R'+\triangle YR'P'+\triangle YP'Q'$

ここで，$P'Q'=P'R'>Q'R'$ より

$$S \leqq \frac{1}{2}(P'Q' \cdot P''Y+P'Q' \cdot Q''Y+P'Q' \cdot R''Y)$$

$$=\frac{1}{2}P'Q'(P''Y+Q''Y+R''Y) \quad \cdots\cdots ③$$

したがって，①，②，③より

$$PQ+PR \leqq P''Y+Q''Y+R''Y \leqq PY+QY+RY \quad \cdots\cdots (*)$$

PとYが一致するとき，(＊)の最左辺と最右辺について
$PQ+PR$
$=QY+RY$
$PY+QY+RY$
$=QY+RY$
となる。

また，点Yが $\triangle P'Q'R'$ の外部にあるとき

$$PQ+PR<PY+QY+RY$$

であるから，$PY+QY+RY$ が最小となるのは，(＊)の等号が成立するときで，点YをPにとったときである。つまり，**点Yは，三角形PQRの三つの辺のうち，最も長い辺を除く二つの辺の交点である。(⑥)**

POINT

■ 先生から教わった定理について

（2）で先生から教わった定理は，次の定理（トレミーの定理の一般化）から導かれる。

「△ABC と同じ平面上の点 X について

$$AX \cdot BC \leqq AB \cdot CX + AC \cdot BX$$

が成立する。等号成立は四角形 ABXC が円に内接するときである。」

ここで，△ABC が正三角形のときは，AB＝BC＝CA なので，不等式

$$AX \leqq CX + BX$$

が成立する。等号成立は四角形 ABXC が円に内接するときである。

❗ 解決結果からさらにいえることを考える

本問の（1）においては，正三角形 ABC の外接円の弧 BC 上に点 X があるときの AX，BX，CX についての**問題1**を考え，（2）においては，先生から教わった定理と**問題1**で証明したことを用いて，三角形 PQR と点 Y があるときの PY，QY，RY についての**問題2**を考えた。

条件を少し変えた，似た問題を考えるというのは，分野を問わず共通テストでよく見られる展開であるが，本問のように，前半の設問を通してわかったこと（「**問題1**」）を，提示された事実（「**定理**」）と組み合わせることで新たな事実（「**問題2**」）を見出すという展開もある。

例題 2　2021年度本試第2日程

点 Z を端点とする半直線 ZX と半直線 ZY があり，$0° < \angle XZY < 90°$ とする。また，$0° < \angle SZX < \angle XZY$ かつ $0° < \angle SZY < \angle XZY$ を満たす点 S をとる。点 S を通り，半直線 ZX と半直線 ZY の両方に接する円を作図したい。

円 O を，次の(Step 1)～(Step 5)の手順で作図する。

手順

(Step 1)　$\angle XZY$ の二等分線 ℓ 上に点 C をとり，下図のように半直線 ZX と半直線 ZY の両方に接する円 C を作図する。また，円 C と半直線 ZX との接点を D，半直線 ZY との接点を E とする。

(Step 2)　円 C と直線 ZS との交点の一つを G とする。

(Step 3)　半直線 ZX 上に点 H を DG // HS を満たすようにとる。

(Step 4)　点 H を通り，半直線 ZX に垂直な直線を引き，ℓ との交点を O とする。

(Step 5)　点 O を中心とする半径 OH の円 O をかく。

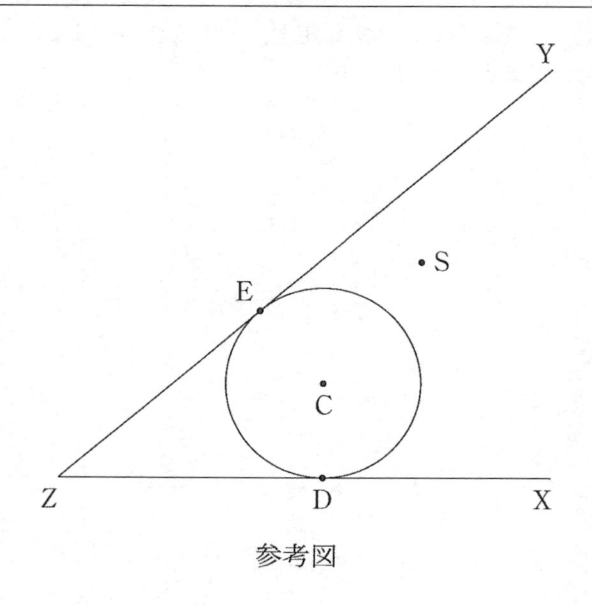

参考図

(1) (Step 1)～(Step 5)の手順で作図した円Oが求める円であることは，次の構想に基づいて下のように説明できる。

構想

> 円Oが点Sを通り，半直線ZXと半直線ZYの両方に接する円であることを示すには，OH＝ ア が成り立つことを示せばよい。

作図の手順より，△ZDGと△ZHSとの関係，および△ZDCと△ZHOとの関係に着目すると

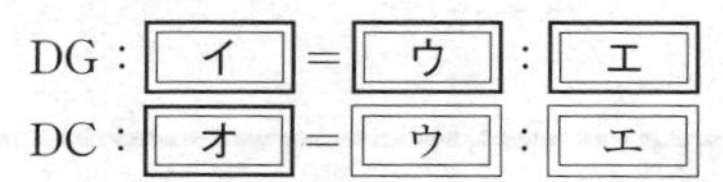

であるから，DG： イ ＝DC： オ となる。

ここで，3点S，O，Hが一直線上にない場合は，∠CDG＝∠ カ であるので，△CDGと△ カ との関係に着目すると，CD＝CGよりOH＝ ア であることがわかる。

なお，3点S，O，Hが一直線上にある場合は，DG＝ キ DCとなり，DG： イ ＝DC： オ よりOH＝ ア であることがわかる。

ア ～ オ の解答群(同じものを繰り返し選んでもよい。)

⓪ DH	① HO	② HS	③ OD	④ OG
⑤ OS	⑥ ZD	⑦ ZH	⑧ ZO	⑨ ZS

カ の解答群

⓪ OHD	① OHG	② OHS	③ ZDS
④ ZHG	⑤ ZHS	⑥ ZOS	⑦ ZCG

(2) 点Sを通り，半直線ZXと半直線ZYの両方に接する円は二つ作図できる。特に，点Sが∠XZYの二等分線ℓ上にある場合を考える。半径が大きい方の円の中心をO_1とし，半径が小さい方の円の中心をO_2とする。また，円O_2と半直線ZYが接する点をIとする。円O_1と半直線ZYが接する点をJとし，円O_1と半直線ZXが接する点をKとする。

作図をした結果，円O_1の半径は5，円O_2の半径は3であったとする。このとき，IJ＝ ク $\sqrt{\text{ケコ}}$ である。さらに，円O_1と円O_2の接点Sにおける共通接線と半直線ZYとの交点をLとし，直線LKと円O_1と

の交点で点Kとは異なる点をMとすると

$$LM\cdot LK = \boxed{サシ}$$

である。

また，$ZI = \boxed{ス}\sqrt{\boxed{セソ}}$ であるので，直線LKと直線ℓとの交点をNとすると

$$\frac{LN}{NK} = \frac{\boxed{タ}}{\boxed{チ}},\quad SN = \frac{\boxed{ツ}}{\boxed{テ}}$$

である。

基本事項の確認

■ 方べきの定理

図Ⅰ，Ⅱにおいて，点A，B，C，Dが同一円周上にある

$\Longleftrightarrow$ PA・PB＝PC・PD

図Ⅲにおいて，PTが△ABTの外接円の接線である

$\Longleftrightarrow$ $PA\cdot PB = PT^2$

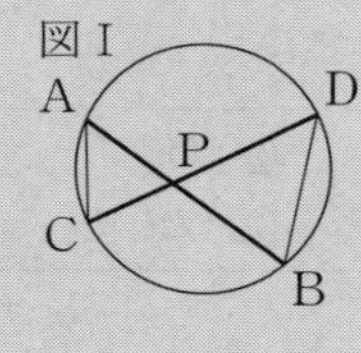

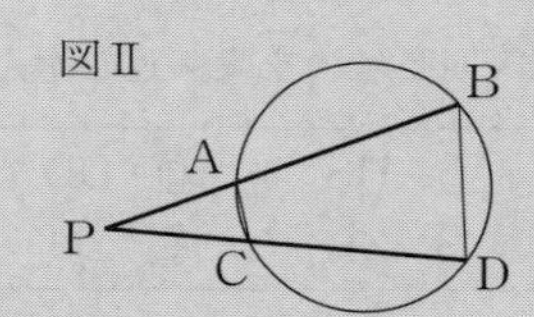

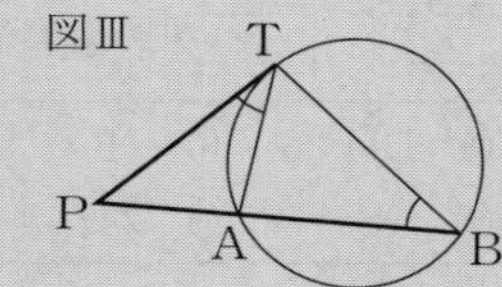

■ 角の二等分線と比

△ABCの∠BACの二等分線が辺BCを内分する点をDとすると

BD：CD＝AB：AC

AB≠ACである△ABCの∠BACの外角の二等分線が辺BCを外分する点をEとすると

BE：CE＝AB：AC

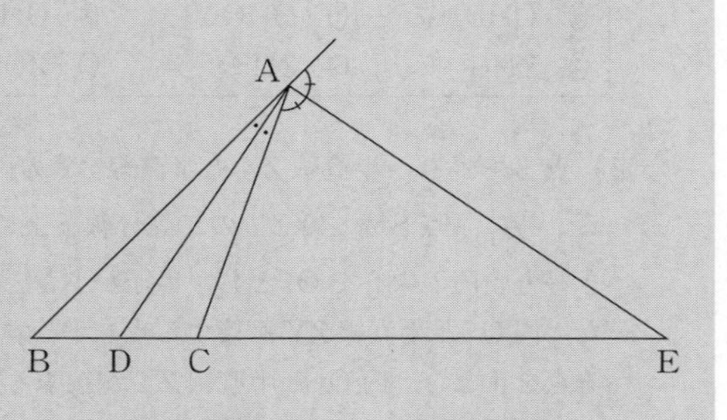

■ メネラウスの定理とチェバの定理

△ABC の頂点を通らない直線 ℓ が，△ABC の各辺またはその延長と図のように交わっているとき

$$\frac{AD}{DB}\cdot\frac{BE}{EC}\cdot\frac{CF}{FA}=1$$ （メネラウスの定理）

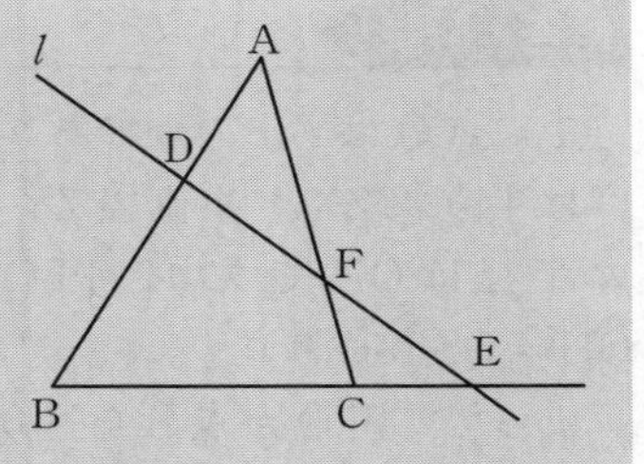

点 G と △ABC の各頂点を結ぶ直線が，対辺またはその延長と図のように交わっているとき

$$\frac{AD}{DB}\cdot\frac{BE}{EC}\cdot\frac{CF}{FA}=1$$ （チェバの定理）

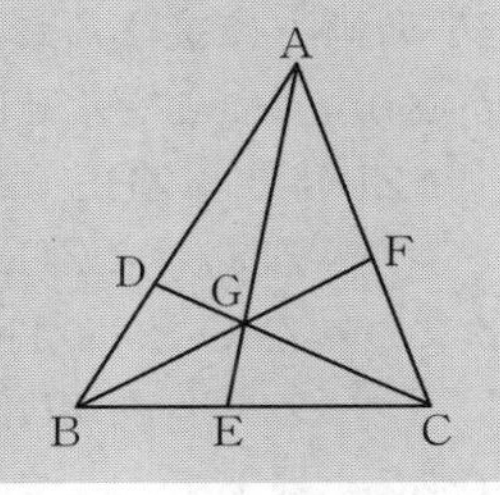

解答・解説

（1）点Oはℓ上の点であり，OH⊥ZXなので，円Oは半直線ZXと半直線ZYの両方に接する。円Oの半径はOHであり，円Oが点Sを通るとき，OH＝OSが成り立つ。

角の二等分線の性質より。

よって，円Oが点Sを通り，半直線ZXと半直線ZYの両方に接することを示すには，**OH＝OS**（⑤）が成り立つことを示せばよい。◀◀答

△ZDGと△ZHSにおいて，DG//HSより

△ZDG∽△ZHS

∠ZGD＝∠ZSH
∠ZDG＝∠ZHS

次に，△ZDCと△ZHOにおいて

△ZDC∽△ZHO

∠ZDC＝∠ZHO＝90°
∠CZD＝∠OZH（共通）

である。よって，二つの三角形の相似に着目すると

DG：HS＝ZD：ZH（②，⑥，⑦）◀◀答

DC：HO＝ZD：ZH（⓪）◀◀答

であるから，DG：HS＝DC：HOとなる。

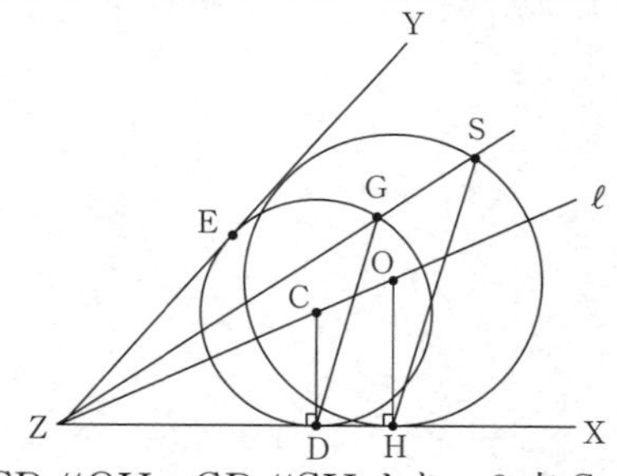

ここで，CD//OH，GD//SHより，3点S，O，Hが一直線上にない場合は

∠CDG＝∠OHS（②）◀◀答

であるので，△CDGと△OHSにおいて，2組の辺の比とその間の角がそれぞれ等しいので

△CDG∽△OHS

これに着目すると，CD＝CGより

OH＝OS

であることがわかる。

3点S，O，Hが一直線上にある場合は

DG＝2DC ◀◀答

3点G，C，Dも一直線上にあり
GC＝DC

となり，DG：HS＝DC：HO より，HS＝2HO，つまり，OH＝OS であることがわかる。

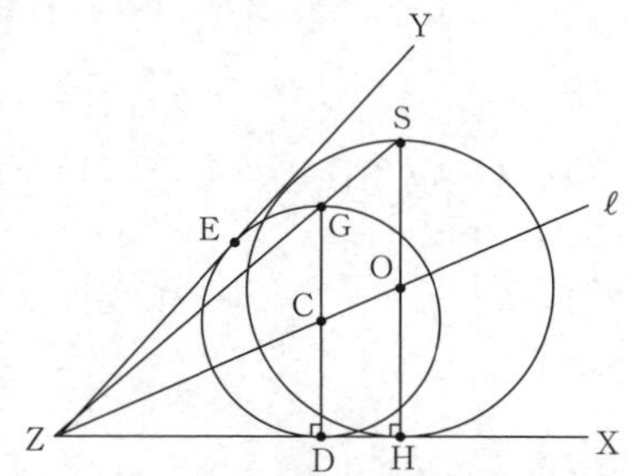

（**2**）点Sを通り，半直線ZXと半直線ZYの両方に接する円は二つ作図できる。特に，点Sが∠XZYの二等分線 ℓ 上にある場合を考える。

円 O_1 の半径が5，円 O_2 の半径が3のとき，中心 O_2 から半径 O_1J に垂線 O_2F を引く。

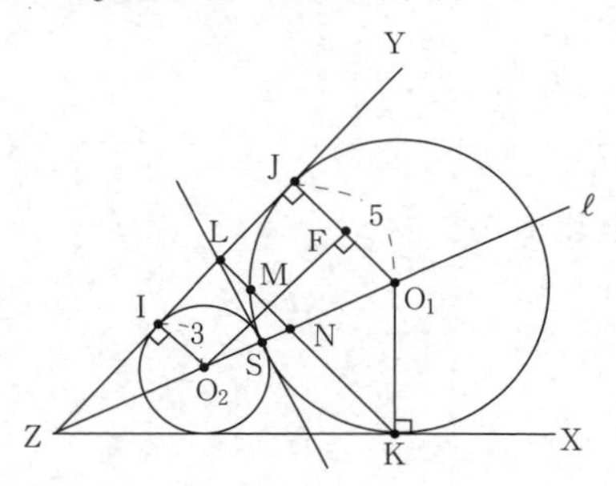

直角三角形 O_1FO_2 において

$$O_1O_2=5+3=8,\ O_1F=5-3=2$$

$O_1O_2=O_1S+O_2S$

$O_1F=O_1J-FJ$
$=O_1J-O_2I$

三平方の定理より

$$O_2F=\sqrt{8^2-2^2}=2\sqrt{15}$$

四角形 IO_2FJ は長方形より

$$\mathbf{IJ}=O_2F=\mathbf{2\sqrt{15}}$$ ◀◀答

円外の点Lから円 O_1，O_2 それぞれに引いた2本の接線の長さは等しいので

$$LI=LS=LJ=\frac{1}{2}IJ=\sqrt{15}$$

円 O_1 において，方べきの定理より

$$\mathbf{LM\cdot LK}=(\sqrt{15})^2=\mathbf{15}$$ ◀◀答

$LM\cdot LK=LS^2$

さらに

$$ZJ = ZI + IJ = ZI + 2\sqrt{15}$$

$\triangle ZO_2I$ と $\triangle ZO_1J$ において

$$\triangle ZO_2I \backsim \triangle ZO_1J$$

$\angle O_2IZ = \angle O_1JZ = 90°$

$\angle O_2ZI = \angle O_1ZJ$（共通）

$\triangle ZO_2I$ と $\triangle ZO_1J$ の相似比は，円 O_2，O_1 の半径の比で 3：5 であるから

$$ZI : (ZI + 2\sqrt{15}) = 3 : 5$$

$ZI : ZJ = 3 : 5$

$$5ZI = 3(ZI + 2\sqrt{15})$$

よって

$$\mathbf{ZI = 3\sqrt{15}}$$ ◀◀答

ここで

$$ZL = ZI + IL$$
$$= 3\sqrt{15} + \sqrt{15} = 4\sqrt{15}$$

また，円外の点から円に引いた 2 本の接線の長さは等しいから

$$ZK = ZJ = ZI + IJ$$
$$= 3\sqrt{15} + 2\sqrt{15} = 5\sqrt{15}$$

$\triangle ZLK$ において，角の二等分線と比より

$$\frac{LN}{NK} = \frac{ZL}{ZK}$$

よって

$$\mathbf{\frac{LN}{NK}} = \frac{4\sqrt{15}}{5\sqrt{15}} = \frac{4}{5}$$ ◀◀答

共通接線 LS と半直線 ZX との交点を R とする。

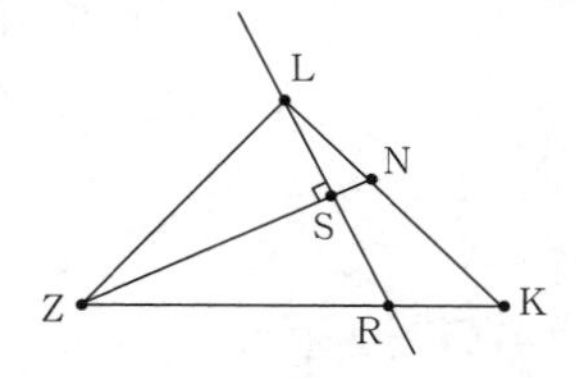

$\triangle ZNK$ と直線 LR において，メネラウスの定理より

$$\frac{ZS}{SN} \cdot \frac{NL}{LK} \cdot \frac{KR}{RZ} = 1 \quad \cdots\cdots\cdots\cdots\cdots\cdots (*)$$

直角三角形 ZSL において，三平方の定理より

$$ZS = \sqrt{(4\sqrt{15})^2 - (\sqrt{15})^2}$$
$$= 15$$

$ZS = \sqrt{ZL^2 - LS^2}$

また，$\dfrac{LN}{NK}=\dfrac{4}{5}$ より

$$\frac{NL}{LK}=\frac{4}{4+5}=\frac{4}{9}$$

さらに，△ZSR と △ZSL において，直線 ZS は ∠LZR の二等分線であるから

$$\triangle ZSR \equiv \triangle ZSL$$

∠LZS = ∠RZS
∠LSZ = ∠RSZ = 90°
ZS は共通

これより，ZR = ZL である。

したがって，ZK = ZJ より

$$ZR+RK=ZL+LJ$$

これより，RK = LJ であるから

$$\frac{KR}{RZ}=\frac{JL}{LZ}=\frac{\sqrt{15}}{4\sqrt{15}}=\frac{1}{4}$$

これと ZS=15，$\dfrac{NL}{LK}=\dfrac{4}{9}$ を(＊)に代入すると

$$\frac{15}{SN}\cdot\frac{4}{9}\cdot\frac{1}{4}=1$$

よって

$$SN=\frac{5}{3}$$ ◀◀答

POINT

! 作図の手順について考える

本問では，∠XZY の内部の点 S を通り，半直線 ZX と半直線 ZY の両方に接する円を作図する手順について，なぜその方法で作図できるのかを考えた。

共通テストでは，さまざまな定理や公式を用いて値を求めるものばかりではなく，本問のように，「なぜその方法で答えが出せるのか」を説明させるような出題も見られる。普段当たり前のように行っている処理であっても，時には「なぜこの処理を行うのか」と立ち止まって考えることで，このような問題に対応できるようになってほしい。

例題 3　2022年度本試

△ABCの重心をGとし，線分AG上で点Aとは異なる位置に点Dをとる。直線AGと辺BCの交点をEとする。また，直線BC上で辺BC上にはない位置に点Fをとる。直線DFと辺ABの交点をP，直線DFと辺ACの交点をQとする。

（1）点Dは線分AGの中点であるとする。このとき，△ABCの形状に関係なく

$$\frac{AD}{DE}=\frac{\boxed{ア}}{\boxed{イ}}$$

である。また，点Fの位置に関係なく

$$\frac{BP}{AP}=\boxed{ウ}\times\frac{\boxed{エ}}{\boxed{オ}},\quad \frac{CQ}{AQ}=\boxed{カ}\times\frac{\boxed{キ}}{\boxed{ク}}$$

であるので，つねに

$$\frac{BP}{AP}+\frac{CQ}{AQ}=\boxed{ケ}$$

となる。

$\boxed{エ}$，$\boxed{オ}$，$\boxed{キ}$，$\boxed{ク}$ の解答群(同じものを繰り返し選んでもよい。)

⓪ BC	① BF	② CF	③ EF
④ FP	⑤ FQ	⑥ PQ	

（2）AB=9，BC=8，AC=6とし，（1）と同様に，点Dは線分AGの中点であるとする。ここで，4点B，C，Q，Pが同一円周上にあるように点Fをとる。

このとき，$AQ=\frac{\boxed{コ}}{\boxed{サ}}AP$ であるから

$$AP=\frac{\boxed{シス}}{\boxed{セ}},\quad AQ=\frac{\boxed{ソタ}}{\boxed{チ}}$$

であり

$$\mathrm{CF}=\frac{\boxed{ツテ}}{\boxed{トナ}}$$

である。

（3） △ABC の形状や点 F の位置に関係なく，つねに $\frac{\mathrm{BP}}{\mathrm{AP}}+\frac{\mathrm{CQ}}{\mathrm{AQ}}=10$ となるのは，$\frac{\mathrm{AD}}{\mathrm{DG}}=\frac{\boxed{ニ}}{\boxed{ヌ}}$ のときである。

基本事項の確認

■ 三角形の重心，外心，内心

- 三角形の 3 つの中線（頂点と対辺の中点を結ぶ線分）の交点を**重心**という。重心は，中線を頂点の方から 2：1 に内分する。
- 三角形の 3 辺の垂直二等分線の交点を**外心**という。外心は，その三角形の外接円の中心である。
- 三角形の 3 つの内角の二等分線の交点を**内心**という。内心は，その三角形の内接円の中心である。

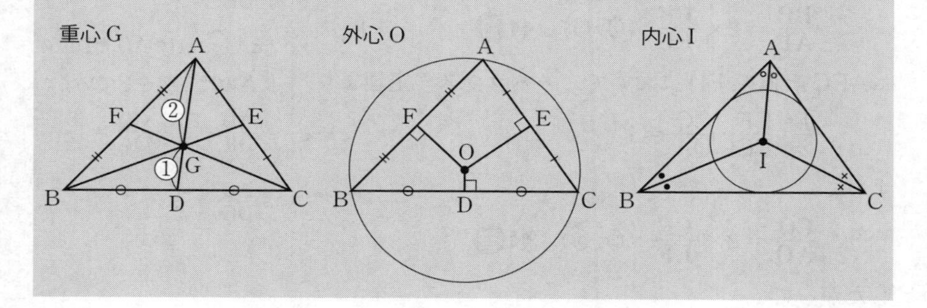

解答・解説

（1）点Gは△ABCの重心より

$$GE=\frac{1}{2}AG$$

AG：GE＝2：1

また，点Dは線分AGの中点であるから

$$AD=DG=\frac{1}{2}AG$$

よって

$$AD:DE=AD:(DG+GE)$$
$$=\frac{1}{2}AG:\left(\frac{1}{2}AG+\frac{1}{2}AG\right)$$
$$=1:2$$

であるから

$$\mathbf{\frac{AD}{DE}=\frac{1}{2}}$$ ◀◀答

△ABEと直線FPにおいて，メネラウスの定理より

$$\frac{AP}{PB}\cdot\frac{BF}{FE}\cdot 2=1$$

$\frac{AP}{PB}\cdot\frac{BF}{FE}\cdot\frac{ED}{DA}=1$,

$\frac{AD}{DE}=\frac{1}{2}$

よって

$$\mathbf{\frac{BP}{AP}}=2\times\frac{BF}{EF}$$ （①，③） ◀◀答

2という値はADとDEの長さの比と関連している。

△AECと直線FDにおいて，メネラウスの定理より

$$\frac{1}{2}\cdot\frac{EF}{FC}\cdot\frac{CQ}{QA}=1$$

$\frac{AD}{DE}\cdot\frac{EF}{FC}\cdot\frac{CQ}{QA}=1$,

$\frac{AD}{DE}=\frac{1}{2}$

よって

$$\mathbf{\frac{CQ}{AQ}}=2\times\frac{CF}{EF}$$ （②，③） ◀◀答

したがって

$$\frac{BP}{AP}+\frac{CQ}{AQ}=2\left(\frac{BF}{EF}+\frac{CF}{EF}\right)$$
$$=\frac{2(BF+CF)}{EF}$$

なお，点Fが辺BCのB，Cどちらの延長上にあっても，$\frac{BP}{AP}+\frac{CQ}{AQ}=\frac{2(BF+CF)}{EF}$ は同様に成り立つ。

ここで，点Fが辺BCのCの延長上にあるとき

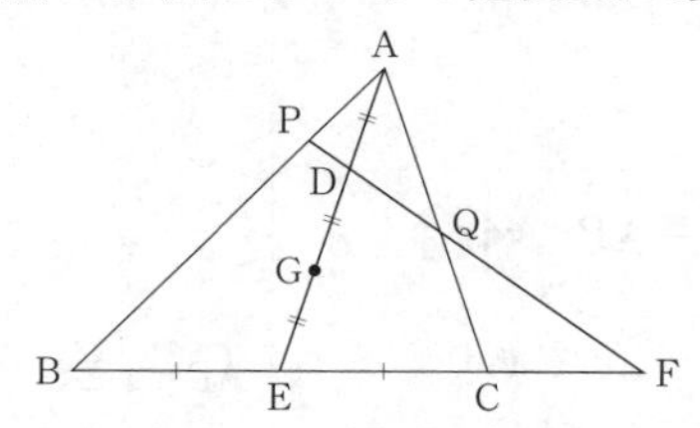

Fの位置によってBF＋CFの考察が異なるので，場合を分けて考える。

BF＝BE＋EFであり，点Eは辺BCの中点より，BE＝ECであるから

$$\begin{aligned}BF+CF&=BE+EF+CF\\&=EC+EF+CF\\&=2EF\end{aligned}$$

また，点Fが辺BCのBの延長上にあるとき

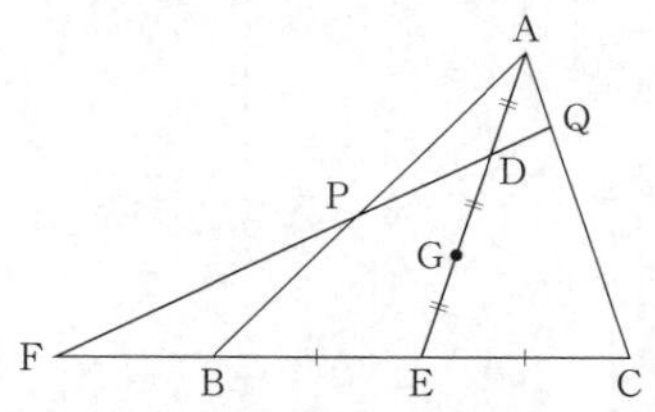

CF＝BF＋BCであり，点Eは辺BCの中点より，BC＝2BEであるから

$$\begin{aligned}BF+CF&=BF+BF+BC\\&=2(BF+BE)\\&=2EF\end{aligned}$$

よって，いずれにしても

$$\frac{\mathbf{BP}}{\mathbf{AP}}+\frac{\mathbf{CQ}}{\mathbf{AQ}}=\frac{2\cdot 2EF}{EF}=2\cdot 2=4$$ 答

EFで約分できて定数となる。

(2) 点Dが線分AGの中点であり，4点B，C，Q，Pが同一円周上にあるとき，次の図のようになる。

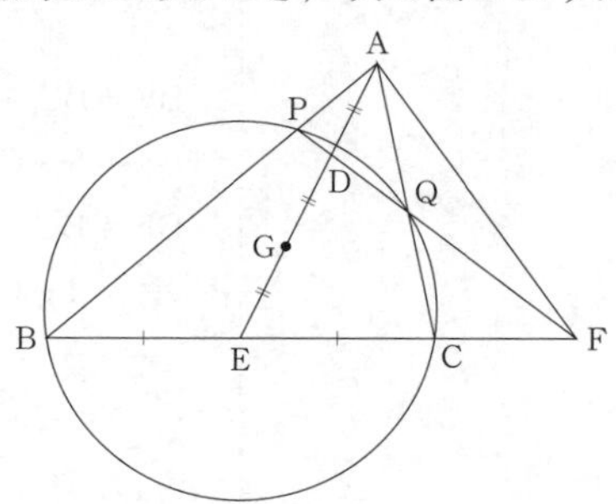

方べきの定理より

$$AP\cdot AB=AQ\cdot AC$$

よって，$AB=9$，$AC=6$ より

$$\mathbf{AQ}=\frac{AB}{AC}\cdot AP=\frac{9}{6}AP=\frac{3}{2}\mathbf{AP}$$ ◀◀答

これより，$AP=2x$ とおくと，$AQ=3x$ であり

$$BP=AB-AP=9-2x$$

$$CQ=AC-AQ=6-3x$$

であるから，$\dfrac{BP}{AP}+\dfrac{CQ}{AQ}=4$ より

$$\frac{9-2x}{2x}+\frac{6-3x}{3x}=4$$

$$3(9-2x)+2(6-3x)=24x$$

したがって

$$x=\frac{13}{12}$$

よって

$$\mathbf{AP}=2x=2\cdot\frac{13}{12}=\frac{13}{6}$$ ◀◀答

$$\mathbf{AQ}=3x=3\cdot\frac{13}{12}=\frac{13}{4}$$ ◀◀答

これより

$$AP:BP=\frac{13}{6}:\left(9-\frac{13}{6}\right)$$

$$=\frac{13}{6}:\frac{41}{6}$$

$$=13:41$$

$BC=8$ と（1）より

$$\frac{BP}{AP}=2\times\frac{BF}{EF}$$

$$\frac{41}{13}=\frac{2(8+CF)}{4+CF}$$

$$41(4+CF)=26(8+CF)$$

$$15CF=44$$

よって

$$\mathbf{CF}=\frac{44}{15}$$ ◀◀答

$AP=x$ とおくと，$AQ=\dfrac{3}{2}x$ となり，係数に分数が出現するので，少し計算が面倒になる。

（1）で得た式を使うことができる。

$$BF=BC+CF$$
$$=8+CF$$
$$EF=EC+CF$$
$$=4+CF$$

（3）AD : DE $= k : 1$ とおくと，$\dfrac{AD}{DE}=k$ である。

（1）と同様に，△ABE と直線 FP において，メネラウスの定理より

$$\frac{BP}{AP}=\frac{1}{k}\cdot\frac{BF}{EF}$$

△AEC と直線 FD において，メネラウスの定理より

$$\frac{CQ}{AQ}=\frac{1}{k}\cdot\frac{CF}{EF}$$

これらより

$$\frac{BP}{AP}+\frac{CQ}{AQ}=\frac{1}{k}\cdot\frac{BF+CF}{EF}=\frac{1}{k}\cdot\frac{2EF}{EF}$$
$$=\frac{2}{k}$$

$\dfrac{BP}{AP}+\dfrac{CQ}{AQ}=10$ となるのは

$$\frac{2}{k}=10 \text{ すなわち } k=\frac{1}{5}$$

のときである。

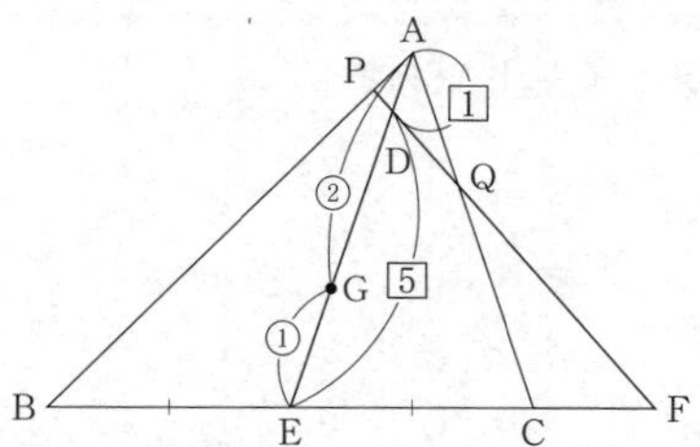

このとき，AD : DE $=1:5$ であるから

$$AD=\frac{1}{6}AE$$

また，点 G は △ABC の重心より，$AG=\dfrac{2}{3}AE$ であるから

$$DG=AG-AD=\frac{2}{3}AE-\frac{1}{6}AE=\frac{1}{2}AE$$

したがって

$$AD : DG=\frac{1}{6}AE : \frac{1}{2}AE=1:3$$

よって

$$\mathbf{\frac{AD}{DG}=\frac{1}{3}}$$ ◀◀答

（1）では，$k=\dfrac{1}{2}$ のときを考えている。（1）の考察が参考になる。

$$\frac{AP}{PB}\cdot\frac{BF}{FE}\cdot\frac{ED}{DA}=1$$

$$\frac{AD}{DE}\cdot\frac{EF}{FC}\cdot\frac{CQ}{QA}=1$$

AD : AE $=1:6$

POINT

■ 相似な三角形の利用

（2）で AP と AQ の関係を求める部分は，相似な三角形から求めてもよい。

四角形 BCQP は円に内接しており，内角はその対角の外角に等しいので

$$\angle ABC=\angle AQP,\ \angle ACB=\angle APQ$$

したがって，$\triangle ABC \backsim \triangle AQP$ であるから

$$AQ : AP = AB : AC = 9 : 6 = 3 : 2$$

よって

$$AQ=\frac{3}{2}AP$$

❗ 問題を逆に考える

本間では，（1）で $\frac{BP}{AP}+\frac{CQ}{AQ}$ がつねに同じ値をとることを示し，（3）で，$\frac{BP}{AP}+\frac{CQ}{AQ}=10$ になるのはどのようなときかを求めた。（1），（2）を考える過程で，$\frac{BP}{AP}+\frac{CQ}{AQ}$ の値が，問題の図形のどの部分の条件$\left(たとえば\ \frac{AD}{DE}\ など\right)$によって決まるのかを見出すことがポイントである。

例題 4　2017年度試行調査・改

花子さんと太郎さんは，正四面体 ABCD の各辺の中点を次の図のように E, F, G, H, I, J としたときに成り立つ性質について，コンピュータソフトを使いながら，下のように話している。二人の会話を読んで，下の問いに答えよ。

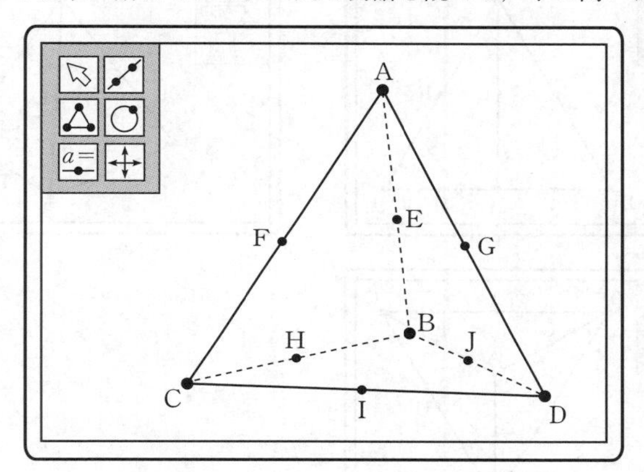

花子：四角形 FHJG は平行四辺形に見えるけれど，正方形ではないかな。
太郎：4 辺の長さが等しいことは，簡単に証明できそうだよ。

（1）太郎さんは四角形 FHJG の 4 辺の長さが等しいことを，次のように証明した。

太郎さんの証明

［ア］により，四角形 FHJG の各辺の長さはいずれも正四面体 ABCD の 1 辺の長さの［イ］倍であるから，4 辺の長さが等しくなる。

（i）［ア］に当てはまる最も適当なものを，次の⓪～④のうちから一つ選べ。

⓪ 中線定理	① 方べきの定理	② 三平方の定理
③ 中点連結定理	④ 円周角の定理	

（ii）［イ］に当てはまるものを，次の⓪～④のうちから一つ選べ。

⓪ 2	① $\frac{3}{4}$	② $\frac{2}{3}$	③ $\frac{1}{2}$	④ $\frac{1}{3}$

（2）花子さんは，太郎さんの考えをもとに，正四面体をいろいろな方向から見て，四角形 FHJG が正方形であることの証明について，下のような構想をもとに，実際に証明した。

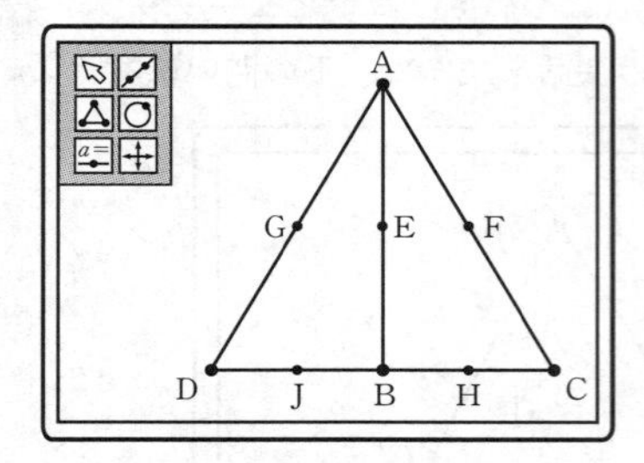

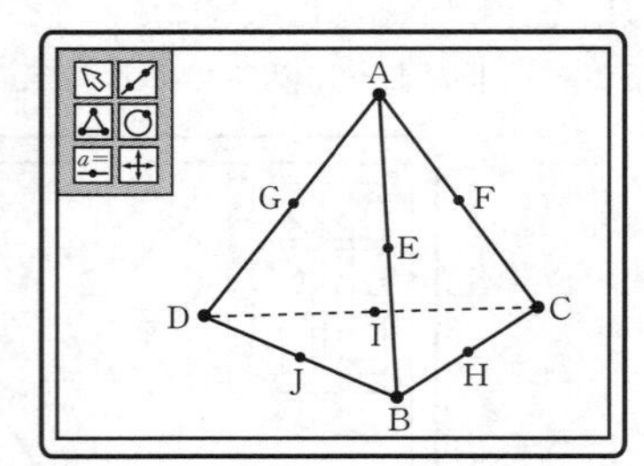

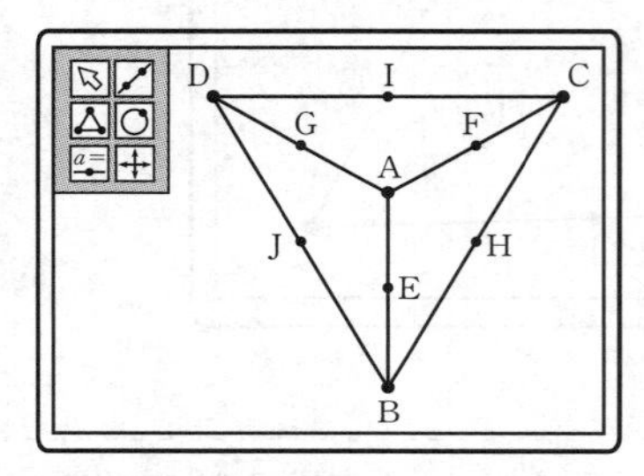

花子さんの構想

四角形において，4 辺の長さが等しいことは正方形であるための ウ 。さらに，対角線 FJ と GH の長さが等しいことがいえれば，四角形 FHJG が正方形であることの証明となるので，△FJC と △GHD が合同であることを示したい。

しかし，この二つの三角形が合同であることの証明は難しいので，別の三角形の組に着目する。

花子さんの証明

点 F，点 G はそれぞれ AC，AD の中点なので，二つの三角形 エ と オ に着目する。 エ と オ は 3 辺の長さがそれぞれ等しいので合同である。このとき， エ と オ は カ で，F と G はそれぞれ AC，AD の中点なので，FJ＝GH である。

よって，四角形 FHJG は，4 辺の長さが等しく対角線の長さが等しいので正方形である。

（i） ウ に当てはまるものを，次の⓪～③のうちから一つ選べ。

⓪ 必要条件であるが十分条件でない
① 十分条件であるが必要条件でない
② 必要十分条件である
③ 必要条件でも十分条件でもない

（ii） エ ， オ に当てはまるものが，次の⓪～⑤の中にある。当てはまるものを一つずつ選べ。ただし， エ と オ の解答の順序は問わない。

⓪ △AGH	① △AIB	② △AJC
③ △AHD	④ △AHC	⑤ △AJD

（iii） カ に当てはまるものを，次の⓪～③のうちから一つ選べ。

⓪ 正三角形	① 二等辺三角形
② 直角三角形	③ 直角二等辺三角形

四角形FHJGが正方形であることを証明した太郎さんと花子さんは，さらに，正四面体ABCDにおいて成り立つ他の性質を見いだし，下のように話している。

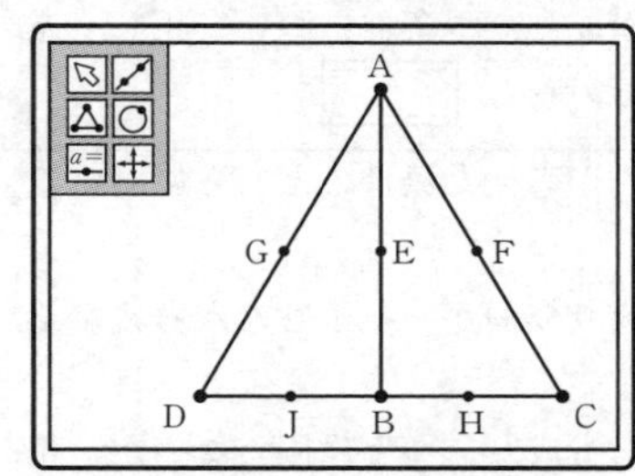

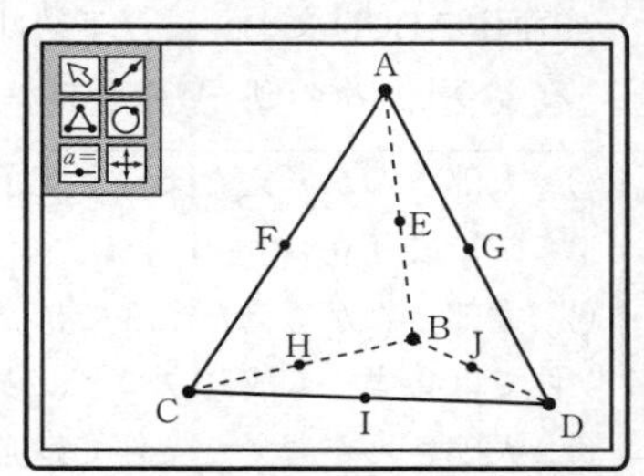

花子：線分EIと辺CDは垂直に交わるね。
太郎：そう見えるだけかもしれないよ。証明できる？
花子：(a)辺CDは線分AIともBIとも垂直だから，(b)線分EIと辺CDは垂直といえるよ。
太郎：そうか……。ということは，(c)この性質は，四面体ABCDが正四面体でなくても成り立つ場合がありそうだね。

（3）下線部(a)から下線部(b)を導く過程で用いる性質として正しいものを，次の⓪～④のうちから**二つ**選べ。 キ ， ク

⓪ 平面 α 上にある直線 ℓ と平面 α 上にない直線 m が平行ならば，$\alpha /\!/ m$ である。
① 平面 α 上にある直線 ℓ，m が点 P で交わっているとき，点 P を通り平面 α 上にない直線 n が直線 ℓ，m に垂直ならば，$\alpha \perp n$ である。
② 平面 α と直線 ℓ が点 P で交わっているとき，$\alpha \perp \ell$ ならば，平面 α 上の点 P を通るすべての直線 m に対して，$\ell \perp m$ である。
③ 平面 α 上にある直線 ℓ，m がともに平面 α 上にない直線 n に垂直ならば，$\alpha \perp n$ である。
④ 平面 α 上に直線 ℓ，平面 β 上に直線 m があるとき，$\alpha \perp \beta$ ならば，$\ell \perp m$ である。

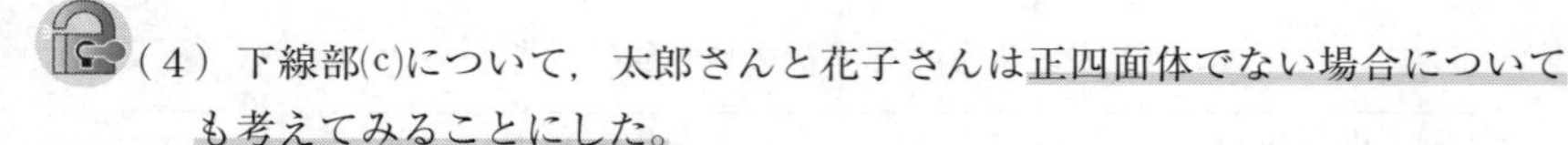
（4）下線部(c)について，太郎さんと花子さんは正四面体でない場合についても考えてみることにした。

四面体 ABCD において，AB，CD の中点をそれぞれ E，I とするとき，下線部(b)が常に成り立つ条件について，次のように考えた。

太郎さんが考えた条件：AC＝AD，BC＝BD

花子さんが考えた条件：BC＝AD，AC＝BD

四面体 ABCD において，下線部(b)が成り立つ条件について正しく述べているものを，次の⓪～③のうちから一つ選べ。 ケ

⓪ 太郎さんが考えた条件，花子さんが考えた条件のどちらにおいても常に成り立つ。
① 太郎さんが考えた条件では常に成り立つが，花子さんが考えた条件では必ずしも成り立つとは限らない。
② 太郎さんが考えた条件では必ずしも成り立つとは限らないが，花子さんが考えた条件では常に成り立つ。
③ 太郎さんが考えた条件，花子さんが考えた条件のどちらにおいても必ずしも成り立つとは限らない。

基本事項の確認

■ 平面と垂直な直線

- 平面 α 上の交わる 2 直線 m，n と直線 ℓ が垂直ならば，直線 ℓ と平面 α は垂直である。
- 平面 α と垂直な直線を含む平面は，平面 α と垂直である。

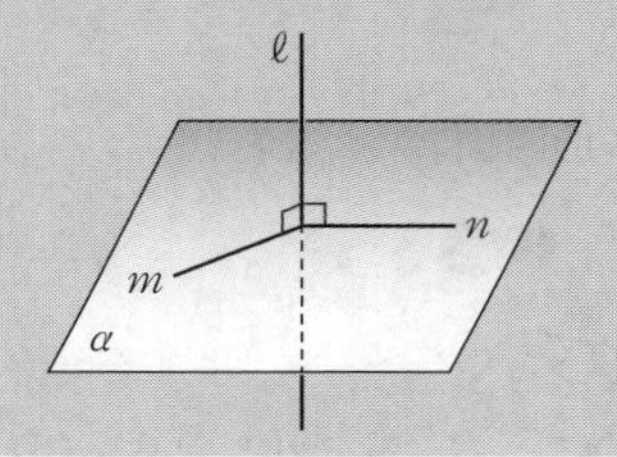

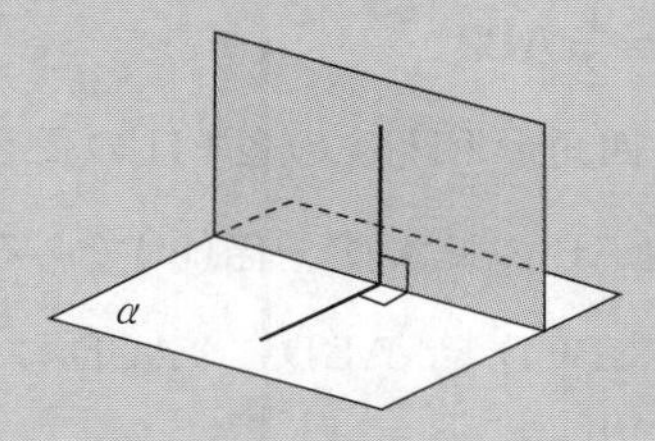

解答・解説

（1）（ⅰ），（ⅱ）△ABC において，点 F，H はそれぞれ辺 AC，BC の中点であるから，中点連結定理（③）より ◀◀答

$$FH = \frac{1}{2}AB$$

すなわち，四角形 FHJG の辺 FH の長さは正四面体 ABCD の辺 AB の長さの $\frac{1}{2}$ 倍（③）である。 ◀◀答

同様に，△BCD，△ABD，△ACD において

$$HJ = \frac{1}{2}CD,\ JG = \frac{1}{2}BA,\ GF = \frac{1}{2}DC$$

であるから，四角形 FHJG の 4 辺の長さは等しい。

これと AB＝CD より，FH，HJ，JG，GF はすべて長さが等しいことがわかる。

（2）（ⅰ）四角形において，命題「4 辺の長さが等しいならば正方形である」は偽であり，命題「正方形ならば 4 辺の長さが等しい」は真である。

反例；ひし形

よって，4 辺の長さが等しいことは正方形であるための必要条件であるが十分条件でない（⓪）。 ◀◀答

（ⅱ）線分 FJ と GH を含む三角形として，△AJC（②）と △AHD（③）に着目する。 ◀◀答

△AJC と △AHD において

$$AJ = AH = CJ = DH,\ AC = AD$$

より，3 組の辺がそれぞれ等しいから △AJC≡△AHD である。

（ⅲ）正四面体 ABCD の 1 辺の長さを a とすると

$$AJ = AB\sin 60^\circ = \frac{\sqrt{3}}{2}a$$

であり，AJ＝AH＝CJ＝DH より，△AJC と △AHD は二等辺三角形（①）である。 ◀◀答

このとき，$AJ^2 + CJ^2 \fallingdotseq AC^2$ より，△AJC は直角三角形ではない。

（3）3 点 A，B，I を通る平面 α 上にある線分 AI，BI は，辺 CD 上の点 I で交わり，辺 CD は線分 AI とも BI とも垂直であるから，平面 α と辺 CD は垂直である。

よって，平面 α 上の点 I を通るすべての直線と辺 CD は垂直であるから，線分 EI と辺 CD は垂直である。

❶において，直線 ℓ，m は直線 AI，BI に，点 P は点 I に，直線 n は直線 CD に対応する。
また，❷において，直線 ℓ は直線 CD に，直線 m は直線 EI に対応する。

以上に対応するのは，①，②である。 ◀◀答

（4）AC＝ADのとき△ACDは二等辺三角形であり，点Iは辺CDの中点であるから，AIとCDは垂直に交わる。また，同様に，BC＝BDのときBIとCDは垂直に交わる。よって，下線部(a)が成り立つから，太郎さんが考えた条件において下線部(b)は常に成り立つ。

二等辺三角形の頂角の頂点と底辺の中点を結ぶ線分は，底辺に垂直である。

BC＝AD，AC＝BDのとき，3組の辺がそれぞれ等しいから△ABC≡△BADである。よって，∠EAC＝∠EBDより，2組の辺とその間の角がそれぞれ等しいから△ACE≡△BDEである。

ABは共通。

AC＝BD，
AE＝BE

このことから，△CDEはCE＝DEの二等辺三角形であり，点Iは辺CDの中点であるから，EIとCDは垂直に交わる。よって，花子さんが考えた条件において下線部(b)は常に成り立つ。

以上より，太郎さんが考えた条件，花子さんが考えた条件のどちらにおいてもつねに成り立つ。(⓪)

◀◀答

POINT

❗ 拡張を考える

（1）～（3）では，正四面体ABCDにおいてEI⊥CDが成り立つことを示した。そして，（4）では，（3）までの考察を踏まえて，EI⊥CDが成り立つ条件を，正四面体ではない場合について考えた。

このように問題解決の過程を振り返り，その拡張を考える問題がある。普段から，「条件を変えると，この証明はどうなるだろう」などと考えながら図形の問題に取り組んでみよう。

演習問題

演習1 (解答は34ページ)

太郎さんと花子さんは，ある日の数学の授業で垂心について学習した。

> **定義**　△ABC の各頂点から対辺，またはその延長に下ろした 3 本の垂線は 1 点で交わり，その交点を垂心という。

また，垂心について，次の定理を教わった。

> **定理**　△ABC の垂心を H とし，△ABH，△BCH，△CAH の外接円の半径をそれぞれ R_1，R_2，R_3 とするとき $R_1=R_2=R_3$ である。

△ABH，△BCH，△CAH の外接円の中心をそれぞれ $\mathrm{O_C}$，$\mathrm{O_A}$，$\mathrm{O_B}$ として，下の問いに答えよ。

(1) 太郎さんは，△ABC が鋭角三角形の場合におけるこの定理の証明について，次のように考えた。

太郎さんの考え

三つの四角形 $\mathrm{O_ACO_BH}$，$\mathrm{O_BAO_CH}$，$\mathrm{O_CBO_AH}$ がそれぞれ [ア] であることが，$R_1=R_2=R_3$ であるための必要十分条件である。

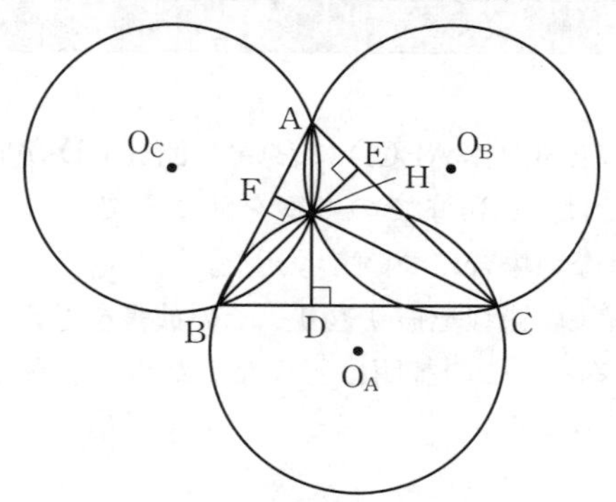

まず，四角形 $\mathrm{O_ACO_BH}$ が [ア] であることを証明する。

直線 AH と直線 BC，直線 BH と直線 CA，直線 CH と直線 AB の交点をそれぞれ D，E，F とすると，∠CAD＝[イ] および円周角の定理より $\angle \mathrm{CO_AH}=\angle \mathrm{CO_BH}$ であることから，四角形 $\mathrm{O_ACO_BH}$ が [ア] であることがいえる。

同様に，四角形 $\mathrm{O_BAO_CH}$，$\mathrm{O_CBO_AH}$ も [ア] であることがいえる。

[ア] については，最も適当なものを，次の⓪～④のうちから一つ選べ。

⓪ 平行四辺形	① ひし形	② 台形
③ 長方形	④ 正方形	

[イ] の解答群

⓪ ∠ABE	① ∠ACF	② ∠BAD
③ ∠BCF	④ ∠CBE	

（2）

花子：逆に，半径の等しい三つの円があって，そのうち二つずつがそれぞれ A と H，B と H，C と H で交わるとき，点 H は △ABC の垂心であることを証明できないかな。次のような図の場合で考えてみよう。

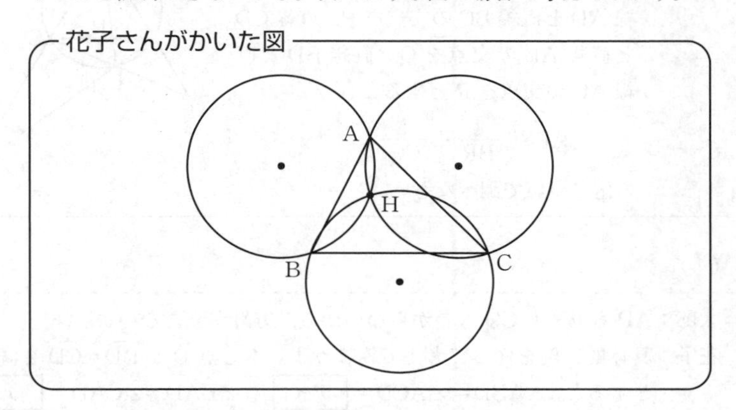

太郎：点 A，B を通り半径 R の円の中心を O_C，点 B，C を通り半径 R の円の中心を O_A，点 C，A を通り半径 R の円の中心を O_B として，AH と BC の交点を D，BH と CA の交点を E，CH と AB の交点を F として，[ウ] を示せばいいね。

花子：それなら，**太郎さんの考え**を逆にたどれば証明できるよ。

[ウ] については，最も適当なものを，次の⓪～③のうちから一つ選べ。

⓪ AD，BE，CF が 1 点 H で交わること
① AO_A，BO_B，CO_C が 1 点 H で交わること
② $\angle CAB + \angle ABC + \angle BCA = 180°$ であること
③ $\angle ADB = \angle BEC = \angle CFA = 90°$ であること

（3）点Hは$\triangle O_AO_BO_C$の エ である。

エ の解答群

⓪ 重心　　① 内心　　② 外心　　③ 垂心

演習2 （解答は35ページ）

円周上に異なる2点をとった場合，弧は二つできるが，以下の問題では，弧は二つあるうちの小さい方を指すものとする。

ある日，太郎さんと花子さんは，先生から次のような宿題が出された。

宿題　正三角形ABCの外接円の弧BC上（ただし，両端は除く）に点Dをとる。直線ADと直線BCの交点をP，直線CDと直線ABの交点をQ，直線BDと直線ACの交点をRとするとき

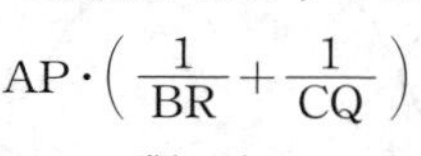

$$AP\cdot\left(\frac{1}{BR}+\frac{1}{CQ}\right)$$

の値について調べなさい。

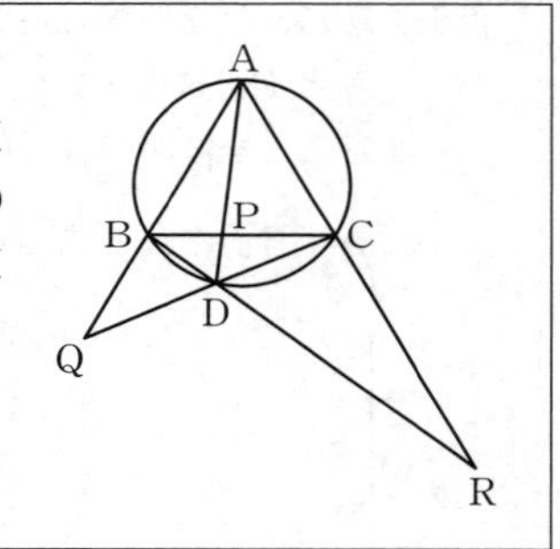

（1）

太郎：AP も BR も CQ もわからないから，方針が立たないよ。

花子：具体的に例を作って考えてみようよ。もし点Dが$\overset{\frown}{BD}=\overset{\frown}{CD}$を満たすとすると，$\angle ABD=\angle ACD=$ アイ °，$\angle BAD=\angle CAD=$ ウエ °だね。だから，$\triangle ABC$の一辺の長さをaとして計算すると…。

太郎：$AP\cdot\left(\dfrac{1}{BR}+\dfrac{1}{CQ}\right)=$ オ になったよ。

オ の解答群

⓪ $\dfrac{1}{2}$　　① $\dfrac{\sqrt{3}}{3}$　　② 1　　③ $\sqrt{3}$　　④ 2

（2）

太郎：宿題の図をよく見ると，相似な三角形が何組か見つかるよ。三角形の相似を利用できないかな。

花子：AP や BR を１辺とする三角形に着目するとうまくいきそうだよ。

花子さんのノート

△ABD は［カ］，［キ］と相似であることから，BR の長さは AB，AP，BP を用いて表すことができる。

同様に，CQ の長さは AC，AP，CP を用いて表すことができ，これらを用いて計算すると，$\mathrm{AP}\cdot\left(\dfrac{1}{\mathrm{BR}}+\dfrac{1}{\mathrm{CQ}}\right)=$［オ］となる。

［カ］，［キ］については，当てはまるものを，次の⓪～④のうちから一つずつ選べ。ただし，解答の順序は問わない。

⓪ △APB	① △BAC	② △CBQ
③ △QBD	④ △RBA	

（3）正三角形 ABC の１辺の長さを a とする。△DBQ と △DCR の外接円に注目すると，$\mathrm{AP}\cdot(\mathrm{BR}+\mathrm{CQ})=\dfrac{［ク］}{\mathrm{BD}\cdot\mathrm{CD}}$ である。

［ク］の解答群

⓪ a^2	① $2a^2$	② $4a^2$	③ a^4	④ $2a^4$	⑤ $4a^4$

演習3 (解答は37ページ)

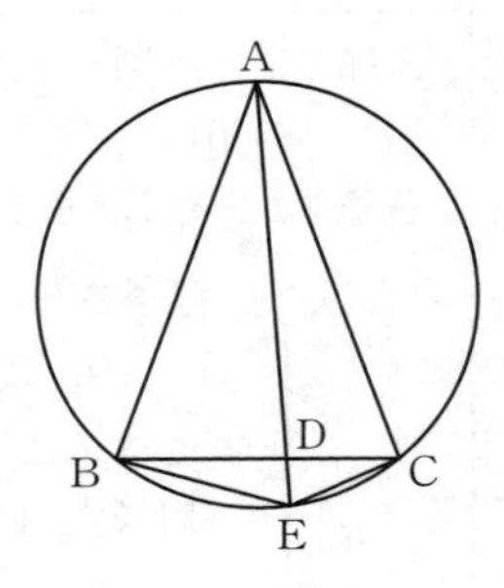

$AB=AC$ である二等辺三角形ABCがある。辺BC上に点Dをとり，△ABCの外接円と直線ADの交点のうち，Aでない方をEとする。また，以下では，点Dは2点B，Cとは異なる点とする。

（1）太郎さんと花子さんは，この図形について

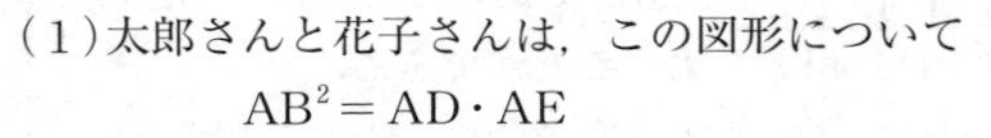

$$AB^2=AD\cdot AE$$

が成り立つことを知り，その理由について，次のように考察した。

太郎：少し考えてみたんだけど，途中で行き詰まってしまったんだ。

太郎さんのノート

［ア］より

$$BD\cdot DC=AD\cdot DE$$

両辺に AD^2 をたすと

$$BD\cdot DC+AD^2=AD\cdot(AD+DE)$$

よって

$$BD\cdot DC+AD^2=AD\cdot AE$$

あとは $BD\cdot DC+AD^2=AB^2$ がいえればいいのだけれど…。

花子：点Aから辺BCに垂線を下ろして考えるとどうかな。

花子さんのノート

$BD \geqq CD$ のとき，点Aから辺BCに下ろした垂線と辺BCの交点をHとすると，Hは辺BCの中点であるから

$$BD=BH+DH,\quad DC=BH-DH$$

より

$$BD\cdot DC=(BH+DH)(BH-DH)$$
$$=BH^2-DH^2$$

$BD<CD$ のときも

$$BD=BH-DH,\quad DC=BH+DH$$

より

$$BD\cdot DC=BH^2-DH^2$$

ここで，［イ］より

$$AD^2=AH^2+DH^2,\quad AH^2=AB^2-BH^2$$

であるから

$$BD \cdot DC + AD^2 = AB^2$$

ア，イ については，最も適当なものを，次の⓪～④のうちから一つずつ選べ。ただし，同じものを繰り返し選んでもよい。

⓪ 中線定理　① 方べきの定理　② 三平方の定理
③ 中点連結定理　④ 円周角の定理

（2）

太郎：ア と イ を使って宿題を解くことができたね。
花子：うん。でも，$AB^2 = AD \cdot AE$ という式の形を見ると，ア を使った別の方法で証明することができるんじゃないかと思うの。
太郎：ウ を示すということ？ それなら，$\angle ABD =$ エ と，2点A，Eは直線BDに関して反対側にあることから示すことができるよ。

ウ については，最も適当なものを，次の⓪～③のうちから一つ選べ。

⓪ BEとABが垂直であること
① △BDEの外接円がABと2点で交わること
② △BDEの外接円がABと接すること
③ △BDEの外接円がABと共有点をもたないこと

エ の解答群

⓪ ∠ACE　① ∠ADB　② ∠AEB
③ ∠BAE　④ ∠CAE

(3)

太郎：これまでは，辺BC上に点Dをとったけど，点Dが直線BC上にあって辺BC上にない場合にも，△ABCの外接円とADの交点Eについて$AB^2=AD \cdot AE$は成り立つのかな。

花子：辺BCの点Cの方の延長上に点Dがあるときを考えれば十分だね。

点Dが直線BC上にあって辺BC上にないとき，［ウ］，∠ABD＝［エ］，$AB^2=AD \cdot AE$が成り立つかどうかの組合せとして正しいものは，［オ］である。

［オ］の解答群

	［ウ］	∠ABD＝［エ］	$AB^2=AD \cdot AE$
⓪	成り立つ	成り立つ	成り立つ
①	成り立つ	成り立つ	成り立たない
②	成り立つ	成り立たない	成り立つ
③	成り立つ	成り立たない	成り立たない
④	成り立たない	成り立つ	成り立つ
⑤	成り立たない	成り立つ	成り立たない
⑥	成り立たない	成り立たない	成り立つ
⑦	成り立たない	成り立たない	成り立たない

演習4 （解答は38ページ）

ある日，太郎さんと花子さんのクラスでは，数学の授業で先生から次のような宿題が出された。

> **宿題** 点Oを中心とする半径1の円Oに，鋭角三角形ABCが内接している。辺BC（ただし，両端は除く）上に点Dをとり，円Oの点Aを含まない弧BC上に点Eを∠BDE＝60°を満たすようにとる。
> さらに，△BEDの外接円と直線ABの交点のうちBでない方をF，△CDEの外接円と直線ACの交点のうちCでない方をGとする。
> このとき，3点D，F，Gの位置関係について調べなさい。

（1）

太郎：いくつか図をかいてみると，∠BDE＝60°を満たすように点Dを辺BC上のどこにとっても，3点F，D，Gは一直線上にあるように見えるよ。

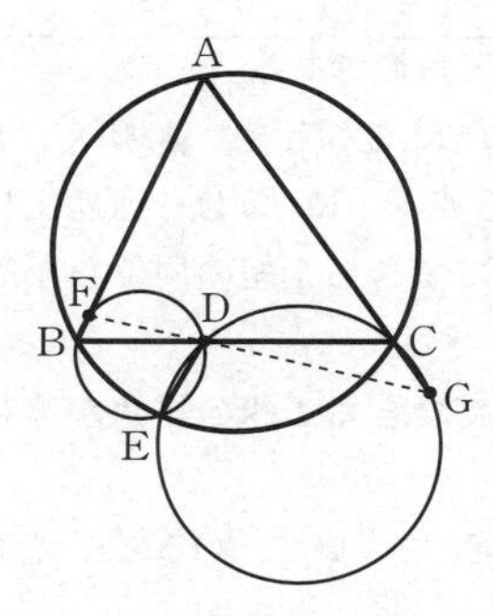

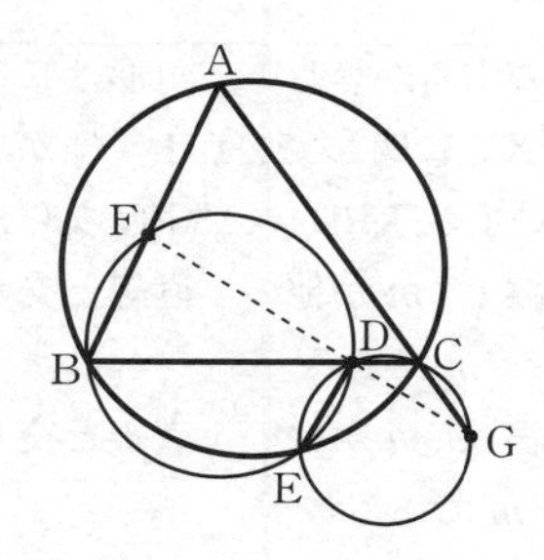

花子：本当だ！ 証明できるかな。

太郎さんは，∠BDE＝60°を満たすように点Dを辺BC上のどこにとっても3点F，D，Gが一直線上にあることを，次のように証明した。

太郎さんの証明

円周角の定理より

∠BDF＝∠［ア］，∠CDG＝∠［イ］ ……………①

ここで，△BEFと△CEGにおいて

∠BFE＝∠CGE ……………②

であり，さらに

∠FBE＝180°－∠ACE＝∠GCE ……………③

より △ ア ∽ △ イ である。

よって，∠ ア ＝∠ イ であり，これと①より

$$\angle BDF = \angle CDG$$

であるから，3 点 F，D，G は一直線上にある。

ア の解答群

⓪ BEF	① BFE	② DBE	③ DEF

イ の解答群

⓪ CEG	① CGD	② DCE	③ EDG

（2）∠BDF＝∠CDG から 3 点 F，D，G が一直線上にあることをいうために用いる性質として，次の⓪～⑤のうち，正しいものは， ウ である。

ウ の解答群

⓪ 二つの内角が等しい三角形は二等辺三角形である。

① 直線 XY に関して 2 点 P，Q が反対側にあるとき，直線 XY 上の点 R について ∠XRP＝∠YRQ ならば，3 点 P，R，Q は一直線上にある。

② 2 直線 ℓ，m が他の 1 直線と交わってできる 1 組の同位角が等しいとき，$\ell /\!/ m$ である。

③ 2 直線 ℓ，m が他の 1 直線と交わってできる 1 組の錯角が等しいとき，$\ell /\!/ m$ である。

④ 点 O′ を中心とする円 O' の周上の点 X について，$O'X \perp \ell$ であるとき，円 O' と直線 ℓ は点 X で接する。

⑤ △XYZ の辺 YZ，ZX，XY，またはその延長上にそれぞれ点 P，Q，R があり，この 3 点のうち一つまたは三つが辺の延長上にあるとき，$\dfrac{YP}{PZ} \cdot \dfrac{ZQ}{QX} \cdot \dfrac{XR}{RY} = 1$ が成り立てば，3 点 P，Q，R は一直線上にある。

太郎：∠BDE＝60° を満たすように点 D を辺 BC 上のどこにとっても，
　3 点 F，D，G は一直線上にあることが証明できたね。
花子：△ABC が鈍角三角形の場合や ∠BDE ≒ 60° の場合についても，**太郎さんの証明**の一部を修正することで，点 D を辺 BC 上のどこにとっても 3 点 F，D，G は一直線上にあることが証明できないかな。

（3）花子さんは，△ABC が鈍角三角形の場合や ∠BDE ≒ 60° の場合として，次のような三つの図をかいた。

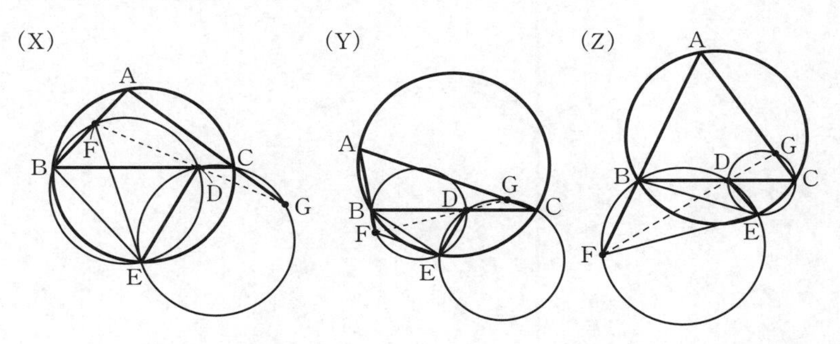

(X)，(Y)，(Z) の中には，3 点 F，D，G が一直線上にあることを証明するために**太郎さんの証明**を修正しなければならないものはあるか。①，②，③のそれぞれについて，修正しなければならない場合の有無の組合せとして，次の⓪～⑦のうち，正しいものは［エ］である。

［エ］の解答群

	⓪	①	②	③	④	⑤	⑥	⑦
①	有	有	有	有	無	無	無	無
②	有	有	無	無	有	有	無	無
③	有	無	有	無	有	無	有	無

【MEMO】

模擬試験

数　学　Ⅰ・数　学　A

（全問必答）

第1問　（配点　30）

〔1〕

（1）実数 x についての不等式 $|x-4|-1<0$ の解は

$$\boxed{\text{ア}} < x < \boxed{\text{イ}}$$

である。

また，$y=||x-4|-1|$ のグラフの概形は ウ である。

ウ の解答群

⓪

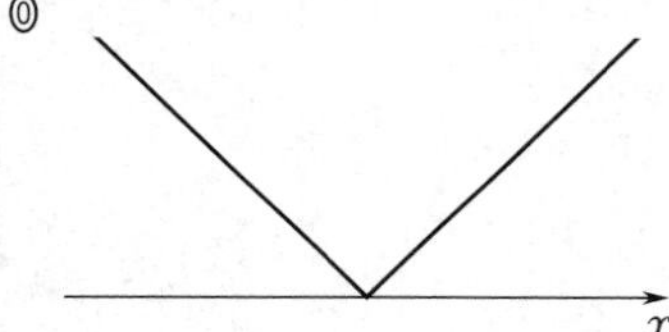

①

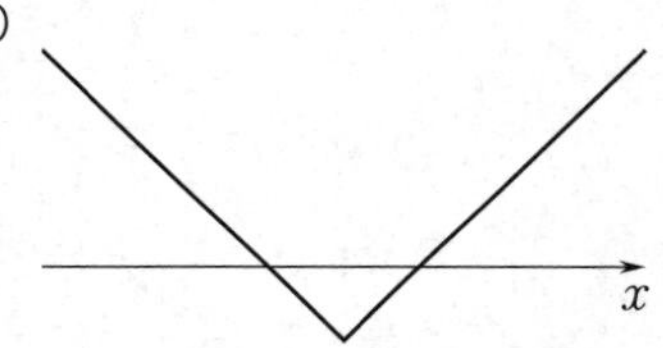

②

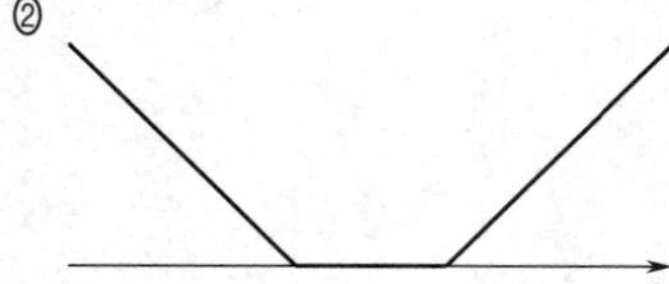

③

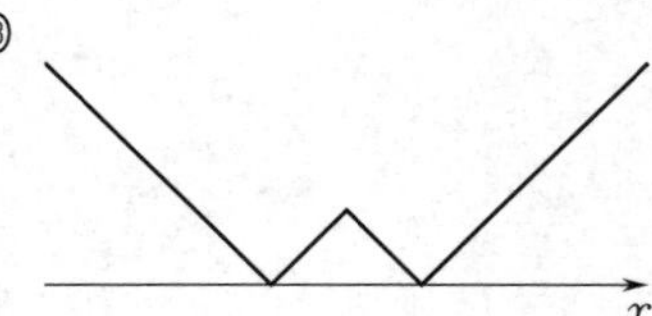

④

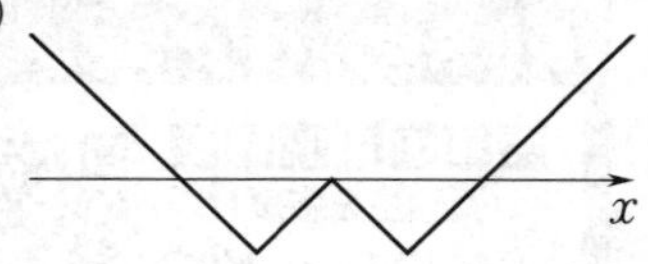

⑤

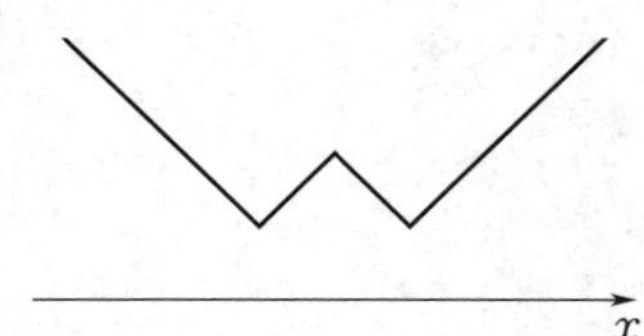

（2）実数xについての不等式$||x-4|-1|-2<0$の解は

$\boxed{\text{エ}}<x<\boxed{\text{オ}}$

である。

また，実数kに対して，実数xについての不等式$||x-4|-1|-k<0$の解が，実数a，bを用いて$a<x<b$と表せるのは

$k>\boxed{\text{カ}}$

のときである。

〔2〕以下の問題を解答するにあたっては，必要に応じて239ページの三角比の表を用いてもよい。

太郎さんは，学校Sの最上部からマンションA，高層ビルBの最上部を見上げる角の大きさと，二つの建物がある地点の間の距離の関係について考えている。

学校S，マンションA，高層ビルBが建っている地点の標高はすべて等しく，学校Sと高層ビルBの間の距離は288mであるとする。また，太郎さんの身長は考えないものとする。

（1）学校Sの最上部の高さは20mであり，高層ビルBの最上部の高さは92mであるとする。

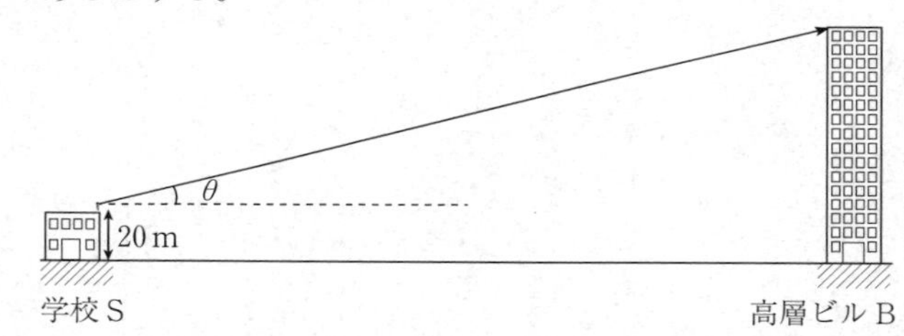

このとき，太郎さんが学校Sの最上部から高層ビルBの最上部を見上げる角の大きさをθとすると，$\tan\theta = \dfrac{\boxed{キ}}{\boxed{ク}}$である。

(2) マンションAは，学校Sから高層ビルBを見る方向から右回りに60° 回転させた方向に建っており，マンションAの最上部の高さは47mであるとする。

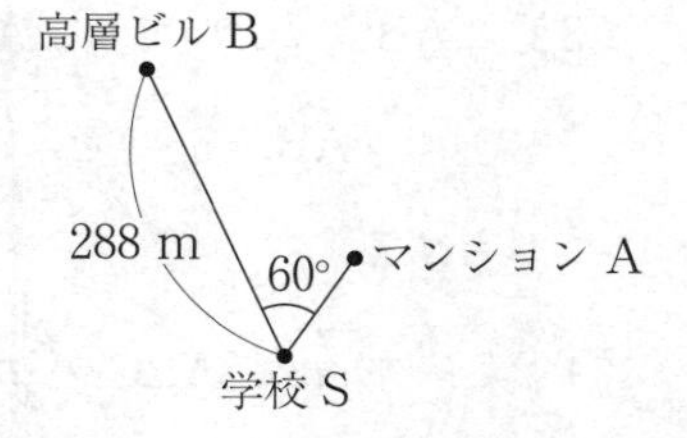

太郎さんが学校Sの最上部からマンションAと高層ビルBの最上部をそれぞれ見上げる角の大きさが同じであったとき，学校Sがある地点とマンションAがある地点の間の距離は ケコサ mであり，マンションAがある地点と高層ビルBがある地点の間の距離は シスセ mである。

以上のことから，マンションAの最上部から高層ビルBの最上部を見上げる角の大きさは，約 ソ である。

ソ については，最も適当なものを，次の⓪～⑤のうちから一つ選べ。

⓪ 2°	① 4°	② 6°	③ 8°	④ 10°	⑤ 12°

〔3〕 △ABC において，∠ABC は鈍角であり

$$AB=5,\ BC=7,\ \sin\angle ABC=\frac{3\sqrt{11}}{10}$$

とする。

（1）

$$\cos\angle ABC=\frac{\boxed{タチ}}{\boxed{ツテ}},\ AC=\boxed{ト}$$

であり

$$\frac{\sin\angle BAC}{\sin\angle ACB}=\frac{\boxed{ナ}}{\boxed{ニ}}$$

である。

（2）線分 AC を1：2 に内分する点を D とし，△ABC の外接円と直線 BD の交点のうち B でない方の点を E とする。

△ADE と △CDE の面積の比に着目すると

$$\frac{AE}{CE}=\frac{\boxed{ヌ}}{\boxed{ネノ}}$$

である。

（下 書 き 用 紙）

数学 I・数学 A の試験問題は次に続く。

第2問 （配点　30）

〔1〕関数 $f(x)=ax^2+bx+c$ について，$y=f(x)$ のグラフをコンピュータのグラフ表示ソフトを用いて表示させる。

このソフトでは，係数 a，b，c の値を入力すると，その値に応じたグラフが表示される。さらに，A，B，C それぞれの下にある・を左に動かすと係数の値が減少し，右に動かすと係数の値が増加するようになっており，値の変化に応じて関数のグラフが座標平面上を動く仕組みになっている。

最初に，$a=1$，$b=1$，$c=1$としたところ，図1のようなグラフが表示された。

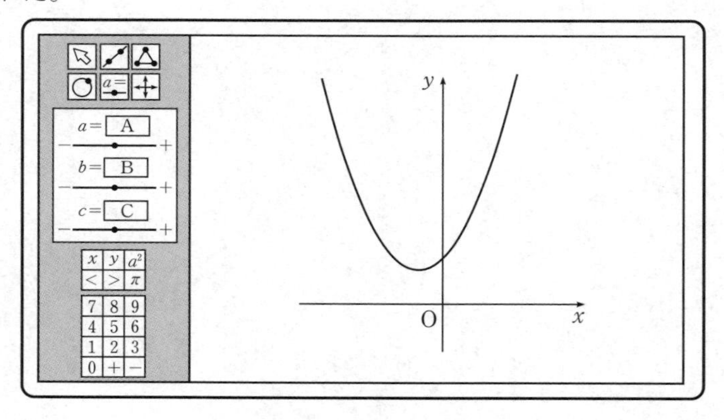

図1

（1）図1の状態から，c の値だけを変化させ，$c=0$ にしたとき表示されるグラフは ア である。また，図1の状態から，b の値だけを変化させ，$b=0$ にしたとき表示されるグラフは イ である。

ア ，イ の解答群

⓪

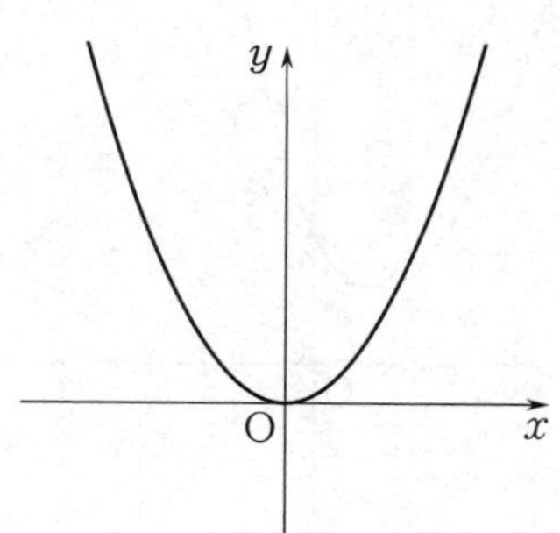

①

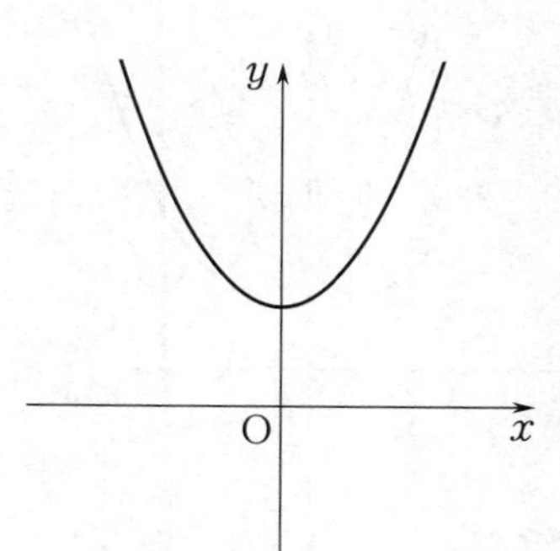

②

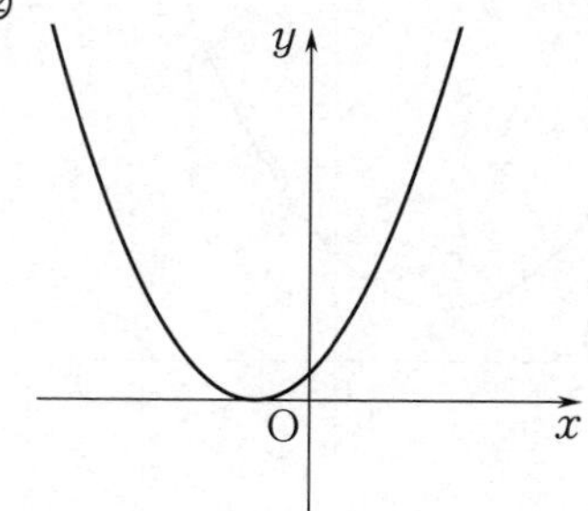

③

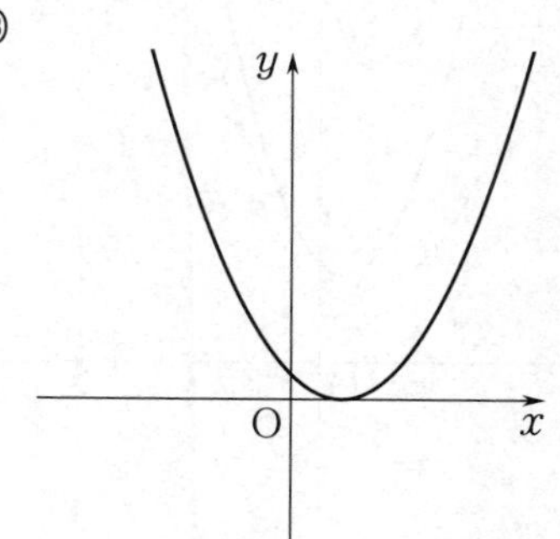

④

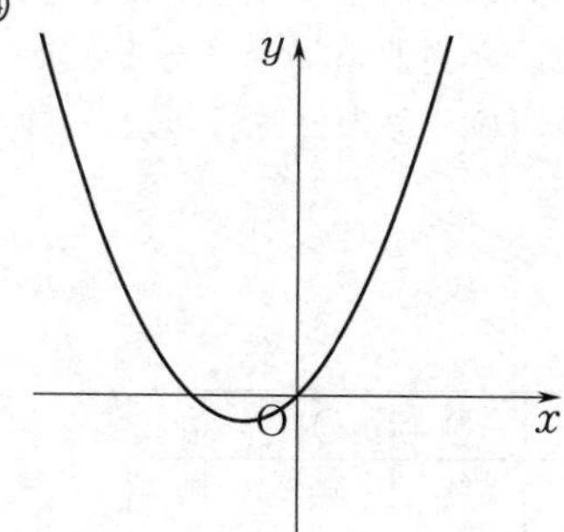

⑤

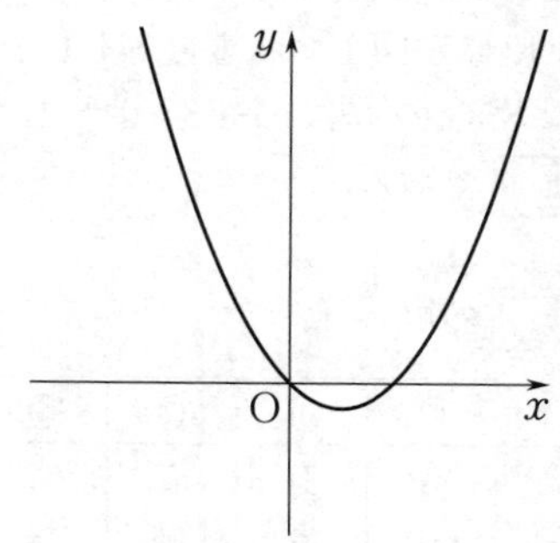

（2）図1の状態から，aの値だけを増加させたときに表示されるグラフとして，次の⓪〜③のうち，適当なものは［ウ］である。なお，点線で表したものは，図1の状態のグラフである。

［ウ］の解答群

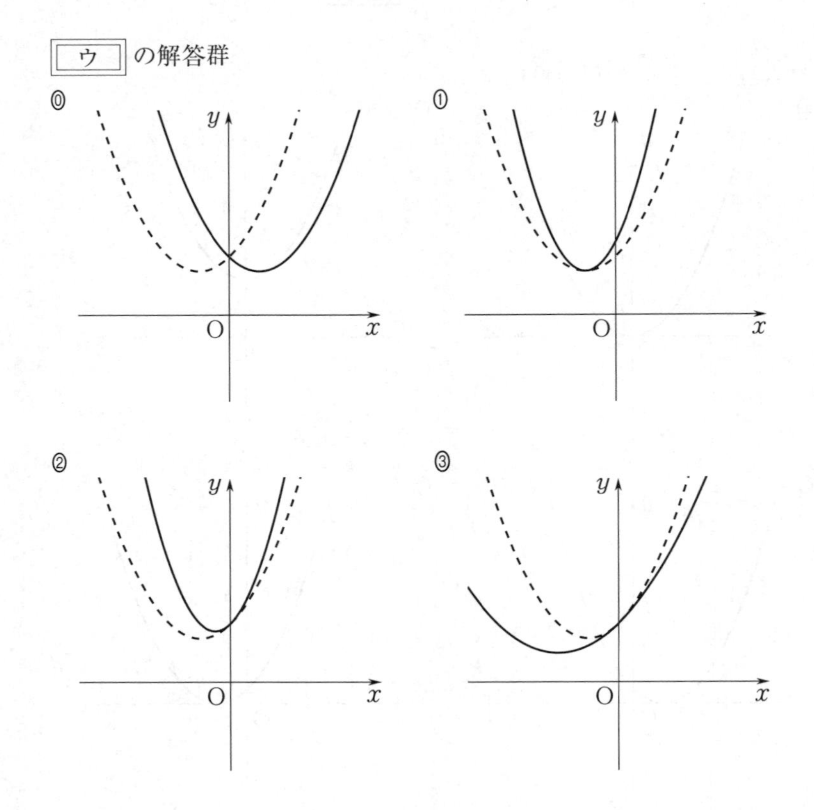

（3）図1の状態から，a，b，cのうち一つの値だけを変化させたとき，頂点のy座標が図1の状態と等しいグラフが表示される場合はあるか。そのような場合の有無の組合せとして，次の⓪〜⑦のうち，正しいものは［エ］である。

［エ］の解答群

	⓪	①	②	③	④	⑤	⑥	⑦
a	有	有	有	有	無	無	無	無
b	有	有	無	無	有	有	無	無
c	有	無	有	無	有	無	有	無

（4）$a=1$とし，b，cの値をいろいろ変化させたところ，b，cがある値のときに，x軸と接するグラフが表示された。

このとき，b，cの値について，次の⓪〜⑤のうち，必ず成り立っているものは［オ］である。

［オ］の解答群

⓪ $b \geqq 0$	① $b=0$	② $b \leqq 0$
③ $c \geqq 0$	④ $c=0$	⑤ $c \leqq 0$

この状態のb，cの値をそれぞれb_0，c_0とする。この状態からbの値のみを変化させたときに表示されるグラフとx軸の共有点について，次の⓪〜③のうち，b_0の値によらず正しいものは［カ］である。

［カ］の解答群

⓪ bの値をどのように変化させても，共有点をもつことはない。
① bの値をうまく変化させると共有点をもつことがあるが，どのように変化させても，$x>0$の範囲に二つの共有点をもつことはない。
② bの値をうまく変化させると共有点をもつことがあるが，どのように変化させても，$x<0$の範囲に二つの共有点をもつことはない。
③ bの値をうまく変化させると共有点をもつことがあるが，どのように変化させても，$x>0$の範囲と$x<0$の範囲に一つずつの共有点をもつことはない。

〔2〕ある学校の生徒10人に対して，100点満点のテストを2回行った。このテストの結果を分析しよう。

テストを受けた10人の1回目の得点と2回目の得点の組を $(x_1,\ y_1)$，$(x_2,\ y_2)$，…，$(x_{10},\ y_{10})$ とし，1回目の得点の平均を α，2回目の得点の平均を β とする。また，1回目の得点の平均値からの偏差の2乗の和を a，2回目の得点の平均値からの偏差の2乗の和を b，1回目の得点の平均値からの偏差と2回目の得点の平均値からの偏差の積の和を c とする。すなわち

$$a=(x_1-\alpha)^2+(x_2-\alpha)^2+\cdots+(x_{10}-\alpha)^2$$
$$b=(y_1-\beta)^2+(y_2-\beta)^2+\cdots+(y_{10}-\beta)^2$$
$$c=(x_1-\alpha)(y_1-\beta)+(x_2-\alpha)(y_2-\beta)+\cdots+(x_{10}-\alpha)(y_{10}-\beta)$$

とする。

なお，2回のテストの得点はどちらも5点刻みである。次の問いに答えよ。

（1）1回目の得点と2回目の得点の和の平均を求める式として正しいものは，［キ］である。

［キ］の解答群

⓪ $\dfrac{10\alpha+10\beta}{20}$　① $10\alpha+10\beta$　② $\dfrac{\alpha+\beta}{10}$

③ $\dfrac{\alpha+\beta}{20}$　④ $\alpha+\beta$

（2）1回目の得点の分散を求める式として正しいものは，［ク］である。

［ク］の解答群

⓪ a　① $10a$　② $\dfrac{a}{10}$　③ $\sqrt{a}$

④ $\sqrt{10a}$　⑤ $\sqrt{\dfrac{a}{10}}$　⑥ $a-\alpha^2$　⑦ $a^2-\alpha^2$

（3）1回目の得点と2回目の得点の相関係数を求める式として正しいものは，ケ である。

ケ の解答群

⓪ $\sqrt{\dfrac{c}{ab}}$	① $\dfrac{ab}{c}$	② $\dfrac{c}{ab}$
③ $\dfrac{c}{\sqrt{10}ab}$	④ $\dfrac{\sqrt{c}}{ab}$	⑤ $\dfrac{c}{\sqrt{ab}}$

（4）x_1，x_2，…，x_{10}からなるデータをAとし，y_1，y_2，…，y_{10}からなるデータをBとする。A，Bを箱ひげ図にまとめたところ，次の図1のようになった。

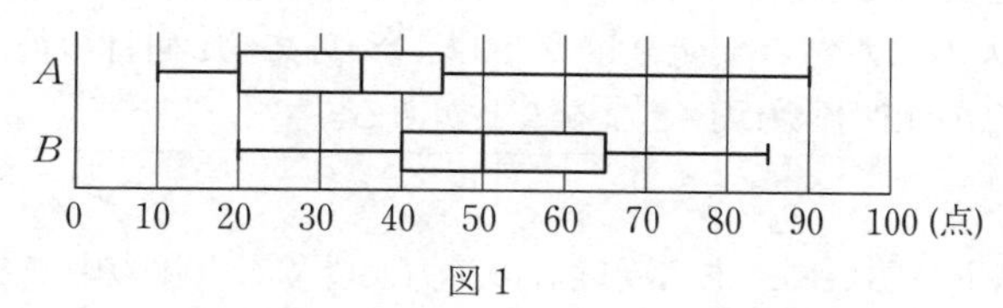

図1

また，Aを横軸に，Bを縦軸にとって散布図を作ったところ，次の図2のようになった。

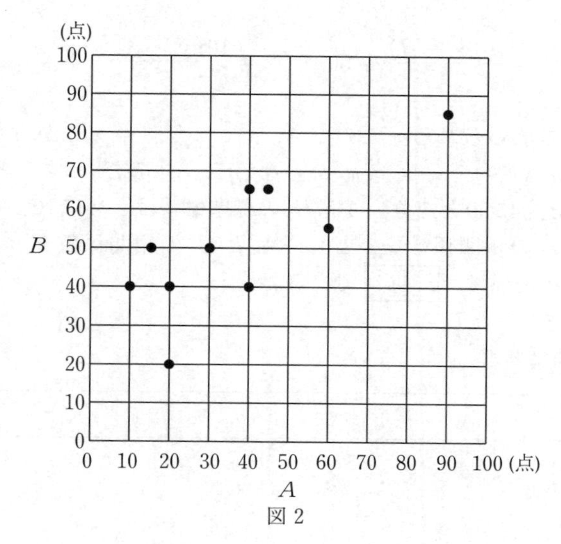

図2

(i) 箱ひげ図と散布図から読み取れる事柄として，次の⓪～④のうち，正しいものは [コ] である。

[コ] の解答群

⓪ 1回目の得点よりも2回目の得点の方が高い生徒はちょうど5人いる。
① 1回目の得点の四分位偏差は，2回目の得点の四分位偏差よりも小さい。
② 1回目の得点が35点以下である生徒の数と2回目の得点が50点以下である生徒の数は等しい。
③ 2回の得点の合計が最も高い生徒を除くと，その生徒を除かないときと比べて1回目の得点と2回目の得点の相関係数は小さくなる。
④ 10人のうちある生徒を除いた9人について，1回目の得点と2回目の得点の相関係数が負となることがある。

(ii) テストにおいて，ある受験者の学力が受験者全体の中でどの程度の位置にあるかを表す値として，「偏差値」が用いられる。

各 x_i，y_i $(i=1, 2, \cdots, 10)$ に対して，x_i，y_i の偏差値 x_i'，y_i' は，A，B の標準偏差をそれぞれ σ，τ とすると

$$x_i'=\frac{10(x_i-\alpha)}{\sigma}+50, \quad y_i'=\frac{10(y_i-\beta)}{\tau}+50$$

によって求められる。このとき，x_1'，x_2'，$\cdots$，x_{10}' からなるデータを A' とし，y_1'，y_2'，$\cdots$，y_{10}' からなるデータを B' とすると，A'，B' の平均はともに50となり，A'，B' の標準偏差はともに10となる。

A と B の相関係数を r とし，A' と B' の相関係数を r' とする。r と r' の大小関係は，[サ] である。

[サ] の解答群

⓪ $r>r'$　　① $r=r'$　　② $r<r'$

下の二つの散布図において，左の図3はAを横軸に，Bを縦軸にとったもの，右の図4はA'を横軸に，B'を縦軸にとったものである。

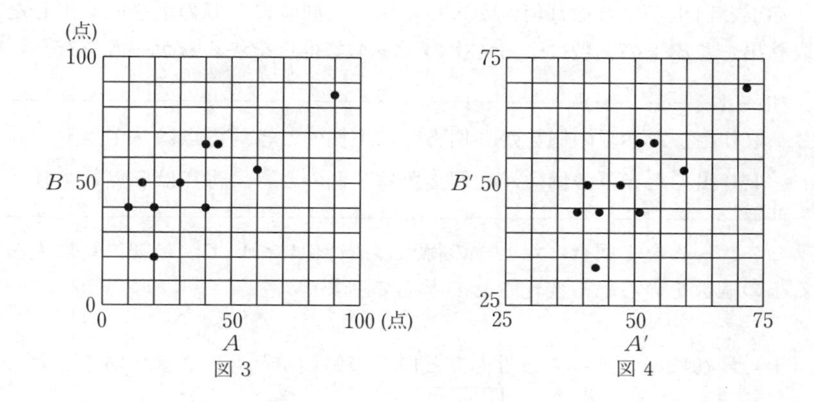

図3　図4

2回のテストの結果についての記述として，次の⓪～③のうち，**誤っているもの**は［シ］である。

［シ］の解答群

⓪　2回目の得点の平均と1回目の得点の平均の差は10点未満である。
①　1回目の得点の分散は2回目の得点の分散よりも大きい。
②　1回目の得点よりも2回目の得点の方が高い生徒は，1回目の偏差値よりも2回目の偏差値の方が高い。
③　2回のテストの得点の合計が最も低い生徒は，2回のテストの偏差値の平均も最も低い。

第3問 （配点　20）

赤玉と白玉がそれぞれ何個か入った箱から同時に3個の玉を取り出したとき，取り出した赤玉の個数によって次のルールで得点を決めるゲームを行う。

ルール
取り出した赤玉の個数が0個または1個のとき，得点は -1 点，
取り出した赤玉の個数が2個または3個のとき，得点は5点とする。

このゲームを1回行ったときの得点の期待値について，最初に箱に入っている玉の個数をいろいろ変化させて考えてみよう。

（1）最初に箱に入っている赤玉と白玉の個数がともに3個であるとする。得点が5点となる確率は $\frac{\boxed{\text{ア}}}{\boxed{\text{イ}}}$ であり，得点の期待値は $\boxed{\text{ウ}}$ 点である。

（2）最初に箱に入っている赤玉の個数が4個，白玉の個数が3個であるとする。得点が5点となる確率は $\frac{\boxed{\text{エオ}}}{\boxed{\text{カキ}}}$ であり，得点の期待値は $\frac{\boxed{\text{クケ}}}{\boxed{\text{コサ}}}$ 点である。

（3）最初に箱に入っている赤玉の個数が3個，白玉の個数が2個であるとする。得点の期待値は $\frac{\boxed{\text{シス}}}{\boxed{\text{セ}}}$ 点である。

（4）太郎さんは，ゲームを1回行ったときの得点の期待値が3点よりも大きいときに限り，ゲームに参加することにした。

最初に箱に入っている赤玉の個数が3個であるとき，太郎さんがゲームに参加するのは，白玉の個数が［ソ］個以下のときである。

また，最初に箱に入っている赤玉の個数が n 個，白玉の個数が3個であるとき，得点が5点となる確率は

$$\frac{n(n-1)(n+\boxed{\text{タ}})}{(n+1)(n+2)(n+3)}$$

であるから，n に値を代入して調べることで，太郎さんがゲームに参加するのは，赤玉の個数が［チ］個以上のときであるとわかる。

第4問 （配点　20）

ある日，太郎さんと花子さんのクラスでは，数学の授業で先生から次の**問題1**が宿題として出された。下の問いに答えよ。

| 問題1 | △ABCの辺BC，CA，AB上（頂点を除く）にそれぞれ点D，E，Fをとる。△BDF，△CDEの外接円が異なる2点で交わり，その交点のうち点Dでない方の点Pが△ABCの内部にあるならば，△AEFの外接円は点Pを通ることを証明せよ。

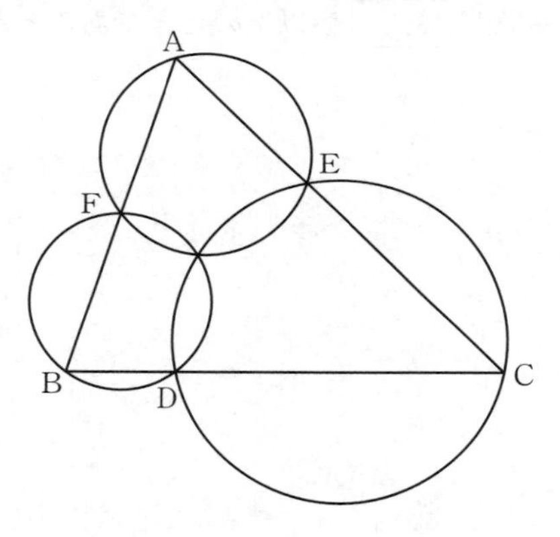

（1）太郎さんは，**問題1**を考えるために，次の**定理1**と**定理2**を用いた。

| 定理1 | 四角形が円に内接するとき，向かい合う内角の和は180°である。

| 定理2 | 四角形の向かい合う内角の和が180°のとき，この四角形は円に内接する。

太郎さんのノート

[ア] は円に内接するから，**定理 1** より

$\angle DPF =$ [イ]

[ウ] は円に内接するから，**定理 1** より

$\angle DPE =$ [エ]

よって

$\angle FPE = 360^\circ - (\angle DPF + \angle DPE) =$ [オ]

したがって，**定理 2** より $\triangle AEF$ の外接円は点 P を通る。

[ア]，[ウ] については，最も適当なものを，次の⓪～②のうちから一つずつ選べ。（同じものを繰り返し選んでもよい。）

⓪ 四角形 AEPF	① 四角形 BDPF	② 四角形 CDPE

[イ]，[エ]，[オ] の解答群（同じものを繰り返し選んでもよい。）

⓪ $\angle CAB$	① $180^\circ - \angle CAB$	② $90^\circ - \angle CAB$
③ $\angle ABC$	④ $180^\circ - \angle ABC$	⑤ $90^\circ - \angle ABC$
⑥ $\angle BCA$	⑦ $180^\circ - \angle BCA$	⑧ $90^\circ - \angle BCA$

（2）**問題 1** を解いた花子さんと太郎さんは，次のように話している。

花子：点 D，E，F のどれか 1 点が △ABC の頂点であるときも，同じようなことがいえるんじゃないかな。次の**問題 2** を考えてみようよ。

問題 2 △ABC の辺 CA，AB 上（頂点を除く）にそれぞれ点 E，F をとる。このとき，2 点 B，F を通り，点 B において BC に接する円と △CBE の外接円が異なる 2 点で交わり，その交点のうち点 B でない方の点 P が △ABC の内部にあるならば △AEF の外接円は点 P を通るか。

太郎：点 P が △AEF の外接円の周上の点でもあることを示す方針で考えると，**定理 1**，**定理 2** のほかに「 カ 」という定理を用いれば，△AEF の外接円が点 P を通ることがいえるよ。

カ については，最も適当なものを，次の⓪～④のうちから一つ選べ。

⓪ 点 O を中心とする円が，その周上の点 P において直線 ℓ に接するならば，2 直線 OP，ℓ は垂直である。

① △ABC の辺 BC，CA，AB 上にそれぞれ点 P，Q，R があり，$\frac{BP}{PC}\cdot\frac{CQ}{QA}\cdot\frac{AR}{RB}=1$ が成り立てば，3 直線 AP，BQ，CR は 1 点で交わる。

② 4 点 A，B，P，Q について，P，Q が直線 AB に関して同じ側にあり，$\angle APB=\angle AQB$ ならば，この 4 点は同一円周上にある。

③ 円の外部の 1 点 P からその円に引いた 2 本の接線において，点 P から二つの接点 A，B までの距離は等しい。

④ 円の接線とその接点を通る弦のつくる角は，その角の内部にある弧に対する円周角に等しい。

【MEMO】

三角比の表

角	正弦 (sin)	余弦 (cos)	正接 (tan)
0°	0.0000	1.0000	0.0000
1°	0.0175	0.9998	0.0175
2°	0.0349	0.9994	0.0349
3°	0.0523	0.9986	0.0524
4°	0.0698	0.9976	0.0699
5°	0.0872	0.9962	0.0875
6°	0.1045	0.9945	0.1051
7°	0.1219	0.9925	0.1228
8°	0.1392	0.9903	0.1405
9°	0.1564	0.9877	0.1584
10°	0.1736	0.9848	0.1763
11°	0.1908	0.9816	0.1944
12°	0.2079	0.9781	0.2126
13°	0.2250	0.9744	0.2309
14°	0.2419	0.9703	0.2493
15°	0.2588	0.9659	0.2679
16°	0.2756	0.9613	0.2867
17°	0.2924	0.9563	0.3057
18°	0.3090	0.9511	0.3249
19°	0.3256	0.9455	0.3443
20°	0.3420	0.9397	0.3640
21°	0.3584	0.9336	0.3839
22°	0.3746	0.9272	0.4040
23°	0.3907	0.9205	0.4245
24°	0.4067	0.9135	0.4452
25°	0.4226	0.9063	0.4663
26°	0.4384	0.8988	0.4877
27°	0.4540	0.8910	0.5095
28°	0.4695	0.8829	0.5317
29°	0.4848	0.8746	0.5543
30°	0.5000	0.8660	0.5774
31°	0.5150	0.8572	0.6009
32°	0.5299	0.8480	0.6249
33°	0.5446	0.8387	0.6494
34°	0.5592	0.8290	0.6745
35°	0.5736	0.8192	0.7002
36°	0.5878	0.8090	0.7265
37°	0.6018	0.7986	0.7536
38°	0.6157	0.7880	0.7813
39°	0.6293	0.7771	0.8098
40°	0.6428	0.7660	0.8391
41°	0.6561	0.7547	0.8693
42°	0.6691	0.7431	0.9004
43°	0.6820	0.7314	0.9325
44°	0.6947	0.7193	0.9657
45°	0.7071	0.7071	1.0000

角	正弦 (sin)	余弦 (cos)	正接 (tan)
45°	0.7071	0.7071	1.0000
46°	0.7193	0.6947	1.0355
47°	0.7314	0.6820	1.0724
48°	0.7431	0.6691	1.1106
49°	0.7547	0.6561	1.1504
50°	0.7660	0.6428	1.1918
51°	0.7771	0.6293	1.2349
52°	0.7880	0.6157	1.2799
53°	0.7986	0.6018	1.3270
54°	0.8090	0.5878	1.3764
55°	0.8192	0.5736	1.4281
56°	0.8290	0.5592	1.4826
57°	0.8387	0.5446	1.5399
58°	0.8480	0.5299	1.6003
59°	0.8572	0.5150	1.6643
60°	0.8660	0.5000	1.7321
61°	0.8746	0.4848	1.8040
62°	0.8829	0.4695	1.8807
63°	0.8910	0.4540	1.9626
64°	0.8988	0.4384	2.0503
65°	0.9063	0.4226	2.1445
66°	0.9135	0.4067	2.2460
67°	0.9205	0.3907	2.3559
68°	0.9272	0.3746	2.4751
69°	0.9336	0.3584	2.6051
70°	0.9397	0.3420	2.7475
71°	0.9455	0.3256	2.9042
72°	0.9511	0.3090	3.0777
73°	0.9563	0.2924	3.2709
74°	0.9613	0.2756	3.4874
75°	0.9659	0.2588	3.7321
76°	0.9703	0.2419	4.0108
77°	0.9744	0.2250	4.3315
78°	0.9781	0.2079	4.7046
79°	0.9816	0.1908	5.1446
80°	0.9848	0.1736	5.6713
81°	0.9877	0.1564	6.3138
82°	0.9903	0.1392	7.1154
83°	0.9925	0.1219	8.1443
84°	0.9945	0.1045	9.5144
85°	0.9962	0.0872	11.4301
86°	0.9976	0.0698	14.3007
87°	0.9986	0.0523	19.0811
88°	0.9994	0.0349	28.6363
89°	0.9998	0.0175	57.2900
90°	1.0000	0.0000	—

ハイスコア！共通テスト攻略　数学Ⅰ・A　改訂第2版

2019年７月10日　初版第１刷発行
2020年３月10日　改訂版第１刷発行
2021年７月10日　新装版第１刷発行
2023年10月10日　改訂第２版第１刷発行
2024年11月１日　改訂第２版第２刷発行

編者　Ｚ会編集部
発行人　藤井孝昭
発行　Ｚ会
〒411-0033 静岡県三島市文教町1-9-11
【販売部門：書籍の乱丁・落丁・返品・交換・注文】
TEL 055-976-9095
【書籍の内容に関するお問い合わせ】
https://www.zkai.co.jp/books/contact/
【ホームページ】
https://www.zkai.co.jp/books/
装丁　犬飼奈央
印刷・製本　シナノ書籍印刷株式会社

ISBN978-4-86531-571-4 C7041

Z-KAI

ハイスコア！

共通テスト攻略

数学I・A

改訂第2版

別冊解答

目次

1 数と式

演習1

問題は26ページ

（1）$8x^2+4x-3=0$ を解くと

$$x=\frac{-2\pm\sqrt{2^2-8\cdot(-3)}}{8}=\frac{-2\pm\sqrt{28}}{8}$$

$$=\frac{-1\pm\sqrt{7}}{4}$$

よって

$$\boldsymbol{\alpha=\frac{-1-\sqrt{7}}{4}}$$ ◀◀答

α は $8x^2+4x-3=0$ の解のうち小さい方である。

α は $8x^2+4x-3=0$ の解であるから

$$8\alpha^2+4\alpha-3=0$$

をみたす。よって

$x=\alpha$ が方程式 $f(x)=0$ の解であるとき，$f(\alpha)=0$ が成り立つ。

$$\boldsymbol{\alpha^2=\frac{-1}{2}\alpha+\frac{3}{8}}$$ ◀◀答

両辺に α をかけて

$$\alpha^3=-\frac{1}{2}\alpha^2+\frac{3}{8}\alpha=-\frac{1}{2}\left(-\frac{1}{2}\alpha+\frac{3}{8}\right)+\frac{3}{8}\alpha$$

$$=\boldsymbol{\frac{5}{8}\alpha-\frac{3}{16}}$$ ◀◀答

α の値を代入して

$$\alpha^3=\frac{5}{8}\cdot\frac{-1-\sqrt{7}}{4}-\frac{3}{16}=\boldsymbol{\frac{-11-5\sqrt{7}}{32}}$$ ◀◀答

（2）宿題2において，α は $8x^2+4x-3=0$ の実数解のうち大きい方であるから，①は

$$\alpha=\frac{-1+\sqrt{7}}{4}$$

に修正する必要がある。

②，③は $8x^2+4x-3=0$ の解について成り立つ式であるから，修正の必要はない。

α が $\frac{-1\pm\sqrt{7}}{4}$ のどちらであっても，②，③は成り立つ。

よって，修正が必要な式は①のみ（⓪）である。

◀◀答

①で α の値を修正したので，宿題2の答えは

$$\alpha^3=\frac{5}{8}\cdot\frac{-1+\sqrt{7}}{4}-\frac{3}{16}=\boldsymbol{\frac{-11+5\sqrt{7}}{32}}$$ ◀◀答

演習2

問題は28ページ

（1）$x=3$ のとき，①は

$4a<3\leqq 7a$

よって

$\boldsymbol{\frac{3}{7}\leqq a<\frac{3}{4}}$ ◀◀答

（2）①をみたす整数 x が $x=3$ のみであるとき

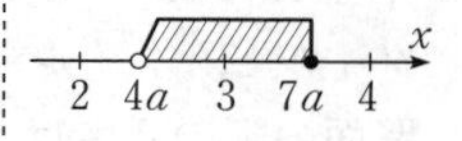

$2\leqq 4a<3$ かつ $3\leqq 7a<4$

$\frac{1}{2}\leqq a<\frac{3}{4}$ かつ $\frac{3}{7}\leqq a<\frac{4}{7}$

よって

$\boldsymbol{\frac{1}{2}\leqq a<\frac{4}{7}}$ ◀◀答

（3）①をみたす整数 x が $x=m$ のみであるとき

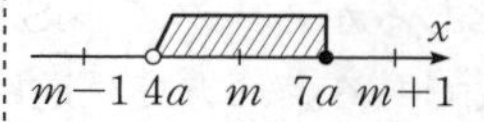

$m-1\leqq 4a<m$ かつ $m\leqq 7a<m+1$

$\frac{m-1}{4}\leqq a<\frac{m}{4}$ かつ $\frac{m}{7}\leqq a<\frac{m+1}{7}$

……………………………②

②をみたす正の定数 a が存在するような m の条件を求める。$a>0$ と $4a<m$ より，$m>0$ なので

$\frac{m}{7}<\frac{m}{4}$

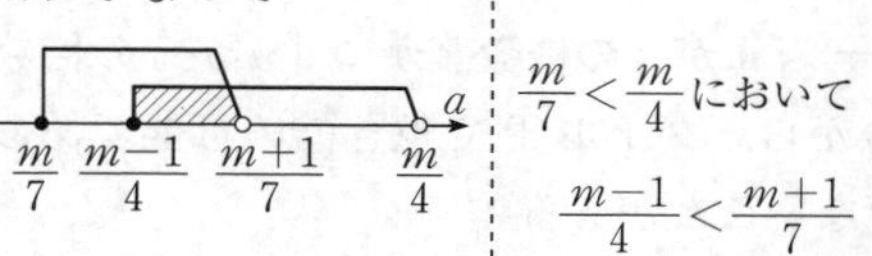

これより，条件は

$\frac{m-1}{4}<\frac{m+1}{7}$

$7(m-1)<4(m+1)$

$7m-7<4m+4$

$3m<11$

$m<\frac{11}{3}$

$m>0$ とあわせると，①をみたす整数 x がただ1つとなるとき，その整数 x として考えられるもののうち最小のものは **1** であり，最大のものは **3** である。◀◀答

$\frac{m}{7}<\frac{m}{4}$ において

$\frac{m-1}{4}<\frac{m+1}{7}$

ならば，次の図のようにになることはないため，②をみたす正の実数 a が存在する。

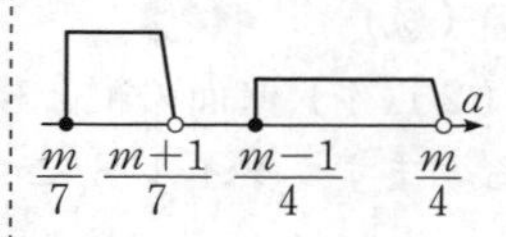

演習3

問題は29ページ

長方形の壁面が長方形のタイルで敷き詰め可能であるための必要十分条件は，壁面の縦の長さがタイルの縦の長さの整数倍であり，かつ，壁面の横の長さがタイルの横の長さの整数倍であることである。

(1) 壁面の縦が60cm，横が$n$cmのときを考える。タイルS，タイルTともに縦の長さは6cmであり，壁面の縦の長さはタイルの縦の長さの10倍である。したがって，横についての条件だけを考える。

タイルSで敷き詰め可能
$\iff$ nが10の倍数
$\iff$「nが2の倍数」かつ「nが5の倍数」

であるから，タイルSで敷き詰め可能ならばnは偶数である。一方で，逆には反例が存在する。

したがって，nが偶数であることはタイルSで敷き詰め可能であるための**必要条件であるが，十分条件でない（⓪）**。◀◀答

タイルTで敷き詰め可能
$\iff$ nが15の倍数
$\iff$「nが3の倍数」かつ「nが5の倍数」

であるから，タイルTで敷き詰め可能であるがnが奇数でないことがある。

また，逆について，nが奇数であってもタイルTで敷き詰め可能ではないことがある。

したがって，nが奇数であることはタイルTで敷き詰め可能であるための**必要条件でも十分条件でもない（③）**。◀◀答

(2)(i) 壁面の縦と横がともに$n$cmのときを考える。まず，タイルSについて

タイルSで敷き詰め可能
$\iff$「nが6の倍数」かつ「nが10の倍数」
$\iff$ nが30の倍数
$\iff$ $n\in A$ かつ $n\in B$ かつ $n\in C$
$\iff$ $\boldsymbol{n\in A\cap B\cap C}$ **（③）** ◀◀答

命題「$p \Longrightarrow q$」が真のとき
・pはqであるための十分条件
・qはpであるための必要条件

5の倍数ではない偶数，たとえば $n=12$ が反例である。

たとえば $n=30$ のとき。

たとえば $n=31$ のとき。

6と10の最小公倍数は30である。また，30は2の倍数かつ3の倍数かつ5の倍数である。

同様に，タイルＴについて

　　タイルＴで敷き詰め可能

$\Longleftrightarrow$「n が 6 の倍数」かつ「n が 15 の倍数」

$\Longleftrightarrow$ n が 30 の倍数

であるから，タイルＳで敷き詰め可能であることは，タイルＴで敷き詰め可能であるための必要十分条件である。したがって

6 と 15 の最小公倍数は 30 である。

　　タイルＳ，タイルＴのどちらでも敷き詰め可能ではない

$\Longleftrightarrow$ タイルＳで敷き詰め可能ではない

$\Longleftrightarrow$ $\boldsymbol{n \in \overline{A \cap B \cap C}}$（⑦）◀◀答

（ii）壁面の縦が m cm，横が n cm のときを考える。

まず，タイルＳについて

　　タイルＳで敷き詰め可能

$\Longleftrightarrow$「m が 6 の倍数」かつ「n が 10 の倍数」

$\Longleftrightarrow$「$m \in A$ かつ $m \in B$」かつ「$n \in A$ かつ $n \in C$」

$\Longleftrightarrow$ $\boldsymbol{m \in A \cap B}$（⓪）**かつ** $\boldsymbol{n \in A \cap C}$（①）

同様に，タイルＴについて

　　タイルＴで敷き詰め可能

$\Longleftrightarrow$「m が 6 の倍数」かつ「n が 15 の倍数」

$\Longleftrightarrow$ $m \in A \cap B$ かつ $n \in B \cap C$

であるから

　　タイルＳで敷き詰め可能ではないがタイルＴで敷き詰め可能

「p かつ q」の否定は「$\overline{p}$ または $\overline{q}$」である。

$\Longleftrightarrow$「$m \in \overline{A \cap B}$ または $n \in \overline{A \cap C}$」かつ「$m \in A \cap B$ かつ $n \in B \cap C$」

$\Longleftrightarrow$ $n \in \overline{A \cap C}$ かつ $m \in A \cap B$ かつ $n \in B \cap C$

$\Longleftrightarrow$ $\boldsymbol{m \in A \cap B}$（⓪）**かつ** $\boldsymbol{n \in \overline{A} \cap B \cap C}$（⑥）◀◀答

$m \in A \cap B$ が成り立つとき，$m \in \overline{A \cap B}$ となることはない。

演習4

問題は31ページ

（1）a, b, c がすべて有理数のとき，明らかに α, β, γ もすべて有理数であるから，命題「$m=0 \Longrightarrow n=0$」は真である。

一方で，a, b, c は α, β, γ を用いて

$$a=\frac{\alpha-\beta+\gamma}{2},\ b=\frac{\alpha+\beta-\gamma}{2},$$

$$c=\frac{-\alpha+\beta+\gamma}{2}$$

と表せるから α, β, γ がすべて有理数ならば，a, b, c もすべて有理数である。

したがって，命題「$n=0 \Longrightarrow m=0$」も真であるから，$m=0$ であることは，$n=0$ であるための必要十分条件である（⓪）。 ◀◀答

次に，$m=1$ とすると，花子さんの発言のとおり，a が無理数のとき，$n=2$ である。b, c が無理数のときも同様に $n=2$ であるから，命題「$m=1 \Longrightarrow n=2$」は真である。

一方，逆「$n=2 \Longrightarrow m=1$」について，たとえば，α, β が無理数で γ が有理数であるとすると，$\alpha-\beta$ が無理数であるような α, β の組が反例として挙げられる。

よって，$m=1$ は $n=2$ であるための十分条件であるが，必要条件でない（②）。 ◀◀答

（2）$m=2$ が成り立ち，かつ $n=3$ が成り立たないものを選べばよい。

選択肢のうち，$m=2$ が成り立つものは⓪～③の4つである。このうち，$n=3$ が成り立たないものは，$\boldsymbol{a=\sqrt{2}}$, $\boldsymbol{b=-\sqrt{2}}$, $\boldsymbol{c=3}$（①）である。 ◀◀答

（3）もとの命題とその対偶の真偽は一致するから，命題「a, b, c のうち少なくとも1つが有理数ならば α, β, γ のうち無理数の個数は1ではない」の対偶を示してもよい。

したがって，命題「α, β, γ のうち無理数の個数が1ならば，$\boldsymbol{a}$, $\boldsymbol{b}$, $\boldsymbol{c}$ はすべて無理数である」を示してもよい。（③） ◀◀答

有理数の和は必ず有理数となる。

$\alpha=\sqrt{2}$, $\beta=-\sqrt{2}$, $\gamma=2$ のとき
　$a=\sqrt{2}+1$, $b=-1$,
　$c=-\sqrt{2}+1$
つまり，$m=2$ となる。

まず，「$m=2$」より選択肢を絞る。

命題「$p \Longrightarrow q$」の対偶は「$\overline{q} \Longrightarrow \overline{p}$」である。

2 2次関数

演習1

問題は58ページ

（1）C の式を変形すると

$$y=-x^2-2(2a-7)x-4a^2+22a-13$$
$$=-\{x+(2a-7)\}^2+(2a-7)^2-4a^2+22a-13$$
$$=-(x+2a-7)^2-6a+36$$

より，C の頂点の座標は $(-2a+7,\ -6a+36)$ である。よって，$a=0$ のとき，C の頂点の座標は

$(7,\ 36)$ である。◀◀答

（2）以降を見すえて，$a=0$ を代入せずに変形する。

また，C の頂点の y 座標は $-6a+36$ であるから，$a=0$ から a の値を大きくしていくと，つねに減少する（⓪）。◀◀答

（2）C' の式を変形すると

$$y=-x^2+30x+5$$
$$=-(x-15)^2+230$$

より，C' の軸の方程式は $x=15$ である。

一方，C の軸の方程式は $x=-2a+7$ であるから，C と C' が同じ直線を軸にもつのは

$$-2a+7=15$$

より

$$\boldsymbol{a=-4}$$ ◀◀答

$a=-4$ のとき，C の頂点の座標は $(15,\ 60)$ である。一方，C' の頂点の座標は $(15,\ 230)$ であるから，C は C' を y 軸の負（①）の方向に平行移動したものであり，C と C' は共有点をもたない（②）。◀◀答

C と C' は x^2 の係数がともに -1 である。

$-4a^2+22a-13$ に $a=-4$ を代入すると

$$-4\cdot(-4)^2+22\cdot(-4)-13$$
$$=-165$$

また，C は上に凸の放物線であり，頂点が第1象限にあることと，C と y 軸の交点の y 座標は負であることから，C と x 軸は，$\boldsymbol{x>0}$ の部分では二つの共有点をもち，$\boldsymbol{x\leqq 0}$ の部分では共有点をもたない（⓪）。

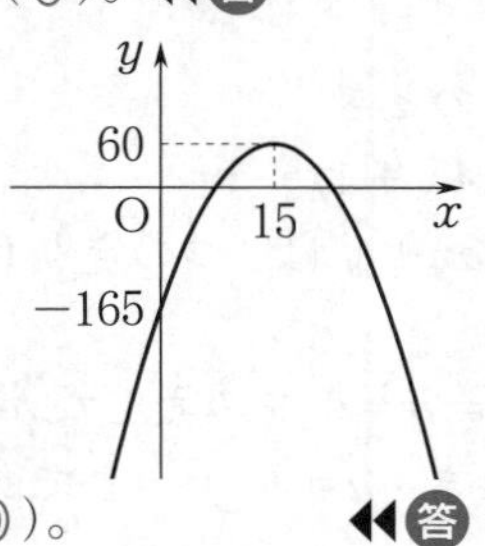

◀◀答

（3）C が x 軸と接するのは，C の頂点の y 座標が 0 のとき，すなわち

$$-6a+36=0$$

より

$$a=6$$ ◀◀答

のときである。

また，Cは上に凸の放物線なので，C が x 軸の $x>0$ の部分と異なる 2 点で交わるのは，C の頂点が第 1 象限にあり，かつ，C と y 軸の交点の y 座標が負のときであるから

$$\begin{cases} -2a+7>0 \\ -6a+36>0 \\ -4a^2+22a-13<0 \end{cases}$$

頂点の x 座標が正。
頂点の y 座標が正。

より

$$\begin{cases} a<\dfrac{7}{2} \\ a<6 \\ a<\dfrac{11-\sqrt{69}}{4} \text{ または } \dfrac{11+\sqrt{69}}{4}<a \end{cases}$$

求める a の値の範囲は，これらの共通部分より

$$a<\frac{11-\sqrt{69}}{4}$$ ◀◀答

$$\frac{11-\sqrt{69}}{4}<\frac{7}{2}<\frac{11+\sqrt{69}}{4}$$

演習2

問題は60ページ

（1）a，b の値を変えずに c の値だけを変化させたとき，頂点の x 座標は変化せず，y 座標だけが変化するから，第 2 象限以外に x 軸，第 3 象限（⓪）を移動する。◀◀答

x^2+x+c

$=\left(x+\frac{1}{2}\right)^2+c-\frac{1}{4}$

より，頂点の座標は

$\left(-\frac{1}{2},\ c-\frac{1}{4}\right)$

（2）$a=b\neq 0$，$c=1$ のとき

$$ax^2+ax+1=ax(x+1)+1$$

より，放物線 $y=ax^2+ax+1$ は 2 つの定点 **(−1, 1)**，**(0, 1)** を通る。 ◀◀答

$ax(x+1)=0$ となるのは

$x=0,\ -1$

c の値を変えずに，$a=b\neq 0$ をみたしながら a，b の値だけを変化させたとき，$a=b$，$c=1$ であるから

$$ax^2+ax+1=a\left(x+\frac{1}{2}\right)^2-\frac{1}{4}a+1$$

より，放物線 $y=ax^2+ax+1$ の頂点の座標は

$$\left(-\frac{1}{2},\ -\frac{1}{4}a+1\right)$$

頂点の x 座標は変化せず，y 座標だけが変化するから，第 2 象限以外に **x** 軸，第 3 象限（⓪）を移動する。

◀◀答

（**3**）⓪；x 軸に関して放物線 $y=5x^2+5x+1$ と対称な放物線の方程式は $y=-5x^2-5x-1$ である。よって，放物線 $y=5x^2+5x+1$ と $y=-5x^2-5x+1$ は x 軸に関して対称ではない。

①；2 つの放物線の軸は $x=-\dfrac{1}{2}$ で同じであるから，y 軸に関して対称ではない。

②，③；2 つの放物線の共有点の個数は高々 2 個であるから，$(-1,\ 1)$，$(0,\ 1)$ 以外の共有点をもたない。よって，異なる 2 つの共有点をもつ。また，x 軸上の点では交わらない。

④；2 つの放物線は，どちらも $(0,\ 1)$ を通るから，y 軸上の点で交わる。

以上より，正しいものは②，④。◀◀答

演習3

問題は62ページ

2 次方程式 $f(x)=0$ が正の解と負の解を 1 つずつもつのは，放物線 $y=f(x)$ が x 軸の正の部分と負の部分のそれぞれで交わるときである。

（**1**）a，b の値は変化させず，c の値だけを変化させるとき，グラフは x 軸方向には移動せず，y 軸方向にだけ移動する。

よって，**c** の値を図 **1** の状態から小さくすると，正の解と負の解を一つずつもつことがある。（①）◀◀答

グラフは下に凸であるから，$c<0$ のとき，x 軸の正の部分と負の部分のそれぞれで交わる。

（**2**）b, cの値は変化させず，aの値だけを変化させるとき，グラフとy軸の交点のy座標はつねに正であるから，グラフがx軸の正の部分と負の部分のそれぞれで交わる条件は，グラフが上に凸であること，すなわち $a<0$ である。

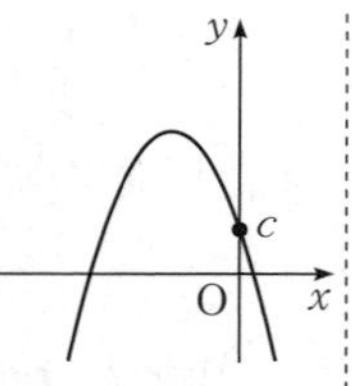

図1より，$c>0$である。

よって，aの値を図1の状態から小さくすると，正の解と負の解を一つずつもつことがある。（①）答

（**3**）a, cの値は変化させず，bの値だけを変化させるとき，グラフはつねに下に凸であり，y軸との交点のy座標はつねに正である。

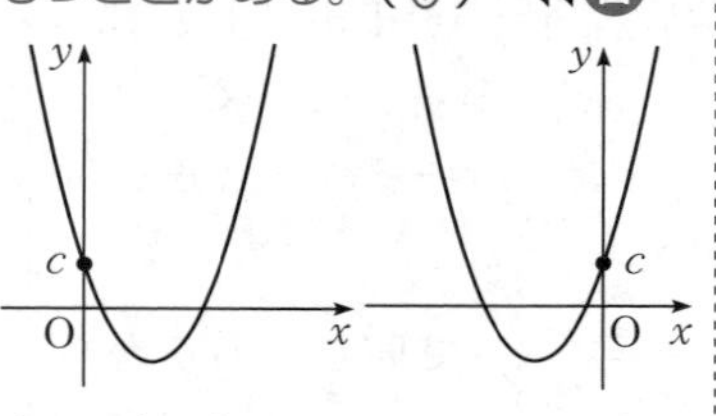

図1より，$a>0$, $c>0$である。

よって，bの値をどのように変化させても，正の解と負の解を一つずつもつことはない。（②）答

（**4**）グラフとy軸がx軸の正の部分と負の部分のそれぞれで交わるのは，次の2つの場合である。

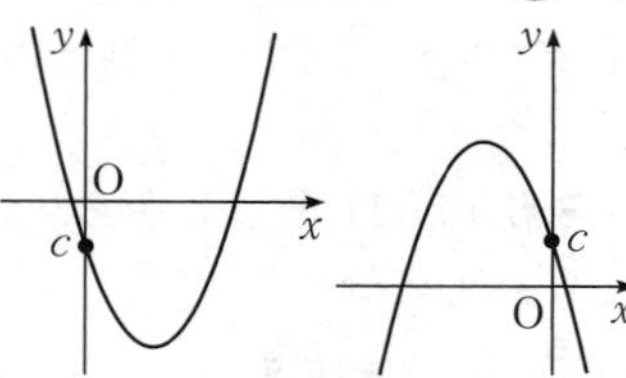

・グラフが下に凸であり，かつy軸との交点のy座標が負であるとき

・グラフが上に凸であり，かつy軸との交点のy座標が正であるとき

（1）より，a, bの値を変化させないとき，cの値を小さくすると条件をみたす。また，（2）より，b, cの値を変化させないとき，aの値を小さくすると条件をみたす。

よって，求める条件は

「$a>0$ かつ $c<0$」または「$a<0$ かつ $c>0$」

すなわち，$ca<0$（⑤）である。答

aとcは異符号である。

演習4

問題は64ページ

長方形の横の長さをxとすると，縦の長さは

$$\frac{1}{2}(2a-2x)=a-x$$

となるから，xのとり得る値の範囲は

$$x>0 \text{ かつ } a-x>0$$

すなわち

$$0<x<a$$

である。

（1）$a=20$ のとき，x のとり得る値の範囲は

$$0<x<20$$

である。

長方形の面積は

$$x(20-x)=\boldsymbol{-x^2+20x}$$ ◀◀答

$$=-(x-10)^2+100$$

より，面積が最大になるときの横の長さは $\boldsymbol{x=10}$ である。◀◀答

また，面積が16以上になる x の値の範囲は

$$-(x-10)^2+100\geqq 16$$

$$(x-10)^2\geqq 84$$

$$-2\sqrt{21}\leqq x-10\leqq 2\sqrt{21}$$

$-x^2+20x\geqq 16$ より
$x^2-20x+16\leqq 0$
として解いてもよい。

よって

$$10-2\sqrt{21}\leqq x\leqq 10+2\sqrt{21}$$

x がこの範囲にあるとき，$0<x<20$ をみたすから

$$\boldsymbol{10-2\sqrt{21}\leqq x\leqq 10+2\sqrt{21}}$$ ◀◀答

$81<84<100$ より
$9<2\sqrt{21}<10$

（2）長方形の横の長さが縦の長さよりも5以上長いとき，x のとり得る値の範囲は

$$0<x<a \text{ かつ } x\geqq a-x+5$$

より

$$0<x<a \text{ かつ } x\geqq \frac{a+5}{2}$$

$a>5$ のとき $\frac{a+5}{2}<a$ であるから

$$\boldsymbol{\frac{a+5}{2}\leqq x<a}$$ ◀◀答

である。そして，長方形の面積は

$$x(a-x)=-\left(x-\frac{a}{2}\right)^2+\frac{1}{4}a^2$$

であるから，長方形の面積が最大になるのは $x=\frac{a+5}{2}$ のときであり，最大値は

$\frac{a}{2}<\frac{a+5}{2}$

$$\frac{a+5}{2}\cdot\left(a-\frac{a+5}{2}\right)=\frac{a+5}{2}\cdot\frac{a-5}{2}$$

$$=\boldsymbol{\frac{1}{4}(a^2-25)}$$ ◀◀答

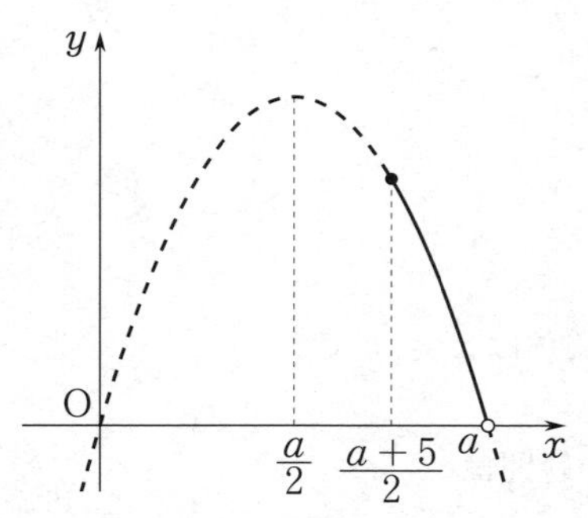

$x=\frac{a}{2}$ のとき，長方形の4辺の長さはすべて等しくなる。つまり，正方形になる。

（2）の結果は，周の長さが一定である長方形において，面積が最大となるのは，その長方形が正方形に最も近いとき(横の長さと縦の長さの差が最小のとき)であることを示しているともいえる。

（3） 長方形の横の長さが縦の長さよりも10以上長いとき，（2）と同様にして，x のとり得る値の範囲は

$$0<x<a \text{ かつ } x\geqq\frac{a+10}{2}$$

すなわち

$$\frac{a+10}{2}\leqq x<a$$

$a>10$ より $\frac{a+10}{2}<a$ である。

である。そして，長方形の面積が最大になるのは

$x=\frac{a+10}{2}$ のときであるから，最大値は

$$\frac{a+10}{2}\cdot\left(a-\frac{a+10}{2}\right)=\frac{1}{4}(a^2-100)$$

これが24となるのは

$$\frac{1}{4}(a^2-100)=24$$

$$a^2=196$$

$a>10$ より

$$\boldsymbol{a=14}$$ ◀◀答

のときである。

演習5

問題は65ページ

（1）点 (24, 100) が原点にくるように平行移動するとき，放物線を x 軸方向に -24，y 軸方向に -100 だけ平行移動することになる。

点 (18, 226) を x 軸方向に -24，y 軸方向に -100 だけ平行移動した点は

(−6, 126) 答

であり，点 (28, 138) を x 軸方向に -24，y 軸方向に -100 だけ平行移動した点は

(4, 38) 答

である。

よって，移動後の放物線の式を $y=ax^2+bx+c$ とおくと，放物線が 3 点 (−6, 126)，(0, 0)，(4, 38) を通ることから

$$\begin{cases} 126=36a-6b+c \\ 0=c \\ 38=16a+4b+c \end{cases}$$

これを解くと

$$a=\frac{61}{20},\ b=-\frac{27}{10},\ c=0$$

よって，移動後の放物線の式は

$$\boldsymbol{y=\frac{61}{20}x^2-\frac{27}{10}x}$$ 答

（2）（1）の放物線の方程式は

$$y=\frac{61}{20}\left(x-\frac{27}{61}\right)^2-\frac{61}{20}\cdot\left(\frac{27}{61}\right)^2$$

と変形できるから，$x=\dfrac{27}{61}$ のとき最小値をとる。

この放物線は，表1の点を x 軸方向に -24，y 軸方向に -100 だけ平行移動したものであるから，大きな病気にかかるリスクが最も低い BMI の値は

$$\frac{27}{61}+24\fallingdotseq\mathbf{24.4}$$ 答

（1）で放物線を平行移動して考えたことを忘れないように。

3 図形と計量

演習1

問題は94ページ

（**1**）AC＝BC＝1 のとき，AC＝BC より $n=1$ であり，このとき，△ABC は1辺の長さが1の正三角形である。

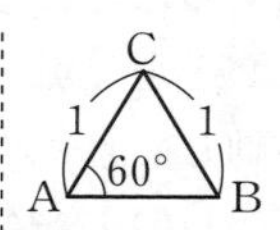

よって，$\cos C=\cos 60°=\dfrac{1}{2}$ であり

$$\boldsymbol{X}=1^2+6\cdot1\cdot\frac{1}{2}-4\cdot1^2\cdot\left(\frac{1}{2}\right)^2$$
$$=1+3-1=\mathbf{3}$$ ◀◀答

$C=90°$ のとき，△ABC は，AC：AB：BC＝1：2：$\sqrt{3}$ の直角三角形であるから

$\cos C=0$，$n=\sqrt{3}$

よって

$X=(\sqrt{3})^2=3$

△ABC において余弦定理より

$$\mathbf{AB^2}=\mathrm{AC}^2+\mathrm{BC}^2-2\mathrm{AC}\cdot\mathrm{BC}\cos C$$
$$=\mathbf{AC^2+n^2AC^2-2nAC^2\cos C}$$

（⑥，④）◀◀答

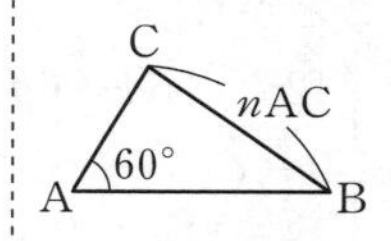

△ABC において正弦定理より

$$\mathbf{AB}=\frac{\sin C}{\sin A}\cdot\mathrm{BC}=\frac{2}{\sqrt{3}}\sin C\cdot n\mathrm{AC}$$
$$=\boldsymbol{\frac{2\sqrt{3}}{3}n\mathrm{AC}\sin C}$$（②）◀◀答

（**2**）△ABC において余弦定理より

$$\mathrm{BC}^2=\mathrm{AB}^2+\mathrm{AC}^2-2\mathrm{AB}\cdot\mathrm{AC}\cos 60°$$
$$n^2\mathrm{AC}^2=\mathrm{AB}^2+\mathrm{AC}^2-\mathrm{AB}\cdot\mathrm{AC}$$
$$\mathrm{AB}^2-\mathrm{AC}\cdot\mathrm{AB}+(1-n^2)\mathrm{AC}^2=0 \quad\cdots\cdots③$$

AB についての2次方程式③が実数解をもつから

③の判別式に着目した。

$$\mathrm{AC}^2-4(1-n^2)\mathrm{AC}^2\geqq0$$
$$1-4(1-n^2)\geqq0$$
$$4n^2-3\geqq0$$

よって

$$\boldsymbol{n\geqq\frac{\sqrt{3}}{2}}$$（①）◀◀答

このとき，AB＝$\dfrac{\mathrm{AC}\pm\mathrm{AC}\sqrt{4n^2-3}}{2}$ となるので，AC＞0より，③は正の実数解をもつ。

演習2

問題は96ページ

（**1**）△ACE に注目すると

$$\mathbf{AE} = \mathrm{AC}\sin\angle\mathrm{ACE}$$
$$= \mathbf{\sin\theta}\ (⓪)$$ ◀◀答

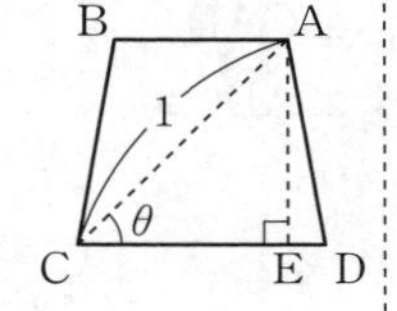

AB＜CD のとき，台形 ABCD の面積は

$$\frac{1}{2}(\mathrm{AB}+\mathrm{CD})\cdot\mathrm{AE} = \mathrm{CE}\cdot\mathrm{AE}$$
$$= \mathbf{\sin\theta\cos\theta}\ (②)$$ ◀◀答

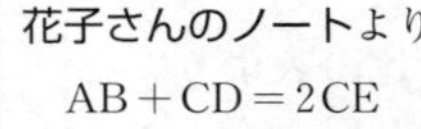
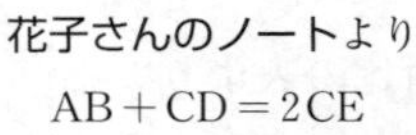

花子さんのノートより
$\mathrm{AB}+\mathrm{CD}=2\mathrm{CE}$

（**2**）△ACD において余弦定理より

$$\mathbf{AD^2} = \mathrm{AC}^2+\mathrm{CD}^2-2\,\mathrm{AC}\cdot\mathrm{CD}\cos\angle\mathrm{ACD}$$
$$= \mathbf{CD^2-2\cos\theta\cdot CD+1}\ (③,\ ④)$$ ◀◀答

$\mathrm{AC}=1$
$\angle\mathrm{ACD}=\theta$

△ABC において余弦定理より

$$\mathbf{BC^2} = \mathrm{AB}^2+\mathrm{AC}^2-2\mathrm{AB}\cdot\mathrm{AC}\cos\angle\mathrm{BAC}$$
$$= \mathbf{AB^2-2\cos\theta\cdot AB+1}\ (③,\ ④)$$ ◀◀答

AB // CD より，錯角 ∠BAC，∠ACD は等しい。

条件より AD＝BC であるから

$$\mathrm{AD}^2=\mathrm{BC}^2$$
$$\mathrm{CD}^2-2\cos\theta\cdot\mathrm{CD}+1=\mathrm{AB}^2-2\cos\theta\cdot\mathrm{AB}+1$$
$$(\mathrm{AB}^2-\mathrm{CD}^2)-2\cos\theta(\mathrm{AB}-\mathrm{CD})=0$$
$$(\mathrm{AB}+\mathrm{CD})(\mathrm{AB}-\mathrm{CD})-2\cos\theta(\mathrm{AB}-\mathrm{CD})=0$$
$$(\mathrm{AB}-\mathrm{CD})(\mathrm{AB}+\mathrm{CD}-2\cos\theta)=0$$

AB≠CD より

$$\mathbf{AB+CD-2\cos\theta=0}\ (③)$$ ◀◀答

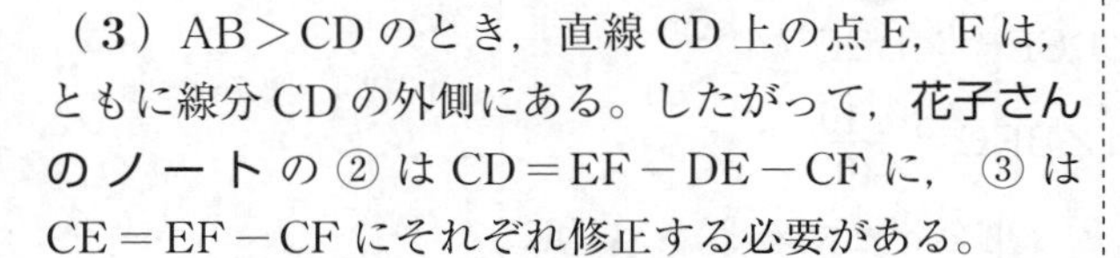

（**3**）AB＞CD のとき，直線 CD 上の点 E，F は，ともに線分 CD の外側にある。したがって，**花子さんのノート**の ② は CD＝EF－DE－CF に，③ は CE＝EF－CF にそれぞれ修正する必要がある。

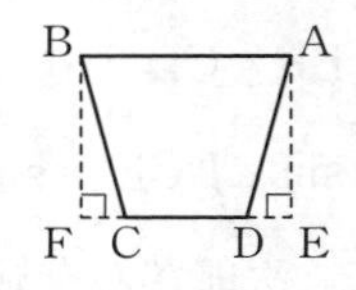

一方，**太郎さんのノート**の式や説明は AB≠CD であればそのまま利用できる。

よって，花子さんのノートは AB＞CD のときには式や説明の一部を修正する必要があるが，太郎さんのノートは AB＞CD のときも式や説明をそのまま利用できる。(②) ◀◀答

演習3

問題は98ページ

（ア）の場合について，$\angle\mathrm{CAD}=\theta$ とおくと，$\triangle\mathrm{ACD}$ は $\angle\mathrm{ADC}=90^\circ$ の直角三角形であるから

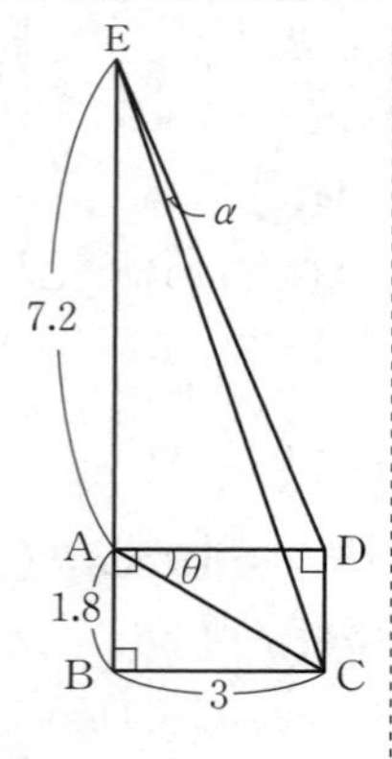

$$\tan\theta=\frac{\mathrm{CD}}{\mathrm{AD}}$$

$$=\frac{1.8}{3}=0.6$$

三角比の表より

$$\tan 30^\circ=0.5774$$

$$\tan 31^\circ=0.6009$$

であるから，θ はおよそ**31°**である。

（②） 

（イ）の場合について

$$\mathrm{BC}=3\,\mathrm{m},\ \ \mathrm{BE}=1.8+7.2=9\,(\mathrm{m})$$

より

$$\mathrm{CE}=\sqrt{3^2+9^2}=3\sqrt{10}\ (\mathrm{m})$$

であるから

$$\mathbf{sin\,\angle BEC}=\frac{\mathrm{CB}}{\mathrm{CE}}$$

$$=\frac{3}{3\sqrt{10}}=\frac{\sqrt{\mathbf{10}}}{\mathbf{10}}$$ 答

$\mathrm{AD}=3\,\mathrm{m}$，$\mathrm{AE}=7.2\,\mathrm{m}$ より

$$\mathbf{DE}=\sqrt{3^2+7.2^2}=3\sqrt{1+2.4^2}$$

$$=3\times2.6=\mathbf{7.8}\ (\mathrm{m})$$ 答

また，$\mathrm{BE}/\!/\mathrm{CD}$ より $\angle\mathrm{DCE}=\angle\mathrm{BEC}$ なので

$$\sin\angle\mathrm{DCE}=\sin\angle\mathrm{BEC}=\frac{\sqrt{10}}{10}$$

よって，次郎さんを見込む角を α とすると，$\triangle\mathrm{CDE}$ において正弦定理より

$$\frac{\mathrm{CD}}{\sin\alpha}=\frac{\mathrm{DE}}{\sin\angle\mathrm{DCE}}$$

したがって

$$\sin\alpha=\frac{\mathrm{CD}\sin\angle\mathrm{DCE}}{\mathrm{DE}}$$

$\tan\angle\mathrm{BEC}=\dfrac{1}{3}$ より

$$\cos\angle\mathrm{BEC}=3\sin\angle\mathrm{BEC}$$

であることと

$$\sin^2\angle\mathrm{BEC}+\cos^2\angle\mathrm{BEC}=1$$

から求めてもよい。

$7.2^2=3^2\times2.4^2$ より

$$3^2+7.2^2=3^2\,(1+2.4^2)$$

また

$$1+2.4^2=6.76=2.6^2$$

$$= \frac{1.8\times\frac{\sqrt{10}}{10}}{7.8} = \frac{3\sqrt{10}}{130}$$

$$= \frac{3\times 3.16}{130} \fallingdotseq 0.073$$

$\sqrt{10}=3.16$ として計算する。

三角比の表より

$$\sin 4^\circ = 0.0698,\quad \sin 5^\circ = 0.0872$$

であるから

$\mathbf{4^\circ < \alpha < 5^\circ}$ 答

また

$$\cos\alpha = \sqrt{1-\left(\frac{3\sqrt{10}}{130}\right)^2} = \frac{\sqrt{1681}\times\sqrt{10}}{130}$$

$$= \frac{41\sqrt{10}}{130}$$

$\sin\alpha$ は0.073ではなく $\frac{3\sqrt{10}}{130}$ を用いて計算する。

より

$$\mathbf{\tan\alpha} = \frac{\sin\alpha}{\cos\alpha}$$

$$= \mathbf{\frac{3}{41}}$$ 答

$$\frac{\sin\alpha}{\cos\alpha} = \frac{\frac{3\sqrt{10}}{130}}{\frac{41\sqrt{10}}{130}}$$

であるから，太郎さんが次郎さんから x m 離れた地面に立って次郎さんを見たとき，（イ）の場合とほぼ同じ大きさで次郎さんが見えるとすると

$$\tan\alpha = \frac{3}{41} = \frac{1.8}{x}$$

より

$$x = 1.8\times\frac{41}{3} = 24.6\,(\mathrm{m})$$

以上より，およそ **25 m** 離れて次郎さんを見たときである。（③） 答

演習4

問題は100ページ

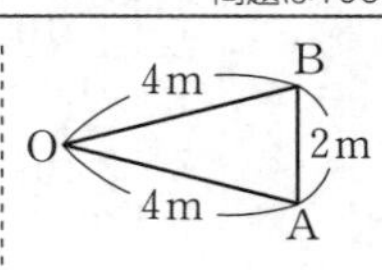

（1）△ABOにおいて余弦定理より

$$\cos\angle AOB = \frac{OA^2+OB^2-AB^2}{2OA\cdot OB}$$

$$= \frac{4^2+4^2-2^2}{2\cdot 4\cdot 4}$$

$$= \frac{7}{8}$$ 答

また，△ACDは ∠D＝90° の直角三角形であるから

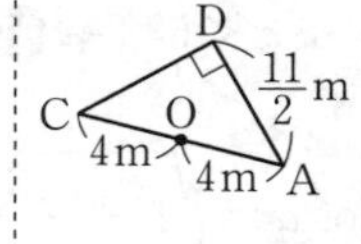

$$\cos\angle CAD = \frac{AD}{AC}$$

$$= \frac{11}{2}\cdot\frac{1}{2\cdot 4}$$

$$= \frac{11}{16}$$

よって

$$\sin\angle CAD = \sqrt{1-\left(\frac{11}{16}\right)^2}$$

$\sin\angle CAD > 0$

$$= \frac{3\sqrt{15}}{16}$$ 答

（2）$AH = AE \times \cos\angle EAO$ (m)（⓪）答

$OH = OE \times \cos\angle AOE$ (m)（⑤）答

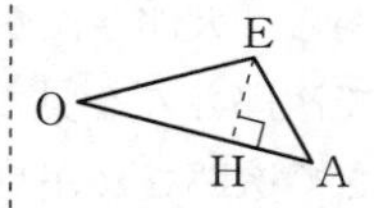

である。また

$EH = AE \times \sin\angle EAO$ (m)（⓪）答

$EH = OE \times \sin\angle AOE$ (m)（④）答

である。

$OA = AH + OH$ より

$$OA = AE\cos\angle EAO + OE\cos\angle AOE$$

よって

$$4 = \frac{11}{16}AE + \frac{7}{8}OE \quad \cdots\cdots ①$$

$EH = AE\sin\angle EAO = OE\sin\angle AOE$ より

$$\frac{3\sqrt{15}}{16}AE = \frac{\sqrt{15}}{8}OE \quad \cdots\cdots ②$$

$\sin\angle AOE > 0$ より

$\sin\angle AOE$

$= \sqrt{1-\left(\frac{7}{8}\right)^2}$

$= \frac{\sqrt{15}}{8}$

①，②より

$$AE = 2\text{m},\ OE = 3\text{m},\ EH = \frac{3\sqrt{15}}{8}\text{m}$$

よって△AEOの面積は

$$\frac{1}{2}\mathrm{OA}\cdot\mathrm{EH}=\boldsymbol{\frac{3\sqrt{15}}{4}}\ \mathbf{(m^2)}$$ ◀◀答

また，展示品の底面の半径を r m とすると

$$\triangle\mathrm{AEO}=\frac{1}{2}r(\mathrm{AE}+\mathrm{OA}+\mathrm{OE})$$
$$=\frac{9}{2}r\ (\mathrm{m}^2)$$

であるから

$$\boldsymbol{r=\frac{\sqrt{15}}{6}}\ \mathbf{(m)}$$ ◀◀答

(3) 展示品の底面が△$\mathrm{AO_1B}$の内部にある条件を求める。

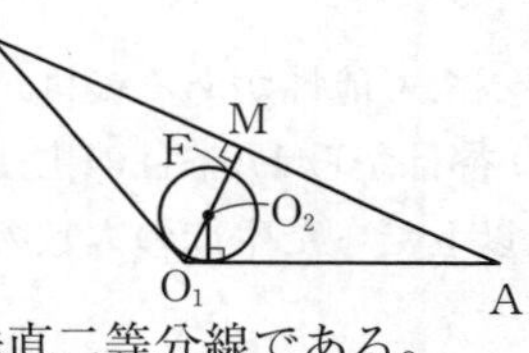

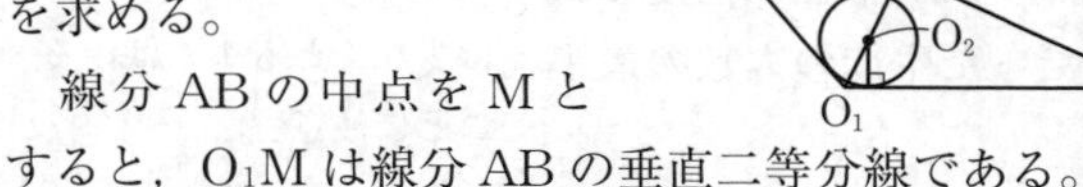

線分ABの中点をMとすると，$\mathrm{O_1M}$は線分ABの垂直二等分線である。

よって

$$\mathrm{O_1M}=R\cos\frac{\theta}{2}\ (\mathrm{m})$$

∠$\mathrm{AO_1M}$=∠$\mathrm{BO_1M}$
$=\frac{\theta}{2}$

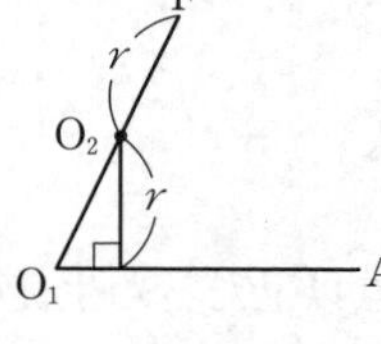

一方，展示品の底面の中心を$\mathrm{O_2}$，直線$\mathrm{O_1O_2}$と展示品の底面の外周との交点のうち，$\mathrm{O_1}$から遠い方をFとすると

$$\mathrm{O_1F}=\mathrm{O_1O_2}+\mathrm{O_2F}$$
$$=\frac{r}{\sin\frac{\theta}{2}}+r$$
$$=\left(\frac{1}{\sin\frac{\theta}{2}}+1\right)r\ (\mathrm{m})$$

展示品の底面が△$\mathrm{AO_1B}$の内部にあるのは$\mathrm{O_1F}<\mathrm{O_1M}$のときであるから，$R$，$r$，$\theta$の条件は

$$\left(\frac{1}{\sin\frac{\theta}{2}}+1\right)r<R\cos\frac{\theta}{2}$$

よって

$$\boldsymbol{\frac{r}{R}<\frac{\sin\frac{\theta}{2}\cos\frac{\theta}{2}}{1+\sin\frac{\theta}{2}}}$$ （②） ◀◀答

4 データの分析

演習1

問題は126ページ

（1）箱ひげ図より，小テストの結果について，第1四分位数は3点，第2四分位数は7点である。

データの個数は35個であるから，得点が低い順に並べると，第1四分位数は9番目の値，第2四分位数は18番目の値である。

よって，得点が5点だった可能性があるのは，得点が低い順に並べたとき10番目から17番目の生徒である。よって，得点が5点以上だった生徒の人数の最小値は

$$35-17+1=19\text{（人）}$$

最大値は

$$35-10+1=26\text{（人）}$$

である。

したがって，得点が5点以上だった生徒の人数は，太郎さんを含めて**19人以上26人以下**である。 答

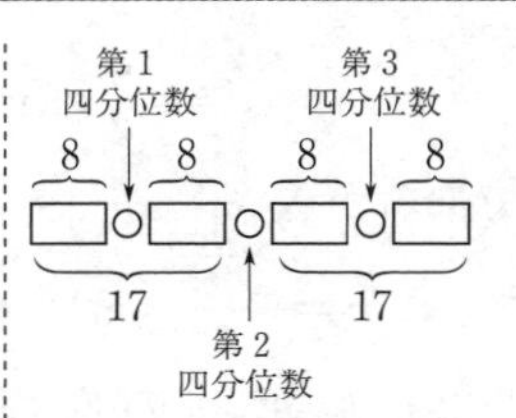

太郎さんの得点は5点なので，得点が5点の生徒は少なくとも1人はいることに注意。

（2）得点の最小値は1点，最大値は10点である。そして，得点が低い順に並べると，第1四分位数(3点)は9番目の値，第2四分位数(7点)は18番目の値，第3四分位数(8点)は27番目の値であるから，小テストの得点の分布として誤っているものは⓪である。 答

⓪は第2四分位数が6点である。

また，分散はデータの散らばり度合を表す量であるから，分散が最も大きいものは③である。 答

（3）太郎さんの得点は5点，花子さんの得点は10点であるから，得点の平均値が最小となるのは，データの値を小さい順に並べたとき1番目から8番目が1点(最小値)，9番目から16番目が3点(第1四分位数)，17番目が5点(太郎さん)，18番目から26番目が7点(第2四分位数)，27番目から34番目が8点(第3四分位数)，35番目が10点(花子さん)であるときである。

得点の平均値が最小となるのは，35人の得点の合計が最小となるときである。

よって，得点の平均値の最小値は

$$\frac{1}{35}(1\times8+3\times8+5\times1+7\times9+8\times8+10\times1)$$

$$=\mathbf{\frac{174}{35}}$$ ◀◀答

演習2

問題は128ページ

（1）数学の得点について，得点ごとの人数をまとめると，次の表のようになる。

得点	0	1	2	3	4	5
人数	2	0	2	4	1	1

最小値は 0，最大値は 5 であるから，範囲は

$5-0=\mathbf{5.00}$（⑨） ◀◀答

第 1 四分位数は小さい方から 3 番目の値であり，第 3 四分位数は大きい方から 3 番目の値であるから

データの値の個数は10である。

第 1 四分位数は 2，第 3 四分位数は 3

したがって，四分位範囲は

$3-2=\mathbf{1.00}$（①） ◀◀答

また，平均値は

$$\frac{1}{10}(0\times2+2\times2+3\times4+4\times1+5\times1)=\frac{25}{10}$$

$=\mathbf{2.50}$（④） ◀◀答

分散は

$$\frac{1}{10}\{(0-2.5)^2\times2+(2-2.5)^2\times2+(3-2.5)^2\times4+(4-2.5)^2\times1+(5-2.5)^2\times1\}$$

$$=\frac{1}{10}(6.25\times3+2.25\times1+0.25\times6)=\frac{22.5}{10}$$

$=\mathbf{2.25}$（③） ◀◀答

あるいは

$$\frac{1}{10}(0^2\times2+2^2\times2+3^2\times4+4^2\times1+5^2\times1)-\left(\frac{25}{10}\right)^2$$

$$=\frac{85}{10}-\frac{25}{4}$$

$=2.25$

（2）英語について式 (A) の値を求めると

$$\frac{1}{10}\{(2-3)\times5+(4-3)\times5\}$$

$$=\frac{1}{10}(-1\times5+1\times5)$$

$=\mathbf{0.00}$（②） ◀◀答

数学について式 (A) の値を求めると

$$\frac{1}{10}\{(0-2.5)\times2+(2-2.5)\times2+(3-2.5)\times4$$
$$+(4-2.5)\times1+(5-2.5)\times1\}$$
$$=\frac{1}{10}(-2.5\times2-0.5\times2+0.5\times4$$
$$+1.5\times1+2.5\times1)$$

$=\mathbf{0.00}$（②） ◀◀答

英語について式 (B) の値を求めると

$$\frac{1}{10}(|2-3|\times5+|4-3|\times5)$$
$$=\frac{1}{10}(1\times5+1\times5)=\frac{10}{10}$$

$=\mathbf{1.00}$（④） ◀◀答

数学について式 (B) の値を求めると

$$\frac{1}{10}(|0-2.5|\times2+|2-2.5|\times2+|3-2.5|\times4$$
$$+|4-2.5|\times1+|5-2.5|\times1)$$
$$=\frac{1}{10}(2.5\times3+1.5\times1+0.5\times6)=\frac{12}{10}$$

$=\mathbf{1.20}$（⑤） ◀◀答

このとおり，d_1，d_2，…，d_n の値によって式 (B) の値は異なる。

分散と同様に，式（B）の値も数学の方が英語よりも大きい。

一方，式 (A) は

$$\frac{1}{n}\{(d_1-d)+(d_2-d)+\cdots+(d_n-d)\}$$
$$=\frac{1}{n}\{(d_1+d_2+\cdots+d_n)-dn\}$$
$$=\frac{1}{n}(dn-dn)$$
$$=0$$

$$d=\frac{1}{n}(d_1+d_2+\cdots+d_n)$$

となり，d_1，d_2，…，d_n の値によらず一定値 0 である。

よって，式 (A) と式 (B) を比較すると，データの散らばりの度合いを表す量として式 **(B)**（①）の方が適している。◀◀答

演習3

問題は130ページ

（1）散布図からは直線的な相関関係は見られない。よって，図1の総得点と総失点の間の相関係数に最も近い値は**0.12**（②）である。答

（2）散布図の各点に対し，その点を通り傾きが1の直線を考える。これらの直線のうち，y 切片が最も小さい直線について，この直線を通る点が表すチームの得失点差が最も大きい。一方，y 切片が最も大きい直線について，この直線を通る点が表すチームの得失点差が最も小さい。

得失点差を k とすると，散布図の点（x，y）に対して

$x-y=k$

より

$y=x-k$

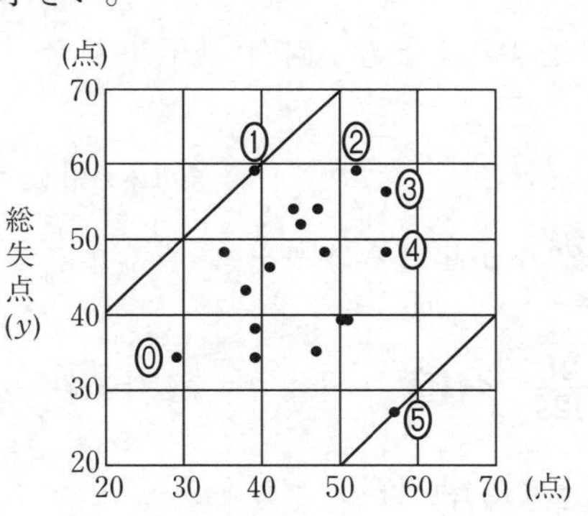

よって，得失点差が最も大きいチームを表す点は⑤で，最も小さいチームを表す点は①である。答

（3）⓪；（1）より，総得点と総失点の間には相関は見られない。よって，正しくない。

①；図1からは，得失点差と勝ち数の関係を読み取ることはできない。よって，正しくない。

②；（2）より，得失点差が最も大きいチームを表す点は⑤で，総失点は最も小さい。よって，正しい。

③；総得点が50点以上のチームのうち，②が表すチームは得失点差が0未満である。よって，正しくない。

直線 $y=x$ よりも上側にある点が表すチームは，総得点よりも総失点の方が大きい。

④；得失点差が20点以上のチームを表す点は，直線 $y=x-20$ よりも下側にある。そのような点は⑤のみである。よって，正しくない。

以上より，正しいものは②である。答

5 場合の数と確率

演習1

問題は168ページ

(**1**)(i) $N=3$ のとき，$k=2$ となる確率は，コインを3枚投げて表が2枚出る確率であるから

$${}_3C_2\cdot\left(\frac{1}{2}\right)^2\cdot\left(\frac{1}{2}\right)=\frac{3}{8}$$ ◀◀答

反復試行の確率。

$k=2$ という条件の下で事象 A が起こるという条件付き確率は，「当たりくじ」を引く確率が $\frac{1}{4}$ のくじを2回引くとき，「当たりくじ」を少なくとも1回引く確率であるから

「当たりくじ」を引かない確率は $\frac{3}{4}$。

$$1-\left(\frac{3}{4}\right)^2=\frac{7}{16}$$ ◀◀答

余事象の確率。

よって，$k=2$ であり，かつ事象 A が起こる確率を P とすると

$$\frac{P}{\frac{3}{8}}=\frac{7}{16}\quad よって\quad P=\frac{21}{128}$$ ◀◀答

条件付き確率の定義。

(ii) $N=3$ より，事象 A が起こる場合には

$k=1$ であり，かつ事象 A が起こる場合
$k=2$ であり，かつ事象 A が起こる場合
$k=3$ であり，かつ事象 A が起こる場合

$k=0$，1，2，3 の場合があるが，$k=0$ のときはくじを1枚も引かないから，事象 A が起こることはない。

の3通りがある。よって，事象 A が起こる確率を求めるには，これら3通りの確率をそれぞれ求め，それらの和をとればよい。すなわち，最も適当なものは②である。 ◀◀答

(**2**) ⓪，①；コインを1枚投げて「当たりくじ」を引く確率は，コインを1枚投げて表が出て，かつ，くじを1回引いて「当たりくじ」を引く場合なので

$$\frac{p}{2}$$

よって，コインを N 枚投げたとき，「当たりくじ」を1回も引かない確率は

$$\left(1-\frac{p}{2}\right)^N$$

となるので，事象Aが起こる確率は

$$1-\left(1-\frac{p}{2}\right)^N$$

と表すことができる。この確率はN，pの値により変化するので，⓪，①は正しくない。

②，③；$k=2$ のとき，くじを2回引いて2回とも「当たりくじ」を引かない確率は

$$(1-p)^2$$

となるので，$k=2$ であるという条件の下で事象Aが起こるという条件付き確率は

$$1-(1-p)^2=2p-p^2$$

と表すことができる。この確率は，Nの値によらずpの値により変化するので，②は正しく，③は正しくない。

以上より，最も適当なものは ② である。 ◀◀答

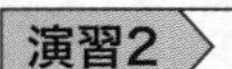

演習2

問題は170ページ

(1)(i) 色を確認したあと，玉を袋に戻すとする。操作を2回行うとき，事象Eが起こる確率P_1は，1回目に特定の色の玉を取り出す確率が $\frac{2}{6}=\frac{1}{3}$，2回目に1回目と同じ色の玉を取り出す確率が $\frac{1}{3}$，玉の色の選び方が3通りあるから

$$P_1=\frac{1}{3}\cdot\frac{1}{3}\cdot 3=\frac{1}{3}$$ ◀◀答

操作を3回行うとき，事象Eが少なくとも1回起こるのは，3回とも同じ色の玉を取り出すか，1回目または3回目だけ色が異なる玉を取り出すときである。

（Ⅰ）3回とも同じ色の玉を取り出す確率

2回続けて同じ色の玉を取り出す確率がP_1，3回目にも同じ色の玉を取り出す確率が $\frac{1}{3}$ であるから

$$P_1\cdot\frac{1}{3}=\frac{1}{3}\cdot\frac{1}{3}=\frac{1}{9}$$

（Ⅱ）1回目または3回目だけ色が異なる玉を取り出す確率

1回目だけ色が異なる玉を取り出す確率は，2回目と3回目に同じ色の玉を取り出す確率がP_1，1回目に異なる色の玉を取り出す確率が $\frac{4}{6}=\frac{2}{3}$ であるから

$$P_1\cdot\frac{2}{3}=\frac{1}{3}\cdot\frac{2}{3}=\frac{2}{9}$$

3回目だけ色が異なる玉を取り出す確率も同様に$\frac{2}{9}$であるから，1回目または3回目だけ色が異なる玉を取り出す確率は

$$\frac{2}{9}+\frac{2}{9}=\frac{4}{9}$$

よって，（Ⅰ），（Ⅱ）より

$$P_2=\frac{1}{9}+\frac{4}{9}=\frac{5}{9}$$ ◀◀答

たとえば，2回目と3回目に赤色の玉を取り出すとすると，1回目には白色か青色の玉を取り出す。

（ii）色を確認したあと，玉を袋に戻さないとする。操作を2回行うとき，事象Eが起こる確率P_3は，1回目に特定の色の玉を取り出す確率が$\frac{1}{3}$，2回目に1回目と同じ色の玉を取り出す確率が$\frac{1}{5}$，玉の色の選び方が3通りあるから

$$P_3=\frac{1}{3}\cdot\frac{1}{5}\cdot3=\frac{1}{5}$$ ◀◀答

操作を3回行うとき，事象Eが少なくとも1回起こるのは，1回目または3回目だけ色が異なる玉を取り出すときである。

それぞれの色の玉は2個しかないから，3回とも同じ色の玉を取り出すことは起こり得ない。

1回目だけ色が異なる玉を取り出す確率は，2回目と3回目に同じ色の玉を取り出す確率がP_3，1回目に異なる色の玉を取り出す確率が1であるから

$$P_3\cdot1=\frac{1}{5}$$

3回目だけ色が異なる玉を取り出す確率も同様に$\frac{1}{5}$

取り出す玉の色が，1回目から順に

■●●

のパターンとなる確率を求める。

2回目と3回目(●●)を先に考えると，前で求めたP_3の値が利用できる。

であるから，1回目または3回目だけ色が異なる玉を取り出す確率は

$$P_4=\frac{1}{5}+\frac{1}{5}=\frac{2}{5}$$ ◀◀答

（2）次に，袋の中に9個の玉が入っており，3個の玉の色が赤，3個の玉の色が白，3個の玉の色が青であるとする。

（i）（1）（i）の P_1 を求める計算における各項の確率や場合の数はどれも，袋の中の玉を先に述べたように変更しても変わらない。よって，求める確率は P_1 と等しいから

$$\frac{1}{3}$$ ◀◀答

$\frac{3}{9}\cdot\frac{3}{9}\cdot3=\frac{1}{3}$

また，（1）（i）の P_2 を求める計算における各項の確率や場合の数はどれも，袋の中の玉を先に述べたように変更しても変わらない。よって，求める確率は P_2 と等しいから

$$\frac{5}{9}$$ ◀◀答

$\frac{1}{3}\cdot\frac{3}{9}+\frac{1}{3}\cdot\frac{6}{9}\cdot2$
$=\frac{5}{9}$

（ii）操作を3回行うとき，3回とも同じ色の玉を取り出す確率は，1回目に特定の色の玉を取り出す確率が $\frac{1}{3}$，2回目，3回目に1回目と同じ色の玉を取り出す確率がそれぞれ $\frac{2}{8}=\frac{1}{4}$，$\frac{1}{7}$ であるから

$$\frac{1}{3}\cdot\frac{1}{4}\cdot\frac{1}{7}\cdot3=\frac{1}{28}$$

（1）（ii）と異なり，3回とも同じ色の玉を取り出すときがある。

また，1回目または3回目だけ色が異なる玉を取り出す確率は

$$\frac{1}{4}\cdot\frac{6}{7}\cdot2=\frac{12}{28}$$

2回目に1回目（3回目）と同じ色の玉を取り出す確率が $\frac{1}{4}$，3回目（1回目）だけ色が異なる玉を取り出す確率が $\frac{6}{7}$ である。

よって，操作を3回行うとき，事象 E が少なくとも1回起こる確率は

$$\frac{1}{28}+\frac{12}{28}=\frac{13}{28}$$ ◀◀答

演習3 問題は171ページ

(1) 2回戦でAが優勝者と決まるのは，1回戦，2回戦ともAが勝つ場合であるから，その確率は

$$\left(\frac{1}{2}\right)^2=\frac{1}{4}$$ ◀◀答 ……………………………①

各対戦でAが勝つ確率は$\frac{1}{2}$。

3回戦以内で優勝者が決まるような各対戦の勝者の並び方は

AA，BB，ACC，BCC

の4つの場合がある。BBとなる確率は①に等しい。

（2）の樹形図を参照してほしい。

また，ACCとなる確率は

$$\left(\frac{1}{2}\right)^3=\frac{1}{8}$$

であり，BCCとなる確率もこれに等しい。したがって，3回戦以内で優勝者が決まる確率は

$$2\times\frac{1}{4}+2\times\frac{1}{8}=\frac{3}{4}$$ ◀◀答

(2) 各対戦の勝者について樹形図で表すと，次の図のようになる。なお，★は優勝者が決まることを表す。

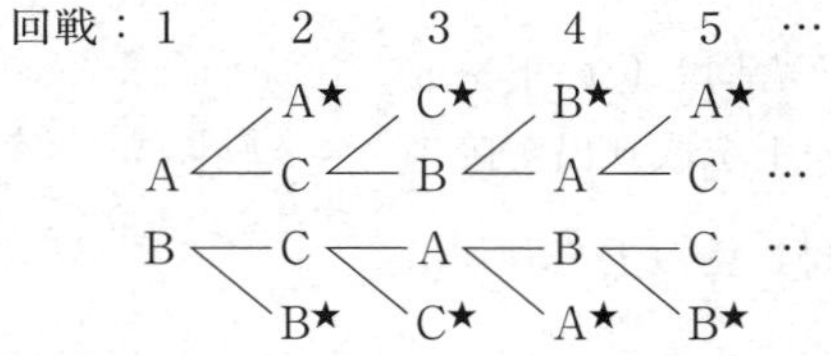

回戦：1　2　3　4　5　…

A★　C★　B★　A★
A ─ C ─ B ─ A ─ C …
B ─ C ─ A ─ B ─ C …
B★　C★　A★　B★

樹形図を利用する。
同じ文字が続くと優勝者が決定する。

この図より，4回戦はAとBの対戦になり，4回戦に出場し得ない者は**C**である。（②） ◀◀答

(3) 5回戦が終了した時点で優勝者が決まっていないのは，上の樹形図より，勝者が

ACBAC，BCABC

と並ぶ場合であるから，求める確率は

控えの者の勝ちが続く場合。

$$2\times\left(\frac{1}{2}\right)^5=\frac{1}{16}$$ ◀◀答

(4) 5回戦以内にAが優勝者と決まるのは，先の樹形図より，勝者がAA，BCAA，ACBAAと並ぶ場合である。BCAA，ACBAAとなる確率はそれぞれ

$$\left(\frac{1}{2}\right)^4=\frac{1}{16},\ \left(\frac{1}{2}\right)^5=\frac{1}{32}$$

であるから，5回戦以内にAが優勝者と決まる確率は

$$\frac{1}{4}+\frac{1}{16}+\frac{1}{32}=\mathbf{\frac{11}{32}}$$ ◀◀答

（5） 1回戦で優勝者が決まることはないから，対戦は必ず2回以上行われる。

（1）での計算より，2回戦で対戦が終わる確率は

$$2\times\frac{1}{4}=\frac{1}{2}$$

3回戦で対戦が終わる確率は

$$2\times\frac{1}{8}=\frac{1}{4}$$

また，（2）の樹形図より，4回戦で対戦が終わる確率は

$$2\times\left(\frac{1}{2}\right)^4=\frac{1}{8}$$

5回戦が行われたとき，結果によらず，それ以上の対戦は行わないから，5回戦で対戦が終わる確率は

$$1-\left(\frac{1}{2}+\frac{1}{4}+\frac{1}{8}\right)=\frac{1}{8}$$

余事象の確率。

以上より，求める期待値は

$$2\times\frac{1}{2}+3\times\frac{1}{4}+4\times\frac{1}{8}+5\times\frac{1}{8}$$

$$=\frac{8+6+4+5}{8}=\mathbf{\frac{23}{8}}$$ ◀◀答

演習4

問題は172ページ

（1）さいころを3回投げてゲーム終了となるのは，3回続けて反時計回りに進むか，3回続けて時計回りに進む場合である。よって，このような目の出方は

$2^3+4^3=8+64=72$（通り） 答 ……①

3回とも同じ方向に進む場合。

（2）さいころを1回投げたとき

反時計回りに進む確率は $\frac{2}{6}=\frac{1}{3}$

時計回りに進む確率は $\frac{4}{6}=\frac{2}{3}$

である。

さいころを3回投げたあとPが頂点A_2にあるのは，反時計回りに2回，時計回りに1回進む場合であり，この移動の間にPがA_4に到達することはない。したがって，この確率は

$A_1\to A_2\to A_3\to A_2$
$A_1\to A_2\to A_1\to A_2$
$A_1\to A_6\to A_1\to A_2$

$${}_3C_2\cdot\left(\frac{1}{3}\right)^2\cdot\frac{2}{3}=\frac{2}{9}$$ 答

点Pが頂点A_2にくるのは，奇数回目の移動後のみであるから，点Pが頂点A_2にくる回数は2回以下である。

1回目または3回目。

点Pが頂点A_2にくる回数が1回となるのは，次のように移動した場合である。

$A_1\to A_2\to A_3\to A_4$
$A_1\to A_2\to A_1\to A_6$
$A_1\to A_6\to A_1\to A_2$

この確率は

$$\left(\frac{1}{3}\right)^3+\frac{1}{3}\cdot\left(\frac{2}{3}\right)^2+\left(\frac{1}{3}\right)^2\cdot\frac{2}{3}=\frac{7}{27}$$

移動の向きに注意して，それぞれの確率を求める。

点Pが頂点A_2にくる回数が2回となるのは，次のように移動した場合である。

$A_1\to A_2\to A_3\to A_2$
$A_1\to A_2\to A_1\to A_2$

この確率は

$$2\times\left(\frac{1}{3}\right)^2\cdot\frac{2}{3}=\frac{4}{27}$$

以上より，求める期待値は

$$1\times\frac{7}{27}+2\times\frac{4}{27}=\frac{5}{9}$$ ◀◀答

また，さいころを３回投げたあとＰがA_6にあるのは，反時計回りに１回，時計回りに２回進む場合であるから，この確率は

$${}_3C_1\cdot\frac{1}{3}\cdot\left(\frac{2}{3}\right)^2=\frac{4}{9}$$

３回投げたあとA_2，A_4，A_6のいずれかにいることから

$$1-\frac{72}{6^3}-\frac{2}{9}=\frac{4}{9}$$

と求めてもよい。

さいころを５回投げたあと，Ｐが頂点A_2にあるのは

（ⅰ）３回投げたあとA_2にあり，反時計回りと時計回りに１回ずつ進む

（ⅱ）３回投げたあとA_6にあり，反時計回りに２回進む

のいずれかの場合である。（ⅰ）となる確率は

$A_2\to A_1\to A_2$

$A_2\to A_3\to A_2$

$A_6\to A_1\to A_2$

$$\frac{2}{9}\times{}_2C_1\cdot\frac{1}{3}\cdot\frac{2}{3}=\frac{8}{81}$$

であり，（ⅱ）となる確率は

$$\frac{4}{9}\times\left(\frac{1}{3}\right)^2=\frac{4}{81}$$

であるから，求める確率は

$$\frac{8}{81}+\frac{4}{81}=\frac{4}{27}$$ ◀◀答

（3） さいころを５回投げてゲーム終了となるのは

（ⅲ）３回投げたあとA_2にあり，反時計回りに２回進む

$A_2\to A_3\to A_4$

（ⅳ）３回投げたあとA_6にあり，時計回りに２回進む

$A_6\to A_5\to A_4$

のいずれかの場合である。（ⅲ）となる確率は

$$\frac{2}{9}\times\left(\frac{1}{3}\right)^2=\frac{2}{81}$$

であり，（ⅳ）となる確率は

$$\frac{4}{9}\times\left(\frac{2}{3}\right)^2=\frac{16}{81}$$

であるから，求める確率は

$$\frac{2}{81}+\frac{16}{81}=\frac{2}{9}$$ ◀◀答

また，３回投げてゲーム終了となる確率は，①より

$$\frac{72}{6^3}=\frac{1}{3}$$

である。よって，5回投げてもゲーム終了とならない確率は

$$1-\frac{1}{3}-\frac{2}{9}=\frac{4}{9}$$ 答

である。

4回投げてゲーム終了となることはない。

余事象の確率。

演習5

問題は173ページ

（**1**）取り出したカードに書かれている数字がすべて異なるのは，5種類の数字から3種類を選び，選んだ3種類の数字が書かれている色が異なる2枚のカードのうち一方をそれぞれ取り出す，と考えればよい。したがって，求める場合の数は

$${}_5C_3\times2^3=10\times8=\mathbf{80}$$ **（通り）** 答

先に数字を考え，あとからどちらの色のカードを取るかを考える。

（**2**） 3枚のカードの取り出し方は

$${}_{10}C_3=120$$ （通り）

ある。取り出したカードに書かれている数字の最大値が5である事象は，5と書かれたカードが1枚も含まれない事象の余事象であるから，求める確率は

$$1-\frac{{}_8C_3}{120}=1-\frac{7}{15}=\mathbf{\frac{8}{15}}$$ 答

取り出したカードに書かれている数字の最大値が2になるのは，1が2枚，2が2枚の計4枚の中から3枚のカードを取り出すときである。したがって，求める確率は

$$\frac{{}_4C_3}{120}=\mathbf{\frac{1}{30}}$$ 答

1のカードは2枚しかないので，取り出したカード3枚がすべて「1または2」の場合，2が少なくとも1枚含まれる。

取り出したカードに書かれている数字の最大値が3であるとき，3と書かれたカードを何枚取り出すかに着目して

（i） 1枚だけ取り出す場合は，1または2と書かれたカード計4枚から2枚，3と書かれたカード2枚から1枚を取り出す

（ii） 2枚取り出す場合は，1または2と書かれたカ

すべて3以下である場合の数からすべて2以下である場合の数をひいて

$${}_6C_3-{}_4C_3$$
$$=20-4=16$$ （通り）

と求めてもよい。

ード計 4 枚から 1 枚を取り出す

の 2 つの場合があるから，その確率は

$$\frac{{}_2C_1\cdot{}_4C_2+{}_2C_2\cdot{}_4C_1}{120}=\frac{2\cdot6+4}{120}=\frac{2}{15}$$ ◀◀答

また，取り出したカードに書かれている数字の最大値は2，3，4，5 のいずれかであるから，最大値が4 である確率は

$$1-\left(\frac{8}{15}+\frac{1}{30}+\frac{2}{15}\right)=\frac{9}{30}$$

余事象の確率。

よって，求める期待値は

$$5\times\frac{8}{15}+2\times\frac{1}{30}+3\times\frac{2}{15}+4\times\frac{9}{30}$$

$$=\frac{80+2+12+36}{30}=\frac{13}{3}$$ ◀◀答

(3) 取り出したカードに青色の数字，赤色の数字がともに含まれている事象は，取り出したカードの色がすべて同じである事象の余事象であるから，求める確率は

$$1-\left(\frac{{}_5C_3}{120}+\frac{{}_5C_3}{120}\right)=1-\frac{1}{6}=\frac{5}{6}$$ ◀◀答

青色の数字のみを取り出す取り出し方，赤色の数字のみを取り出す取り出し方はそれぞれ

$_5C_3$（通り）

である。

また，取り出したカードの色がすべて同じであり，かつ，最大値が 3 となるような取り出し方は

赤色のみで　1，2，3

青色のみで　1，2，3

の 2 通りしかないので，取り出したカードに青色の数字，赤色の数字がともに含まれており，かつ，最大値が 3 となる確率は

$$\frac{2}{15}-\frac{2}{120}=\frac{14}{120}=\frac{7}{60}$$

(2)より，取り出したカードに書かれている数字の最大値が 3 である確率は $\frac{2}{15}$ である。

これより，求める条件付き確率は

$$\frac{\frac{7}{60}}{\frac{5}{6}}=\frac{7}{50}$$ ◀◀答

6 図形の性質

演習1

問題は206ページ

（1）$R_1=R_2=R_3=R$ のとき，AO_B，AO_C，BO_C，BO_A，CO_A，CO_B，O_AH，O_BH，O_CH の長さはすべて R であるから，3つの四角形 O_ACO_BH，O_BAO_CH，O_CBO_AH はひし形である。

逆に，3つの四角形 O_ACO_BH，O_BAO_CH，O_CBO_AH がひし形であるとき，$AO_B=AO_C$，$BO_C=BO_A$，$CO_A=CO_B$ より，$R_1=R_2=R_3$ である。

よって，3つの四角形 O_ACO_BH，O_BAO_CH，O_CBO_AH がひし形（⓪）であることが，$R_1=R_2=R_3$ であるための必要十分条件である。 ◀◀答

また，△ACD と △BCE において

$\angle CDA=\angle CEB$

$\angle ACD=\angle BCE$

（共通）

より，2組の角がそれぞれ等しいから

$\triangle ACD \backsim \triangle BCE$

よって

$\angle CAD=\angle CBE$（④） ◀◀答

であるから，円周角の定理より

$\angle CO_AH=2\angle CBE=2\angle CAD=\angle CO_BH$

である。

$\triangle O_ACH$，$\triangle O_BCH$ において

$\angle O_AHC=\angle O_ACH=\angle O_BHC=\angle O_BCH$

$CH=CH$ （共通）

よって，1組の辺とその両端の角がそれぞれ等しいから，$\triangle O_ACH \equiv \triangle O_BCH$ である。

したがって，$O_AC=O_AH=O_BC=O_BH$ より，四角形 O_ACO_BH はひし形である。

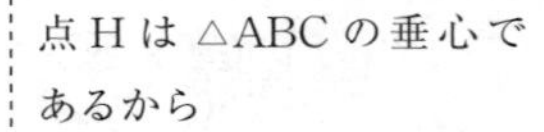

点Hは△ABCの垂心であるから
$\angle CDA=\angle CEB=90°$

相似な図形の対応する角の大きさは等しい。

$\triangle O_ACH$，$\triangle O_BCH$ はともに二等辺三角形であり，頂角が等しい。

合同な図形の対応する辺の大きさは等しい。

（2）半径が等しい3つの円が1点Hで交わるとき

$\angle \mathbf{ADB}=\angle \mathbf{BEC}=\angle \mathbf{CFA}=90^\circ$（③） ◀◀答

であることを示せば，点Hが△ABCの各頂点から対辺またはその延長に下ろした3本の垂線の交点，すなわち垂心であることがいえる。

（3）$O_AH=O_BH=O_CH$ より，点Hは$\triangle O_AO_BO_C$の外心(②)である。 ◀◀答

点O_A，O_B，O_Cは点Hを中心とする同一の円の周上にある。

演習2

問題は208ページ

（1）△ABCは正三角形であるから，$\overset{\frown}{BD}=\overset{\frown}{CD}$のとき，線分ADは△ABCの外接円の直径である。よって

$\angle \mathrm{ABD}=\angle \mathrm{ACD}=\mathbf{90^\circ}$ ◀◀答

また，ADは∠BACの二等分線であるから

$\angle \mathrm{BAD}=\angle \mathrm{CAD}=\mathbf{30^\circ}$ ◀◀答

よって，△ABCの一辺の長さをaとすると

$$\mathrm{AP}=a\sin 60^\circ=\frac{\sqrt{3}}{2}a$$

$$\mathrm{BR}=\mathrm{CQ}=a\tan 60^\circ=\sqrt{3}a$$

であるから

$$\mathrm{AP}\cdot\left(\frac{1}{\mathrm{BR}}+\frac{1}{\mathrm{CQ}}\right)=\frac{\sqrt{3}}{2}a\left(\frac{1}{\sqrt{3}a}+\frac{1}{\sqrt{3}a}\right)$$

$$=\mathbf{1}\ (②)$$ ◀◀答

（2）△ABDと△APBにおいて

$\angle \mathrm{BDA}=\angle \mathrm{PBA}=60^\circ$

$\angle \mathrm{DAB}=\angle \mathrm{BAP}$ （共通）

円周角の定理より
$\angle \mathrm{BDA}=\angle \mathrm{BCA}=60^\circ$

より，2組の角がそれぞれ等しいから

$\triangle \mathrm{ABD} \backsim \triangle \mathrm{APB}$

△ABDと△RBAにおいて

$\angle \mathrm{BDA}=\angle \mathrm{BAR}=60^\circ$

$\angle \mathrm{ABD}=\angle \mathrm{RBA}$ （共通）

より，2組の角がそれぞれ等しいから

$\triangle \mathrm{ABD} \backsim \triangle \mathrm{RBA}$

以上より，△ABDは**△APB**，**△RBA**（⓪，④）と相似である。 ◀◀答

（3）$\angle BAD=\alpha$ とおくと，$\angle CAD=60^\circ-\alpha$ であるから，円周角の定理より

$$\angle BCD=\angle BAD=\alpha$$
$$\angle CBD=\angle CAD=60^\circ-\alpha$$

$\angle ADQ=\angle ADR=120^\circ$ であるから

（2）より
$\angle BDA=\angle BAR=60^\circ$

$$\angle AQD=180^\circ-(120^\circ+\angle BAD)$$
$$=60^\circ-\alpha$$
$$\angle ARD=180^\circ-(120^\circ+\angle CAD)$$
$$=\alpha$$

よって

$$\angle CBD=\angle BQD,\ \angle BCD=\angle CRD$$

$\angle AQD=\angle BQD$,
$\angle ARD=\angle CRD$

より，△DBQ の外接円，△DCR の外接円はともに直線 BC に接し，その接点はそれぞれ B，C である。

接弦定理の逆。

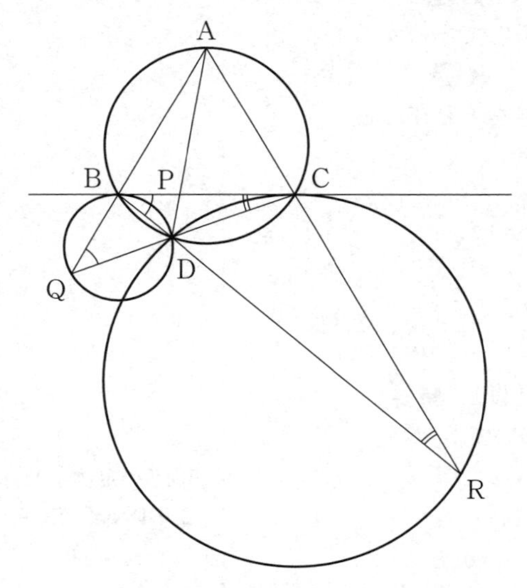

したがって，△DBQ の外接円において，方べきの定理より

$$CB^2=CD\cdot CQ$$
$$a^2=CD\cdot CQ$$

ゆえに

$$CQ=\frac{a^2}{CD}$$

△DCR の外接円において，方べきの定理より

接線を考察せずに，
△QCA∽△ACD
より
CQ：CA＝CA：CD
つまり
$CA^2=CD\cdot CQ$
から導いてもよい。

$$BC^2 = BD \cdot BR$$
$$a^2 = BD \cdot BR$$

ゆえに

$$BR = \frac{a^2}{BD}$$

△RBA∽△ABDより
BR：BA＝BA：BD
つまり
$BA^2 = BD \cdot BR$
から導いてもよい。

一方で，$AP \cdot \left(\frac{1}{BR} + \frac{1}{CQ}\right) = 1$ より

$$\mathbf{AP \cdot (BR + CQ)} = BR \cdot CQ$$
$$= \frac{a^2}{BD} \cdot \frac{a^2}{CD}$$
$$= \frac{\boldsymbol{a^4}}{\mathbf{BD \cdot CD}} \quad (③)$$

両辺にBR·CQをかけた。

演習3

問題は210ページ

（1）方べきの定理(⓪)より 

$$BD \cdot DC = AD \cdot DE$$

両辺に AD^2 をたすと

$$BD \cdot DC + AD^2 = AD \cdot (AD + DE)$$

よって

$$BD \cdot DC + AD^2 = AD \cdot AE$$

点Aから辺BCに下ろした垂線と辺BCの交点をHとすると，Hは辺BCの中点であるから

$$BD \cdot DC = (BH + DH)(BH - DH)$$
$$= BH^2 - DH^2$$

花子さんのノートにこの式の導出方法が書いてある。

ここで，三平方の定理(②)より

$$AD^2 = AH^2 + DH^2,\ AH^2 = AB^2 - BH^2$$

であるから

$$BD \cdot DC + AD^2 = AB^2$$

以上より，$AB^2 = AD \cdot AE$

（2）直線ABが△BDEの外接円に接するならば，方べきの定理より $AB^2 = AD \cdot AE$ である。よって，**△BDEの外接円がABと接すること**(②)を示せばよい。

次に，二等辺三角形の底角は等しいから

$\angle ABD = \angle ACB$

円周角の定理より

$\angle ACB = \angle AEB$

したがって，**∠ABD＝∠AEB**（②）であり，2点A，Eは直線BDに関して反対側にあることから，△BDEの外接円は直線ABと接する。◀◀答

（3）点Dが辺BC上にないときも，（2）と同様に

$\angle ABD = \angle AEB$

が成り立つから

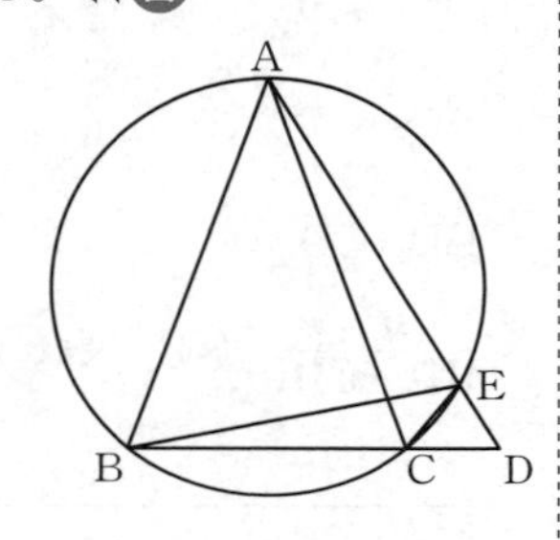

$\angle ABE$

$= \angle ABD - \angle EBD$

$= \angle AEB - \angle EBD$

$= \angle EDB$

△BDEの外角に着目した。

よって，∠ABE＝∠EDBであり，2点A，Dは直線BEに関して反対側にあることから，このときも△BDEの外接円は直線ABと接し，$AB^2 = AD \cdot AE$も成り立つ。

したがって，正しいものは⓪である。◀◀答

演習4

問題は213ページ

（1）4点B，E，D，Fは同一円周上にあるから

∠BDF＝∠BEF（⓪）◀◀答

また，4点C，D，E，Gは同一円周上にあるから

∠CDG＝∠CEG（⓪）◀◀答

（2）∠BDF＝∠CDGであるとき，3点F，D，Gは一直線上にある。

このとき，「**直線XYに関して2点P，Qが反対側にあるとき，直線XY上の点Rについて∠XRP＝∠YRQならば，3点P，R，Qは一直線上にある**」（①）という性質を用いた。◀◀答

対頂角の性質。

点X，Y，P，Q，Rがそれぞれ点B，C，F，G，Dに対応する。

（3）(X) について，7 点 A，B，C，D，E，F，G の位置関係は太郎さんと花子さんの会話中の図と変わらないから，①，②，③はすべて成り立つ。

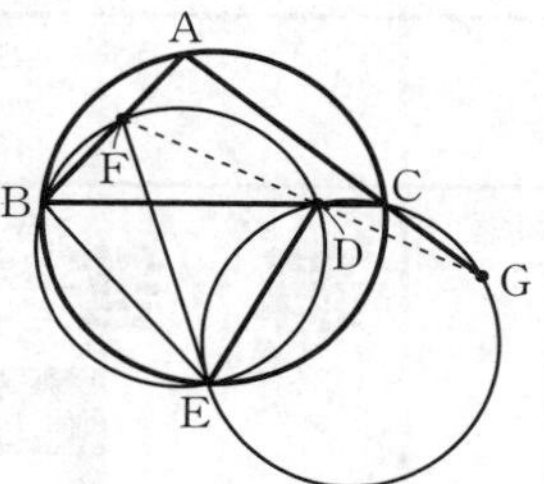

(Y) について，会話中の図と同様に，点 D，E は直線 BF，直線 CG の両方に関して同じ側にあるから，①は成り立つ。

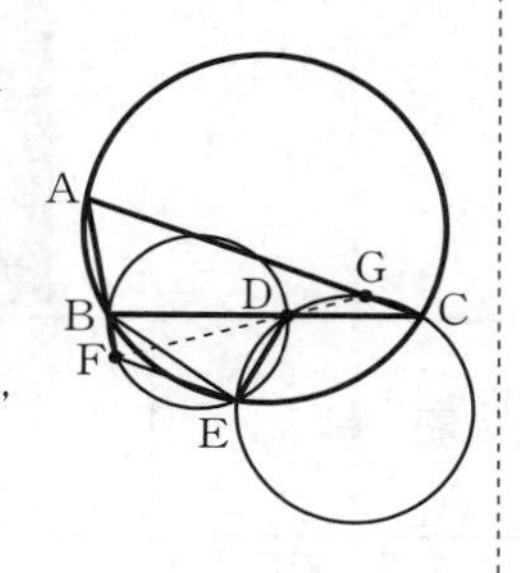

円に内接する四角形の外角は，それと隣り合う内角の対角に等しいから

$$\angle \mathrm{BFE} = \angle \mathrm{CDE}$$

円周角の定理より

$$\angle \mathrm{CDE} = \angle \mathrm{CGE}$$

なので，②も成り立つ。

しかし，円に内接する四角形の外角は，それと隣り合う内角の対角に等しいから

$$\angle \mathrm{FBE} = \angle \mathrm{ACE} = \angle \mathrm{GCE}$$

より，③は成り立たないが，このように修正することで，3 点 F，D，G がつねに一直線上にあることが証明できる。

∠ACE と ∠GCE は同じ角を表す。

(Z) について，7 点 A，B，C，D，E，F，G の位置関係は (Y) と変わらないから，①，②は修正する必要はなく，③は修正する必要がある。

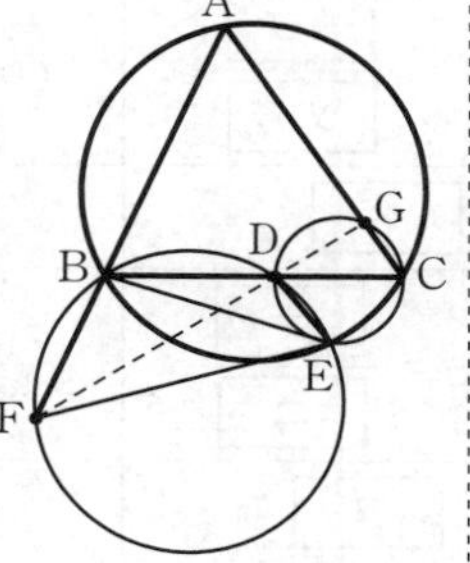

①，②については修正しなければならない場合はなく，③については修正しなければならない場合がある。

以上より，正しい組合せは⑥である。 ◀◀答

模擬試験

解　答

問題番号（配点）	解答記号	正解	配点	自己採点
第1問（30）	ア ＜ x ＜ イ	$3<x<5$	2	
	ウ	③	2	
	エ ＜ x ＜ オ	$1<x<7$	3	
	$k>$ カ	$k>1$	3	
	$\tan\theta=\dfrac{キ}{ク}$	$\tan\theta=\dfrac{1}{4}$	2	
	ケコサ m，シスセ m	108 m，252 m	各3	
	ソ	④	2	
	$\cos\angle ABC=\dfrac{タチ}{ツテ}$	$\cos\angle ABC=\dfrac{-1}{10}$	2	
	AC＝ト	AC＝9	2	
	$\dfrac{\sin\angle BAC}{\sin\angle ACB}=\dfrac{ナ}{ニ}$	$\dfrac{\sin\angle BAC}{\sin\angle ACB}=\dfrac{7}{5}$	3	
	$\dfrac{AE}{CE}=\dfrac{ヌ}{ネノ}$	$\dfrac{AE}{CE}=\dfrac{7}{10}$	3	

問題番号(配点)	解答記号	正解	配点	自己採点
第2問 (30)	ア, イ	④, ①	各2	
	ウ	②	3	
	エ	⑤	3	
	オ	③	2	
	カ	③	3	
	キ, ク, ケ	④, ②, ⑤	各2	
	コ, サ, シ	③, ①, ⓪	各3	
第3問 (20)	$\frac{ア}{イ}$	$\frac{1}{2}$	2	
	ウ 点	2 点	2	
	$\frac{エオ}{カキ}$	$\frac{22}{35}$	2	
	$\frac{クケ}{コサ}$ 点	$\frac{97}{35}$ 点	3	
	$\frac{シス}{セ}$ 点	$\frac{16}{5}$ 点	3	
	ソ 個	2 個	2	
	$\frac{n(n-1)(n+タ)}{(n+1)(n+2)(n+3)}$	$\frac{n(n-1)(n+7)}{(n+1)(n+2)(n+3)}$	3	
	チ 個	5 個	3	

問　題 番　号 (配点)	解　答　記　号	正　解	配点	自己 採点
第4問 (20)	ア	①	3	
	イ	④	3	
	ウ	②	3	
	エ	⑦	3	
	オ	①	4	
	カ	④	4	

合計点	

第1問〔1〕

（1） $|x-4|-1=\begin{cases} x-5 & (x \geqq 4 \text{のとき}) \\ -x+3 & (x<4 \text{のとき}) \end{cases}$

$x \geqq 4$ のとき，不等式を解くと

$$x-5<0 \quad \text{かつ} \quad x \geqq 4$$

より

$$4 \leqq x<5$$

$x<4$ のとき，不等式を解くと

$$-x+3<0 \quad \text{かつ} \quad x<4$$

より

$$3<x<4$$

以上より，不等式の解は

$3<x<5$ ◀◀答

$|x-4|<1$

$-1<x-4<1$

より

$3<x<5$

のように解いてもよい。

また，$y=|x-4|-1$ のグラフは，$y=|x|$ のグラフを x 軸方向に 4，y 軸方向に -1 だけ平行移動したものであり，概形は次の図の実線部分のようになる。

$y=f(x)$ のグラフを x 軸方向に p，y 軸方向に q だけ平行移動したものの式は

$y=f(x-p)+q$

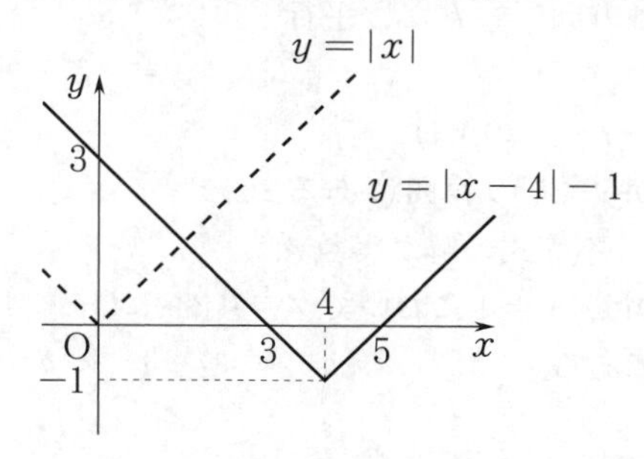

このことから，$y=||x-4|-1|$ のグラフの概形は，次の図の実線部分のようになる。

$y=|f(x)|$ のグラフは，$y=f(x)$ のグラフにおいて $y<0$ の部分を x 軸に関して対称移動したものである。

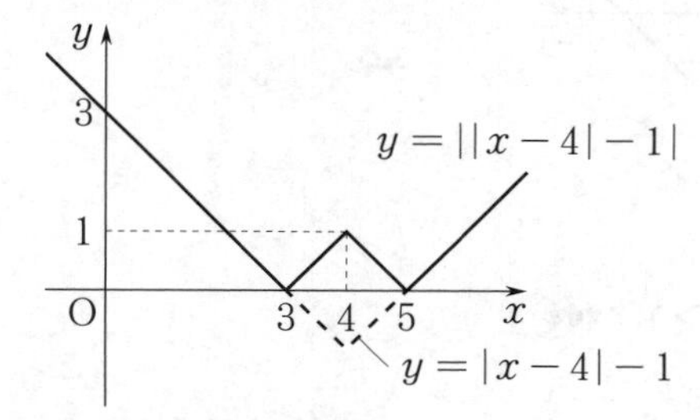

よって，③である。◀◀答

（2）$y=||x-4|-1|-2$ のグラフは，
$y=||x-4|-1|$ のグラフを y 軸方向に -2 だけ平行移動したものであり，その概形は，次の図の実線部分のようになる。

不等式 $||x-4|-1|-2<0$ の解は，
$y=||x-4|-1|-2$ のグラフが $y<0$ の範囲にあるような x の値の範囲であるから

　　$\boldsymbol{1<x<7}$ ◀◀答

　また，$y=||x-4|-1|-k$ のグラフは，
$y=||x-4|-1|$ のグラフを y 軸方向に $-k$ だけ平行移動したものである。

　そして，不等式 $||x-4|-1|-k<0$ の解は，
$y=||x-4|-1|-k$ のグラフが $y<0$ の範囲にあるような x の値の範囲であるから，不等式の解が実数 a，b を用いて $a<x<b$ と表せるのは，$x=4$ においてグラフが $y<0$ の範囲にあるときである。

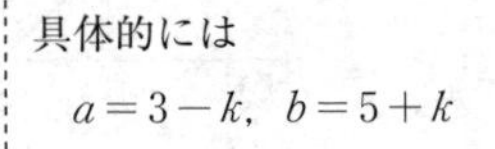
具体的には
$a=3-k$，$b=5+k$

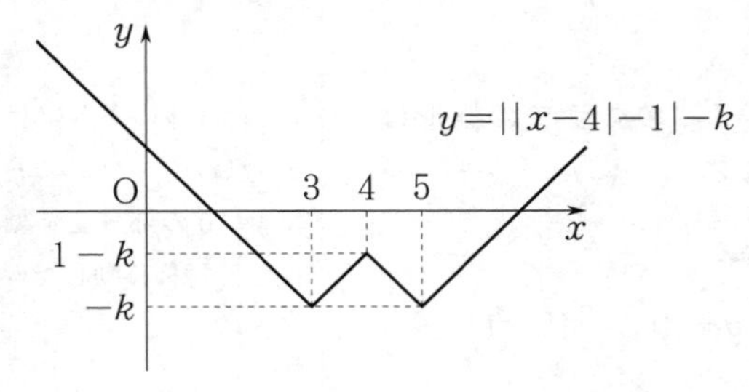

　よって，k の条件は

　　$1-k<0$　すなわち　$\boldsymbol{k>1}$ ◀◀答

第1問〔2〕

（**1**）学校Sがある地点をS，高層ビルBがある地点をBとし，学校Sの最上部をP，高層ビルBの最上部をQとする。このとき，Pから線分BQに下ろした垂線をPHとすると，$\theta = \angle \mathrm{QPH}$である。

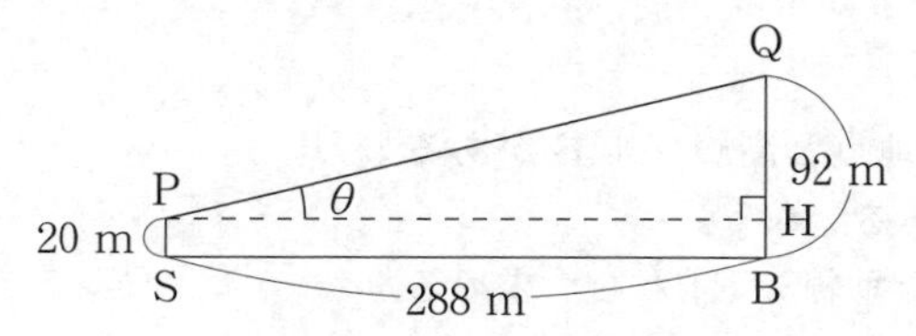

よって

$$\tan\theta = \frac{\mathrm{QH}}{\mathrm{PH}} = \frac{92-20}{288}$$
$$= \mathbf{\frac{1}{4}}$$ ◀◀答

（**2**）太郎さんが学校Sの最上部からマンションAと高層ビルBの最上部をそれぞれ見上げる角の大きさは同じであるから，マンションAがある地点をA，マンションAの最上部をRとし，Pから線分ARに下ろした垂線をPIとすると，$\angle \mathrm{RPI} = \angle \mathrm{QPH} = \theta$である。

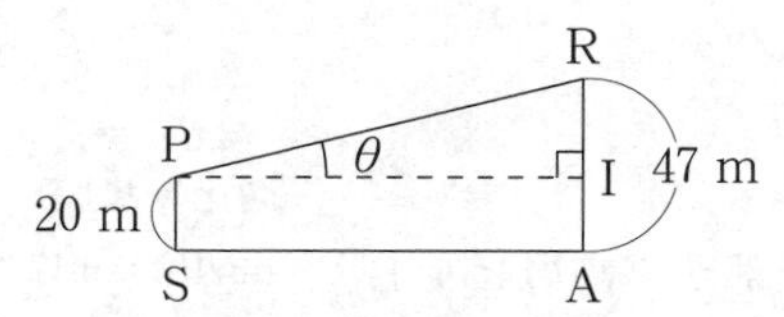

SとAの間の距離をx mとすると

$$\tan\angle \mathrm{RPI} = \frac{47-20}{x} = \frac{27}{x}$$

であるから，$\tan\angle \mathrm{RPI} = \tan\theta$より

$$\frac{27}{x} = \frac{1}{4}$$

よって

$$x = 27 \times 4 = 108$$

より，学校Sがある地点とマンションAがある地点の間の距離は**108 m**である。◀◀答

次に，△SABにおいて，余弦定理より

$$AB^2 = SA^2 + SB^2 - 2SA \cdot SB\cos 60°$$
$$= 108^2 + 288^2 - 2 \cdot 108 \cdot 288 \times \frac{1}{2}$$
$$= 36^2(3^2 + 8^2 - 3 \cdot 8)$$
$$= 36^2 \cdot 49$$

共通因数に着目して，効率よく計算したい。

よって

$$AB = 36 \times 7 = 252$$

より，マンションAがある地点と高層ビルBがある地点の間の距離は **252 m** である。◀◀答

Rから線分QBに下ろした垂線をRJとし，求める角の大きさをαとおくと，$\alpha = \angle QRJ$である。

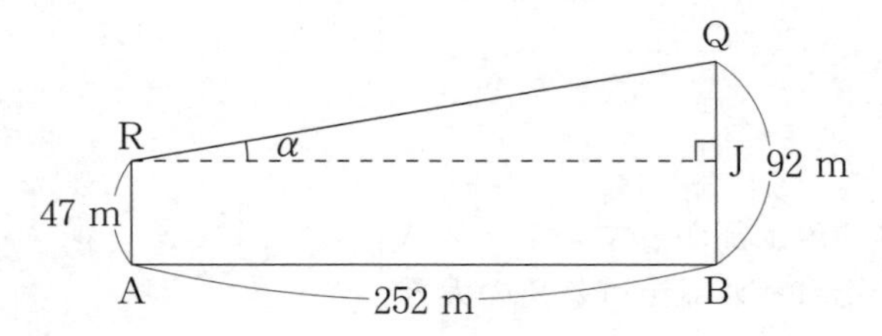

よって

$$\tan\alpha = \tan\angle QRJ$$
$$= \frac{92-47}{252} = \frac{5}{28}$$
$$\fallingdotseq 0.1786$$

より

$$\alpha \fallingdotseq 10°$$

であるから，マンションAの最上部から高層ビルBの最上部を見上げる角の大きさは，約 **10°** (④)である。

三角比の表より
$\tan 10° = 0.1763$
$\tan 11° = 0.1944$

第1問〔3〕

（1）∠ABC は鈍角であるから，$\cos\angle\text{ABC}<0$ より

$$\cos\angle\mathbf{ABC}=-\sqrt{1-\left(\frac{3\sqrt{11}}{10}\right)^2}$$

$$=\frac{-1}{10}$$ ◀◀答

$\sin^2\theta+\cos^2\theta=1$

△ABC において，余弦定理より

$$\text{AC}^2=\text{AB}^2+\text{BC}^2-2\cdot\text{AB}\cdot\text{BC}\cos\angle\text{ABC}$$

$$=5^2+7^2-2\cdot5\cdot7\cdot\left(-\frac{1}{10}\right)$$

$$=81$$

よって

$$\mathbf{AC=9}$$ ◀◀答

辺の長さは正である。

また，△ABC において，正弦定理より

$$\frac{\text{AB}}{\sin\angle\text{ACB}}=\frac{\text{BC}}{\sin\angle\text{BAC}}$$

$$\frac{5}{\sin\angle\text{ACB}}=\frac{7}{\sin\angle\text{BAC}}$$

であるから

$$\frac{\sin\angle\mathbf{BAC}}{\sin\angle\mathbf{ACB}}=\frac{7}{5}$$ ◀◀答

（2）△ADE の面積と △CDE の面積をそれぞれ S_1，S_2 とすると

$$\frac{S_1}{S_2}=\frac{\frac{1}{2}\text{AE}\cdot\text{DE}\sin\angle\text{AED}}{\frac{1}{2}\text{CE}\cdot\text{DE}\sin\angle\text{CED}}$$

$$=\frac{\text{AE}\sin\angle\text{AED}}{\text{CE}\sin\angle\text{CED}}$$

約分により，DE は消去される。

より

$$\frac{\text{AE}}{\text{CE}}=\frac{S_1}{S_2}\cdot\frac{\sin\angle\text{CED}}{\sin\angle\text{AED}}$$

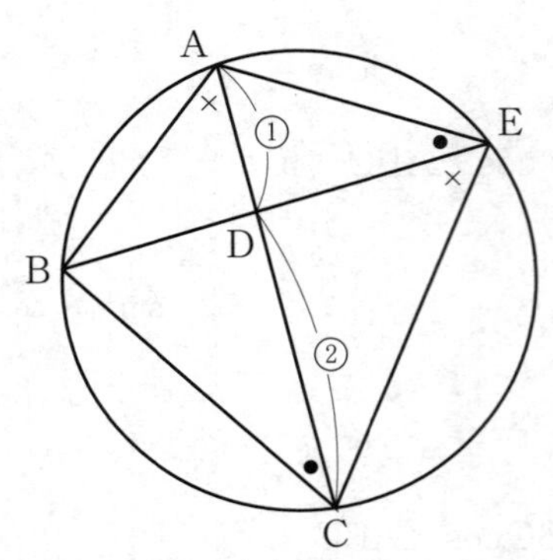

$\triangle$ADE，$\triangle$CDE の底辺をそれぞれ AD，CD とみると，二つの三角形の高さは等しいから

$$\frac{S_1}{S_2}=\frac{\mathrm{AD}}{\mathrm{CD}}=\frac{1}{2}$$

また，円周角の定理より

$$\angle\mathrm{CED}=\angle\mathrm{BAC},\ \angle\mathrm{AED}=\angle\mathrm{ACB}$$

であるから

$$\frac{\sin\angle\mathrm{CED}}{\sin\angle\mathrm{AED}}=\frac{\sin\angle\mathrm{BAC}}{\sin\angle\mathrm{ACB}}=\frac{7}{5}$$

（1）より。

以上より

$$\frac{\mathbf{AE}}{\mathbf{CE}}=\frac{1}{2}\cdot\frac{7}{5}$$

$$=\frac{\mathbf{7}}{\mathbf{10}}$$ ◀◀答

第2問〔1〕

$a \neq 0$ のとき，ax^2+bx+c を平方完成すると

$$ax^2+bx+c=a\left(x+\frac{b}{2a}\right)^2-\frac{b^2}{4a}+c$$

であるから，関数 $y=ax^2+bx+c$ のグラフは

$$\left(-\frac{b}{2a},\ -\frac{b^2}{4a}+c\right)$$

を頂点とする放物線である。

（1）図1の状態から，c の値だけを変化させ，$c=0$ にしたとき表示されるグラフは，元のグラフを y 軸方向に平行移動したものであり，y 軸との交点の y 座標が0のものであることから，④である。◀◀答

$y=x^2+x$
$=x(x+1)$

また，図1の状態から，b の値だけを変化させ，$b=0$ にしたとき表示されるグラフは，軸の方程式が $x=0$ であり，y 軸との交点の y 座標が1のものであることから，①である。◀◀答

$y=x^2+1$

（2）図1の状態から，a の値を $a>1$ の範囲で変化させるから，グラフは下に凸の放物線である。

また，b，c の値は1のまま変化しないから，頂点の x 座標 $-\frac{1}{2a}$ と y 座標 $-\frac{1}{4a}+1$ はともに大きくなる。よって，適当なものは②である。◀◀答

（3）図1の状態において，頂点の y 座標は

$$-\frac{1}{4}+1=\frac{3}{4}$$

図1の状態から，a の値だけを変化させるとき，頂点の y 座標は $-\frac{1}{4a}+1$ であり，これが $\frac{3}{4}$ となるのは

$$-\frac{1}{4a}+1=\frac{3}{4}$$

$$\frac{1}{a}=1$$

より，$a=1$ のときのみである。

逆数が1である実数は，1のみである。

よって，頂点の y 座標が図1の状態と等しいグラフが表示される場合は，ない。

図1の状態から，b の値だけを変化させるとき，頂

点の y 座標は $-\dfrac{b^2}{4}+1$ であり，これが $\dfrac{3}{4}$ となるのは

$$-\frac{b^2}{4}+1=\frac{3}{4}$$

$$b^2=1$$

より，$b=\pm 1$ のときである。

よって，頂点の y 座標が図1の状態と等しいグラフが表示される場合は，ある。

$b=-1$ の場合がある。

図1の状態から，c の値だけを変化させるとき，頂点の y 座標は $-\dfrac{1}{4}+c$ であり，これが $\dfrac{3}{4}$ となるのは

$$-\frac{1}{4}+c=\frac{3}{4}$$

$$c=1$$

より，$c=1$ のときのみである。

よって，頂点の y 座標が図1の状態と等しいグラフが表示される場合は，ない。

以上より，場合の有無の組合せとして，正しいものは⑤である。◀◀答

（**4**）$a=1$ のとき，$y=ax^2+bx+c$ のグラフが x 軸と接する条件は

$$-\frac{b^2}{4}+c=0$$

頂点の y 座標が 0

よって

$$c=\frac{b^2}{4}$$

$b^2 \geqq 0$

より

$$\boldsymbol{c \geqq 0}\ (③)$$ ◀◀答

が必ず成り立っている。

この状態の b，c の値を b_0，c_0 とすると

$$c_0=\frac{{b_0}^2}{4}$$

であるから，b の値のみを変化させたとき，頂点の y 座標は

$$-\frac{b^2}{4}+c_0=\frac{1}{4}({b_0}^2-b^2)$$

ここで，$b_0{}^2-b^2$ は正の値も負の値もとり得ることと，$a=1$ のときのグラフは下に凸の放物線であることから，b の値をうまく変化させると，グラフは x 軸と共有点をもつことがある。

たとえば $b=0$ とすると，$b_0 \neq 0$ のとき

$$b_0{}^2-b^2>0$$

であり，b を十分大きな実数とすると

$$b_0{}^2-b^2<0$$

グラフと y 軸の交点の y 座標は

$$c_0(\geqq 0)$$

であるから，グラフが x 軸と共有点をもつとき，$x>0$ の範囲に二つの共有点をもつことも，$x<0$ の範囲に二つの共有点をもつこともある。

一方で，$x>0$ の範囲と $x<0$ の範囲に一つずつの共有点をもつことはない。（③） ◀◀答

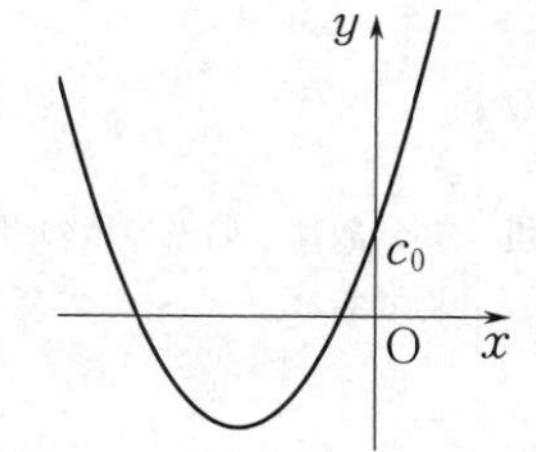

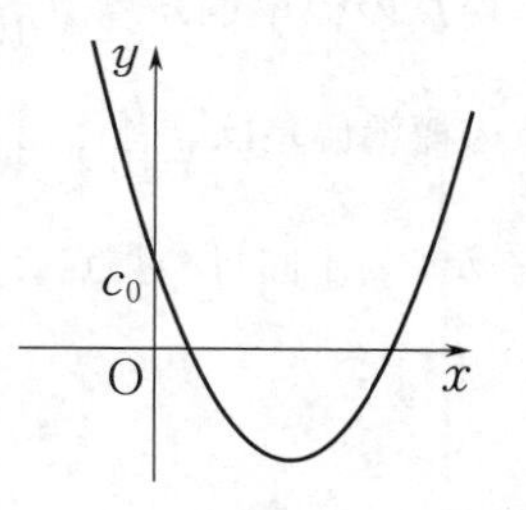

第2問〔2〕

（1）10人の生徒全員の1回目の得点の和は10α，10人の生徒全員の2回目の得点の和は10βである。よって，1回目の得点と2回目の得点の和の平均は

$$\frac{10\alpha+10\beta}{10}=\alpha+\beta$$ （④） ◀◀答

である。

（2）分散の定義より，1回目の得点の分散は$\frac{a}{10}$（②）である。 ◀◀答

分散は，偏差の2乗の平均である。

（3）（2）より，1回目の得点の標準偏差は$\sqrt{\frac{a}{10}}$である。また，2回目の得点の標準偏差は$\sqrt{\frac{b}{10}}$，2回の得点の共分散は$\frac{c}{10}$であるから，1回目の得点と2回目の得点の相関係数は

共分散は，偏差の積の平均である。

$$\frac{\frac{c}{10}}{\sqrt{\frac{a}{10}}\sqrt{\frac{b}{10}}}=\frac{c}{\sqrt{ab}}$$ （⑤） ◀◀答

である。

（4）（i）⓪；散布図において，1回目の得点よりも2回目の得点の方が高い生徒を表す点は，1回目の得点と2回目の得点が等しい点を結んだ直線の上側にある。

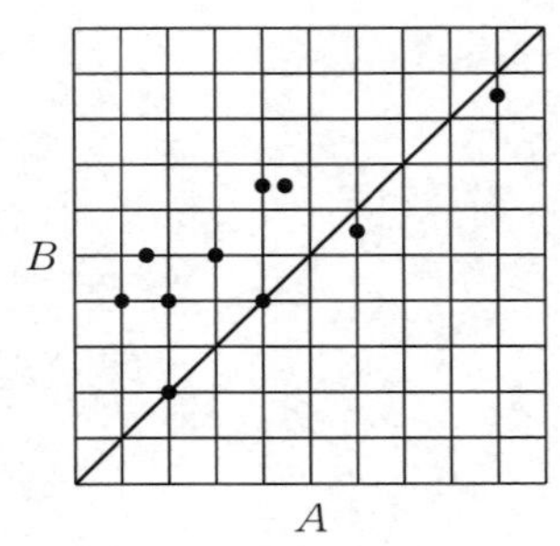

よって，1回目の得点よりも2回目の得点の方が高い生徒は6人いるから，適当でない。

①；2回のテストの得点はどちらも5点刻みであるから，データの第1四分位数，第3四分位数は5の倍数である。

データの値を小さいものから順に並べたとき，第1四分位数は3番目，第3四分位数は8番目の値である。

箱ひげ図より，1回目の得点の四分位偏差は

$$\frac{45-20}{2}=12.5\ (点)$$

2回目の得点の四分位偏差は

$$\frac{65-40}{2}=12.5\ (点)$$

となり等しいから，適当でない。

②；散布図より，1回目の得点が35点以下の生徒は5人，2回目の得点が50点以下の生徒は6人であるから，適当でない。

箱ひげ図だけを見て「1回目の得点の中央値は35点，2回目の得点の中央値は50点であるから，適当である」と判断しないように。

③；2回の得点の合計が最も高い生徒を除くと，その生徒を除かないときと比べて，散布図の点は広く散らばる。よって，相関係数は小さくなるから適当である。

④；10個の点のうちどの1点を除いても，散布図の点は右上がりの直線状に分布するから，適当でない。

以上より，適当なものは③である。◀◀答

（ⅱ）A'，B' の平均はともに50，A'，B' の標準偏差はともに10であるから

$$X_i=x_i'-50,\ \ Y_i=y_i'-50$$

とおくと，A' と B' の相関係数 r' は

偏差値の定義より

$$X_i=\frac{10(x_i-\alpha)}{\sigma},$$

$$Y_i=\frac{10(y_i-\beta)}{\tau}$$

$$r'=\frac{\frac{1}{10}(X_1Y_1+X_2Y_2+\cdots+X_{10}Y_{10})}{10\cdot10}$$

$$=\frac{1}{10\sigma\tau}\{(x_1-\alpha)(y_1-\beta)+(x_2-\alpha)(y_2-\beta)+\cdots+(x_{10}-\alpha)(y_{10}-\beta)\}$$

$$=\frac{c}{10\sigma\tau}$$

一方，(3)より

$$r=\frac{c}{\sqrt{ab}}=\frac{c}{\sqrt{10\sigma^2\cdot10\tau^2}}=\frac{c}{10\sigma\tau}$$

$$\sigma^2=\frac{a}{10},\ \ \tau^2=\frac{b}{10}$$

であるから

$r=r'$（①）◀◀答

A'を横軸に，B'を縦軸にとってつくった散布図は，もとの散布図の点$(\alpha,\ \beta)$が点$(50,\ 50)$にくるように平行移動し，この点を中心に横軸方向に$\dfrac{10}{\sigma}$倍，縦軸方向に$\dfrac{10}{\tau}$倍したものであることに注意しながら，2つの散布図を比較する。

A', B'の平均は50，標準偏差は10である。

⓪；1回目の得点が40点の生徒は，1回目の偏差値が50よりもやや大きい。また，2回目の得点が50点の生徒は，2回目の偏差値が50よりもやや小さい。よって，1回目の得点の平均は40点未満であり，2回目の得点の平均は50点を超えるから，2回目の得点の平均と1回目の得点の平均の差は10点以上となり，誤っている。

①；A'とB'の散布図は，AとBの散布図と比べて横軸方向に縮小された分布になっている。よって，1回目の得点の分散の方が大きいから，正しい。

2つの散布図では目盛りの取り方が異なるが，そこを配慮しても縮小されている。

②；1回目の得点よりも2回目の得点の方が高い生徒は6人おり，その全員について，1回目の偏差値よりも2回目の偏差値の方が高い。よって，正しい。

ただし，一般には，得点が高いからといって偏差値も高くなるとは限らない。

③；散布図の横軸をx軸，縦軸をy軸とする。2回のテストの得点の合計は，AとBの散布図において，散布図の点を通り傾きが-1の直線のy切片である。また，2回のテストの偏差値の平均は，A'とB'の散布図において，散布図の点を通り傾きが-1の直線のy切片を2で割ったものである。

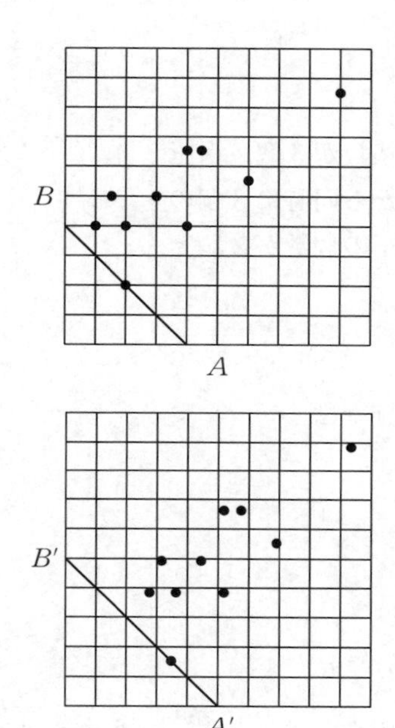

よって，A と B の散布図において2回のテストの得点の合計が最も低い生徒を表す点は，A' と B' の散布図において2回のテストの偏差値の平均が最も低い生徒を表す点と対応するから，正しい。

以上より，誤っているものは⓪である。

第3問

（**1**）最初に箱に入っている赤玉の個数が3個，白玉の個数が3個であるとする。この箱から同時に3個の玉を取り出したとき，取り出した赤玉の個数が2個となる確率は

$$\frac{{}_3C_2 \cdot {}_3C_1}{{}_6C_3} = \frac{3 \cdot 3}{{}_6C_3} = \frac{9}{{}_6C_3}$$

取り出した赤玉の個数が3個となる確率は

$$\frac{{}_3C_3}{{}_6C_3} = \frac{1}{{}_6C_3}$$

よって，得点が5点となる確率は

$$\frac{9}{{}_6C_3} + \frac{1}{{}_6C_3} = \frac{10}{20}$$

$$= \boldsymbol{\frac{1}{2}} \quad \text{◀◀答}$$

したがって，得点が -1 点となる確率は

$$1 - \frac{1}{2} = \frac{1}{2}$$

得点が5点となる事象の余事象。

であるから，得点の期待値は

$$5 \cdot \frac{1}{2} + (-1) \cdot \frac{1}{2} = \mathbf{2}\,(\text{点}) \quad \text{◀◀答}$$

（**2**）最初に箱に入っている赤玉の個数が4個，白玉の個数が3個であるとする。この箱から同時に3個の玉を取り出したとき，取り出した赤玉の個数が2個となる確率は

$$\frac{{}_4C_2 \cdot {}_3C_1}{{}_7C_3} = \frac{6 \cdot 3}{{}_7C_3} = \frac{18}{{}_7C_3}$$

取り出した赤玉の個数が3個となる確率は

$$\frac{{}_4C_3}{{}_7C_3} = \frac{4}{{}_7C_3}$$

よって，得点が5点となる確率は

$$\frac{18}{{}_7C_3} + \frac{4}{{}_7C_3} = \boldsymbol{\frac{22}{35}} \quad \text{◀◀答}$$

したがって，得点が -1 点となる確率は

$$1 - \frac{22}{35} = \frac{13}{35}$$

であるから，得点の期待値は

$$5\cdot\frac{22}{35}+(-1)\cdot\frac{13}{35}=\frac{97}{35}\ (点)$$ ◀◀答

（3）最初に箱に入っている赤玉の個数が3個，白玉の個数が2個であるとする。（1），（2）と同様に，得点が5点となる確率は

$$\frac{{}_3C_2\cdot{}_2C_1+{}_3C_3}{{}_5C_3}=\frac{3\cdot2+1}{10}$$
$$=\frac{7}{10}$$

であり，得点の期待値は

$$5\cdot\frac{7}{10}+(-1)\cdot\left(1-\frac{7}{10}\right)$$
$$=\frac{35}{10}-\frac{3}{10}$$
$$=\frac{16}{5}\ (点)$$ ◀◀答

取り出した赤玉の個数が2個となる場合の数は
${}_3C_2\cdot{}_2C_1$（通り）
取り出した赤玉の個数が3個となる場合の数は
${}_3C_3$ 通り

得点が -1 点となる確率は，（1），（2）と同様に余事象を考えて
$1-\frac{7}{10}$

（4）（1），（2），（3）の結果と，それぞれの場合における太郎さんの判断をまとめると，次の表のようになる。

赤玉	白玉	得点の期待値	判断
3個	2個	$\frac{16}{5}$点	参加
3個	3個	2点	不参加
4個	3個	$\frac{97}{35}$点	不参加

最初に箱に入っている赤玉の個数が等しいとき，白玉の個数が少なければ少ないほど得点の期待値は大きくなる。よって，最初に箱に入っている赤玉の個数が3個であるとき，太郎さんがゲームに参加するのは，表の1行目と2行目より，白玉の個数が**2個**以下のときである。◀◀答

また，最初に箱に入っている赤玉の個数が n 個，白玉の個数が3個であるとき，得点が5点となる確率を p とおくと

$$p=\frac{{}_n\mathrm{C}_2\cdot{}_3\mathrm{C}_1+{}_n\mathrm{C}_3}{{}_{n+3}\mathrm{C}_3}$$

$$=\frac{\dfrac{n(n-1)}{2}\cdot 3+\dfrac{n(n-1)(n-2)}{6}}{\dfrac{(n+3)(n+2)(n+1)}{6}}$$

$$=\frac{9n(n-1)+n(n-1)(n-2)}{(n+1)(n+2)(n+3)}$$

$$=\boldsymbol{\frac{n(n-1)(n+7)}{(n+1)(n+2)(n+3)}}$$ ◀◀答

そして，得点の期待値は

$$5\cdot p+(-1)\cdot(1-p)=6p-1\ (点)$$

であるから，太郎さんがゲームに参加するのは

$$6p-1>3$$

より

$$p>\frac{2}{3}$$

のときである。

表の2行目と3行目より，$n\leqq 4$ のとき，太郎さんはゲームに参加しない。$n=5$ のとき

$$p=\frac{5\cdot 4\cdot 12}{6\cdot 7\cdot 8}$$

$$=\frac{5}{7}>\frac{2}{3}$$

であるから，$n=5$ のとき，太郎さんはゲームに参加する。

赤玉の個数が多くなるにつれて，p の値は大きくなるので，太郎さんがゲームに参加するのは，赤玉の個数が**5**個以上のときである。◀◀答

第4問

(1) 四角形 BDPF (⓪) は円に内接するから，**定理1**より

$\angle DPF = 180° - \angle ABC$ (④) ◀◀答

四角形 CDPE (②) は円に内接するから，**定理1**より

$\angle DPE = 180° - \angle BCA$ (⑦) ◀◀答

よって

$$\begin{aligned}\angle FPE &= 360° - (\angle DPF + \angle DPE)\\ &= 360° - (180° - \angle ABC + 180° - \angle BCA)\\ &= \angle ABC + \angle BCA\end{aligned}$$

$\triangle ABC$ の内角の和は 180° であるから

$$\angle ABC + \angle BCA = 180° - \angle CAB$$

より

$\angle FPE = 180° - \angle CAB$ (⓪) ◀◀答

したがって，四角形 AEPF の向かい合う内角の和は 180° であるから，**定理2**より，$\triangle AEF$ の外接円は点 P を通る。

定理2は**定理1**の逆である。

(2)

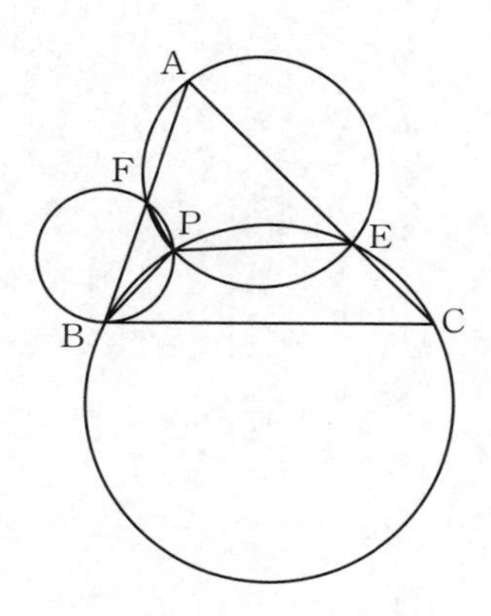

円の接線とその接点を通る弦のつくる角は，その角の内部にある弧に対する円周角に等しいことから

接弦定理。

$$\angle PBC = \angle BFP$$

また，△BPF の内角の和は 180° であるから

$$\angle BPF = 180^\circ - (\angle BFP + \angle FBP)$$
$$= 180^\circ - (\angle PBC + \angle FBP)$$
$$= 180^\circ - \angle ABC$$

四角形 CBPE は円に内接するから，**定理 1** より

$$\angle BPE = 180^\circ - \angle BCA$$

よって

$$\angle FPE = 360^\circ - (\angle BPF + \angle BPE)$$
$$= 360^\circ - (180^\circ - \angle ABC + 180^\circ - \angle BCA)$$
$$= \angle ABC + \angle BCA$$
$$= 180^\circ - \angle CAB$$

したがって，四角形 AEPF の向かい合う内角の和は 180° であるから，**定理 2** より，△AEF の外接円は点 P を通る。

このように**問題 2** を考える際，**定理 1**，**定理 2** のほかに「円の接線とその接点を通る弦のつくる角は，その角の内部にある弧に対する円周角に等しい」（④）という定理を用いるとよい。 ◀◀答

【MEMO】

【MEMO】

【MEMO】

【MEMO】

Z-KAI